NF文庫
ノンフィクション

帝国陸海軍 軍事の常識

日本の軍隊徹底研究

熊谷 直

潮書房光人社

帝国陸海軍 軍事の常識——目次

第八章　聯合艦隊の組織と人

第九章　聯合艦隊司令長官とは何か

第十章　陸海軍教育の制度と体系

第十一章　航空の発足と空軍独立問題

帝国陸海軍 軍事の常識

日本の軍隊徹底研究

序章　日本の組織と運用を考える

軍事常識の基本は変わらない

「国民の期待をひしひしと感じております。その熱い思いを胸に、行って参ります」

「いってらっしゃーい」

海上自衛隊呉基地の岸壁では、千人を超える人々が日の丸の小旗を振っている。前大戦までは、日本の各地で見られた珍しくない見送り風景だったが、最近は、めったにあることではない。

出港していくのは、二千トンの輸送艦二隻と、八千トン余の補給艦一隻であった。このような隊の編成ははじめてであり、海上自衛官の白い服にまじって、土色濃緑色の陸上自衛官の制服が見えるのもめったにあることではない。

平成四年九月十七日、カンボジアへの国際平和協力隊の先遣隊の陸上自衛官と、施設器材などを搭載した海上自衛隊の輸送隊は、日本を出発した。

港外でかれらを待っていたのは、赤旗を掲げた反対勢力のデモ船である。基地の外にも赤旗が見える。二年前の四月に、海上自衛隊掃海隊が、湾岸戦争後のペルシャ湾にむけて出発したときも、はなむけは赤旗だった。

指揮官の輸送隊司令上垣一等海佐は「国民の期待を」と挨拶したが、

「国民の多くが反対しているにしても、世界平和のために重要な任務であることを自覚して、全力をつくします」

と、述べてもおかしくない風景だった。

だが発足いらい自衛官は、このような屈辱に耐えることが、国防に寄与することだと教えられてきた。海外に出れば尊敬され歓迎されることは、練習航海などで世界各地を訪れたことがある乗組員が、よく知っている。それに、実際の反対者は、デモから受ける印象ほど多くはないことも知っている。乗組員たちは、いつものようにきびきびと、持ち場で働いていた。

世論調査では、この派遣への国民の賛否は、相半ばしていた。しかしこのような隊員たちの活動実績が、世論を変えていった。国民が活動の実態を知るようになった平成七年の総理府世論調査では、平和維持活動（ＰＫＯ）に賛成するものが、七十五パーセントにのぼった。

二年前のペルシャ湾での掃海は、「日本の船舶の安全航行のため」という名目で、日常の任務の一環として行なわれた。しかし今度は、カンボジアの内戦停戦後に、本格的な平和をもたらすための国連の平和維持活動としておこなわれる。国際平和協力法（ＰＫＯ協力法）

に基づくものであり、立場もはっきりしている。しかし、何もかもはじめての仕事を、こなさなければならない隊員たちの前には、多くの問題が待ちかまえていた。

軍事組織は本質的に、新しいことに対応せねばならない宿命にある。相手の状況出方に応じて、それ以上の新しい手を使うことで、戦闘に勝つことができる。できるだけ短時間に新しい手を打つことができるように、事前に情報を集め、相手の出方を予測し、それに対応する手をいくつか考えておく。味方の行動についても情報を仕入れ、予測をしておくことも欠かせない。また戦闘の混乱の中で、組織の行動がバラバラになることを避けるために、きまったことは考えなくてもできるように、訓練によって習慣づけておく。

何が起こるかわからない準戦場行動のようなＰＫＯには、このような特性から考えて、軍隊がもっともふさわしい。しかしそのような対応ができるためには、現場の指揮官や隊員個人に、それなりの権限が与えられていなければならない。

現地で道路修理などの実際の活動をしたのは、主として陸上自衛隊施設大隊の六百人である。かれらにはそのような権限が与えられているべきであった。海上自衛隊と航空自衛隊は、人員資材などを日本から現地に送り届ける任務にあたっただけなので、はじめてのことで困惑することがあったにせよ、施設大隊ほどではない。

施設大隊は、現地のゲリラから攻撃される危険性をもっていた。実際に、かれらが車で連絡に行っていると、ゲリラの戦闘があったばかりという場面に出くわしたことがある。警備中のフランス歩兵が、「車から降りて伏せていろ」と指示する。通訳がそれを伝えたところで、慌てて「下車」を命令する。

これなどはご愛敬ですむが、平成五年の四月には、ボランティアの日本人青年が殺され、その後、文民警察部門の日本人警部補も殺された。ゲリラだけではなく、盗賊も発砲するのでおちおちしていられない。それだけではなく、工事をしていると、地雷や不発弾がでてくる。

PKO協力法は、協力隊の派遣を停戦状態のときにかぎっているが、停戦していても戦場は戦場である。何があるかわからない。それにもかかわらずPKO協力法の国会審議では、自衛隊を部隊として派遣したり、活動させないことに重点が置かれた。自衛官を派遣する場合は自衛隊とは別組織にし、休職のかたちで参加させるというのである。軍組織が力を発揮できるのは、平時から任務に適した編成をとり、訓練を積み重ねているからである。指揮官には一般の課長や部長とはちがう強い権限が与えられている。それなしの組織では、派遣される意味がない。

結局、協力隊は部隊として参加させ、最小限の自衛用の武器は携行することになったが、武器の使用は指揮官の命令ではなく、隊員個人の判断で、正当防衛、緊急避難のときのみに使用できることになった。

また国連の現地軍事部門の司令官の指揮権を制限し、協力隊は、本国からの指令で動くことになった。国際的な軍事慣行に反した制約を国連に要求したのである。そのため休戦監視団の隊員が司令部の、人手不足のため選挙監視にまわってくれという要求を拒否して、外国の軍人から、白い目でみられるという事態も起こった。

このような日本の態度は、政府が、国民の軍事への無知から生ずる意向に反することができず、苦心した結果であることはわかるが、ＰＫＯが日本にとっても必要になっている今、最小限の軍事常識を国民に与えることは大切なことであろう。占領時代いらいの長いあいだに育てられた日本人の、軍事への無関心な態度は、急には改まらない。その意味でアメリカの占領政策と、それを利用したその後の共産圏の対日政策は成功だった。

日本の辞書には軍事用語がはぶかれているが、英語の辞書ではそうではない。そのため、昔から日本で使われてきた軍事用語を、ジャーナリストがそれぞれかってに翻訳して使っているので、統一がなくなっている。たとえば拳銃を、短銃としたりピストルとするといったぐあいである。これも軍事無関心、軍事無視の結果である。

この本は、そのような軍事常識を説明するためという目的ももっている。組織は少しずつ変わるが、基本になるものは容易には変わらない。旧陸海軍の制度は、相当部分が自衛隊のなかで生きているし、世界的に見ても五十年前の、それぞれの国の軍の制度がそのまま生きている。旧軍の制度は、自衛隊いがいでも現在の人々の参考になるといってさしつかえあるまい。

世界共通のルールを

軍には世界共通のルールがある。これは金融や貿易に共通のルールがあるのと同じである。

たとえば、軍人どうしは、相手の階級章を見分けて、上のものにたいして敬礼する。相手が外国人であっても同じである。

このことは特に、連合軍として行動するときに大きな意味をもつ。外国人が自分たちの指揮官になることもあるが、その命令に従わない場合は、軍法会議で処断される場合もある。敬礼がもつ意味には奥がある。ＰＫＯの場合も同じように考えるべきだろう。

警察官も階級章をつけているが、これは職に付随するものだと考えるほうがよい。しかし軍の将校は職をはなれても、生涯、階級章からははなれられない。職は一時的なものにすぎない。そのため部長の職名をもっていたものが他の組織に異動して、課長の職名を与えられることも珍しくない。その場合の職の格は、その人本来の階級できまる。

また戦場では、戦闘後に生き残ったものが集まり、部隊を臨時に組織して戦うことがある。そのときは、階級の高いものが自動的に指揮官になる。戦死を前提にしている組織かどうかで、組織の性格も階級の意味もちがってくる。

自衛隊は右のような面では軍ではない。軍法会議がないのはもちろん、権限にも制約がある。警察予備隊時代のしっぽを曳いていて、警察的な色彩が強いが外見は軍なので、外国を相手にするときは、なにかにつけて問題が起こる。ばかげた例を一つ挙げてみよう。

自衛官の制服の胸に、勲章の代用の、略綬と呼ばれるバーがつけられているのを知っている人はいよう。これは本来略装用のもので、正装をするときは、メダルがついた勲章そのものをつけるのが、国際常識である。

しかし自衛官には、外国の軍隊とは違って勲章は与えられていない。勲章は元首から与えられるものであり、今の日本では高齢の生存者叙勲以外は、一般におこなわれていない。従軍記章などのメダルがあれば、それをつけることができるがその制度もない。旧軍では大尉にもなると、三つや四つの勲章、記章をつけているのが当たり前だった。

しかし、自衛官が外国の軍人と接するときに、勲章をつけていないと相手に失礼になるので、その機会が多い海上自衛官からの要望ではじめられたのが、見かけだけの略綬の制度であった。これは防衛庁内局の文官の発案である。本物の勲章を要求した自衛官は、代わりに玩具を与えられた。正装に略綬をつけたのでは、失礼になることに変わりはない。現在の自衛官が、正装につけて外国の式典に臨むことができるのは、防衛駐在官などの機会に外国から与えられた勲章だけである。

カンボジアのPKOでは、国連カンボジア暫定機構(UNTAC)の代表に、日本人国連職員の明石康氏が就き、その下に、選挙部門、文民警察部門、軍事部門など、七つの部門がおかれた。軍事部門の司令官は、オーストラリアのサンダース中将であり、日本の施設大隊も、その下にはいった。

明石氏が代表をつとめていたおかげで、一部のコマンド(指図)を司令官から受けるとした日本的なあいまいな政府見解も一応は受け入れられたが、いつまでもそのような国際常識に反した見解が、通用するとは思えない。軍事常識を貿易常識なみに向上しないと、これからの日本の世界での活動に、支障がでてくるであろう。

軍は無法地帯ではない

旧日本軍を、無法者の集団だと勘違いしているものがいる。しかし軍は国家の組織であり、法にもとづいて組織され、行動していた。これは世界どこの国の軍隊でも同じだ。

兵士が、支給されている被服装具をなくすことがある。そのとき員数合わせのために、他の兵士のものを盗んでくることがあったことをとらえて、無法の証拠にしている論がある。しかしこれは逆に、法を守ることを厳しくいわれていたために起こった現象だとはいえまいか。現代のわれわれの中に、交通取り締まりに引っかかるのは、要領が悪いからだとうそぶくものがいる。これと同じで、これは日本人の本質的な態度であり、今も昔も、変わらないものだと考えればわかりやすい。

交通違反と同じで、員数合わせができないものは、要領が悪いとみなされたのが、陸軍の兵営の内務班での生活であった。一人でもそのような要領の悪いものがいると、班全体の連帯責任だとされ、全員が罰されたからである。

処罰者をださないために、お互いが鉄拳制裁をしてでも注意しあう。場合によっては仲間の失敗を隠してかばいあう。しかし、無関係の他の班に迷惑をかけることには無関心を装う。それが行き過ぎて、とくに戦時には、無法状態になったところがなかったわけではないようであるが、規律がゆるんだ大量動員中の、戦時の軍隊が軍のすべてではない。

日本軍兵士の現地人への暴行略奪などを、必要以上に大きく取りあげて軍の必要性を否定するものもいる。しかしこれは、連合軍側にもあったことである。米軍は余裕があったので、兵士を定期的に戦場から後方に下げて休養をとらせたし、補給も十分にあったので、比較的事件を起こすものは少なかったようだが、それでも、占領時代にかれらの被害にあったことを覚えている日本人は多い。

満州でのソ連兵の乱行はいうまでもなく、南方でも戦後、豪州兵に時計などを略奪されたという日本兵は多い。だからといって、どこの国でも軍が無法地帯であったわけではなく、どこの国の軍も、このような悪質の兵を、憲兵によって取り締まっていた。そうでないと、現地人の信用を失い、占領政策に悪影響を与えるからだ。

昔も今も

また陸軍の参謀統制が、日本を誤った方向に導いたという意見がある。しかしこれも、軍隊だけのことではなく、日本的なものであろう。

政治主導といいながら、官僚に頼らなければ動かないのが日本の行政である。福祉だけ、経済だけ、防衛だけというように、政治のなかでも縦割りでしかものを見ようとしない現代の政治家、いや政治家だけではなくリーダー一般の傾向は、大きい目で判断するジェネラリストの不在を示しているのではないか。

将帥と呼ばれたジェネラルを、名ばかりであったにしてもジェネラリストの陸軍参謀が補佐する制度は、指揮官不在よりはましだろう。海軍参謀は、それぞれ戦闘運用部門の専門家であったが、後方関係専門の参謀が不在で問題があった。

いずれにしろ、現在の組織が抱えている問題は当時の軍にもあったのであり、それがいっこうに改善されない風土のほうが問題だろう。それどころか最近、企業や官庁で頻発している汚職など、人格的な面からきている問題は、当時の軍にくらべると遙かに大きな問題になっている。

連合軍による一方的な東京軍事裁判で、戦争責任を負わされて死刑になった開戦時の首相東條英機大将は、陸軍東京幼年学校から陸士、陸大をへた一応のエリートであった。幼年学校は偏狭な軍人をつくったとして、戦後、その教育を批判するものが多いが、かれは、身辺は清潔であった。かれだけではない。混乱していた明治時代はともかく、昭和になってからの軍人宰相で、金銭的非難を受けたものはいない。武士道的な性格を養成することを重視した幼年学校教育は、その面では効果を発揮していた。

旧軍は現代の日本人とつながっている。そこでの問題点で、現代にもちこされていることは多い。ＰＫＯにかぎらず、行政改革や企業の組織改革など、あらゆる面で、当時の反省や優れた点を現代に生かしていくことは大切だろう。昭和二十年八月の終戦の時点で、陸軍五百四十一万人、海軍百七十万人の大組織は、今後の日本に出現することはあるまい。その意味でも旧陸海軍の制度を参考にすることは、日本の組織とその運用のためになるであろう。

第一章　国家統一のための明治洋式軍隊

嵐の中の天皇

明けはじめた東の空は、異様に赤かった。皇居で出発準備を急ぐ仕丁《しちょう》たちの白地の衣が、薄桃色に染まるほどであった。

その日は、旧暦の九月八日であった。今の暦でいうと、十月二日にあたる。暦の上では、露を置く肌寒さを感じてもよい季節であったが、人々は、今日もまた蒸し暑い日になるのかと、うんざりした顔で、ことばをかわしていた。

朝六時に天皇の腰輿《たごし》は、越中島の演習場に向けて動きはじめた。「朝焼けは雨」の言い伝えのとおり、そのときはもう、小雨が降る天気に変わっていた。風も出はじめていたが、天覧の演習を中止するわけにはいかなかった。

前年の明治二年五月で、明治維新のための一連の戦いは、終わっていた。最後まで官軍に抵抗したのは、鳥羽伏見の戦いのときに幕府の海軍副総裁をつとめていた榎本武揚である。

かれは、鳥羽伏見で敗れた徳川慶喜が恭順の姿勢を示しているにもかかわらず、軍艦八隻を率いて江戸湾を脱走し、箱館五稜郭にたてこもった。しかし七ヵ月後の五月十八日に五稜郭を開城し、これでようやく官軍に敵対する勢力は、なくなったのである。

だがこれで、世の中が平穏になったわけではない。諸藩は版籍を奉還し、東京に遷った天皇が国家を統治してはいたが、諸藩の統治者はあいかわらず、名称を藩知事と改めた旧大名であった。武士も農民も、生活が苦しいのはそれまでどおりであって、騒乱の芽は、あちこちに残っていた。

このような中で、明治新政府が政権を維持していくためには、力が必要であった。そのため政府は、とりあえずは薩長土の三藩の藩兵を集めて、天皇直率の軍隊をつくりあげた。もっとも、最初の兵員は千七百名ばかりにすぎない。

明治三年に入ってから、このほかに諸藩の兵も加えて、天皇親率の演習や閲兵が、しきりにおこなわれるようになったが、この日の天覧演習も、その一つであった。

演習は、隅田川の川口に近い越中島の演習場でおこなわれた。この演習場は、安政二年（一八五五年）に幕府が、川口の砂洲の一つに手を加えて、調練場にしたときから歴史がはじまっている。皇居からは四キロメートルほどの距離にあって、それほど遠くはない。

中山侍従や有栖川宮兵部卿などの顕官と、護衛の一個大隊を従えた天皇が、演習場に到着したのは八時であった。このころ風はしだいに強くなってきており、横なぐりの雨を、一行にたたきつけていた。

演習は、鹿児島藩の砲兵隊の実弾射撃ではじまったが、砲声が風を呼んだかのように潮と雨が強く兵士たちに吹きかかり、波浪が護岸を越えて、玉座近くにまで迫ってきた。

このような状態では、演習を継続することはできない。天覧はやむをえず中止され、腰輿は、帰りの道を急いだ。今とはちがって、台風の予報システムなどはないころのことである。演習を強行したことは、やむをえないことであったろうが、この場合は、中止の判断が遅すぎた。

隅田川が増水したため、押し流された船が橋脚にあたって、通路の永代橋をこわしてしまった。方向を変えて、上流の新大橋に向かう腰輿《たごし》は、風にあおられて、なんどもひっくり返りそうになった。樹木の枝や屋根板が空に舞うなかを進む腰輿のすぐ後ろに、古い長屋が倒れかかって、文字どおり間一髪の危機もあった。

運悪く青木典医がこの長屋の下敷きになって死んだが、天皇の身が無事であったことは、何よりであった。もし天皇に事故があれば、基礎がかたまっていない明治新政府の土台は、たちまち崩壊したことであろう。そうなると、国内にふたたび騒乱が起こるのは、必至であった。

幕末の百姓一揆の発生は、全国で毎年、十件から二十件であるが、明治に入ってからの最初の六年間の発生数は、幕末の二倍にも増えていた。

これは不平士族が事件にからんでいる場合が多いことからわかるように、明治維新の結果であった。明治七年の江藤新平の佐賀の乱や、同九年の前原一誠の萩の乱を待つまでもなく、不平士族は機会さえあれば、新政府の体制を破壊しようとしていたのである。

王政復古、版籍奉還で地位が不安定になり、俸禄の削減などで物質的にも不安定になった士族たちが、やはり米相場の変動などの経済的不安感と文明開化にともなう不安感をもつ農民たちと一緒になって、暴動を起こした例は多い。

新政府の要人のお膝元である薩長土肥各藩でも、事情は同じことであった。たとえば元長州藩の山口藩では、明治二年十二月に、脱隊騒動が起こっている。これは、維新の戦争に功があった奇兵隊や遊撃隊などの旧隊士が起こしたものである。かれらは、反官軍勢力が鎮圧されると同時に不要の存在になり、いわば戦後の人員整理によって、失業した。これに不満であった約二千名が、山陽道の三田尻（防府市）方面に集まって、気勢を挙げたのである。訓練された兵士の集団であるだけに、山口藩は鎮圧に手をやいたが、翌年二月になってようやく、木戸孝允が藩の常備軍を指揮して鎮圧した。

このような騒動が新政府を倒す事態に発展する可能性はあったのであり、それを避けるためには、天皇とその直率の軍隊が、騒動を抑止し、鎮圧することができるだけの勢力にまで、成長することが望まれた。

このため天皇親率の演習や天覧演習が、しきりにおこなわれていたのである。

この年の四月十七日（陽暦五月十七日）の青葉の薫る季節にもやはり天覧の演習が、駒場野の演習場でおこなわれた。歩兵十六個大隊のほか、砲兵六個隊も加わった八千人以上の大演習である。これだけの規模の演習はこのときが初めてであり、その後、越中島での演習のように、東京近郊の各地で、大がかりな演習がおこなわれるようになった。

駒場野の演習場というのは、今の東京大学駒場校舎あたり一帯であった。もともと名前のとおり、徳川幕府の馬の調練牧場であったが幕末には、演習場として使われていたのである。しかし地積が狭いために、大砲の射撃が思うにまかせず、海に面した越中島が、演習場として使用されることが多くなっていた。

幕末の洋式軍隊

慶応元年（一八六五年）五月十二日、幕府は、第二回目の長州征伐の出陣を諸侯に命じたが、このとき、五月二十一日に駒場野で、将軍家茂のもとに出陣の儀式である勢揃いをおこなっている。

駒場野に集まった士卒は、昔ながらの具足で身をかため、槍を立て、金扇の馬標をかかげて勇壮であったが、軍備としては時代遅れであった。おまけにその金扇の要《かなめ》が、儀式の最中に抜け落ちたというのであるから、不吉であった。

こうして一応、江戸を進発した征討軍は、その後、最初に指揮官に指名された尾張の徳川茂徳がその地位を下りるなど、足並みの乱れのため、大坂から先に進むことができず、一年余の月日を、むだに過ごしている。この間に長州では、洋式軍備をととのえて幕府軍を迎え討つ態勢をとっていた。またそれまで敵対関係にあった薩摩と手をにぎり、外交的にも、有利な立場にあった。

自信満々の長州軍は、東西の藩境から攻めこんできた幕府軍を、さんざんに打ち破り、幕府の大政奉還に向かって、走りだすのである。もっとも幕府軍は、洋式化をまったく怠っていたのではなく、とくに海軍は咸臨丸で太平洋を横断した実績ももっていたが、直接、長州藩を攻撃した諸藩の兵は、時代ものの銃砲しかもたない弱体なものであった。

かつて幕府の開港政策に反対して、攘夷を旗印にしていた長州藩は、元治元年（一八六四年）の夏、下関で英仏蘭米の連合艦隊と戦い、敗れてはじめて、洋式軍備に敵対できないことを知った。その結果、政策を転換して軍備の洋式化を進め、旧式軍備の幕府軍を破ったのである。

長州と同盟をした薩摩も、長州の下関戦の前年に、生麦事件の賠償をもとめて鹿児島湾にやってきた英艦七隻と戦い、軍艦の威力を知っていた。長州も薩摩も、このような体験をとおして洋式軍備の必要性に目ざめ、幕府よりも、一歩さきを進んでいた。このため両藩が手をにぎれば、国内には怖いものはなかった。こうして陸軍を洋式化することに出遅れた幕府は、数ではまさる軍備をもちながら、劣勢な地位に置かれていた。

出遅れた幕府も、長州征伐の失敗のあとで、ようやく洋式軍備に力を入れはじめた。それまでも、洋式軍備の必要性を説く幕府の人物がいなかったわけではない。勝海舟（当時安房守）などは、その先鋒であろう。しかし幕府内のよどんだ空気を一新するためには、敗戦というショックが必要であった。長州征伐の敗北でようやく江戸内外の幕府演習場が忙しくはなってきたが、そのときは手遅れであった。

幕府の軍備を本格的に洋式化するために、フランスから陸軍の教師団が招かれたのは、大政奉還まで一年を残すだけの慶応二年末のことである。十二月八日（陽暦一月十三日）に横浜に上陸したシャノワーヌ参謀大尉を長とする教師団は、さっそく横浜に近い太田村の演習場で、教育をはじめている。最初の生徒は、二百三十人ばかりの幹部要員の幕臣であった。最初の三ヵ月を太田村で過ごした教師団は、ここが演習場としては狭すぎて不適当であるとの理由で、江戸の小川町にあった陸軍所や大手前などの屯所に、場所を移した。日常の訓練は、屯所付近の縦横が三百メートルに四百メートルほどの広場でおこない、大がかりな演習や射撃は、越中島や駒場野の演習場でおこなったのである。

伝習第一大隊が八百人、同第二大隊が六百人であり、これだけの兵員を訓練するためには、広い場所が必要であった。駒場野はもともと、それほど広い場所ではなかったので、フランス教師団による教育がおこなわれるようになってから、新しく弾路にあたる幅百十間余、長さ三百五十間（二百×六百三十メートル）の土地を、演習場として収用している。

越中島の演習場は、面積では駒場野をうわまわっていたが、それだけではなく、地続きに同じぐらいの面積の湿地帯があり、海側が開けていたので、大砲の射場としては、好条件を備えていた。ここには、ペリーの黒船来航直後に築かれたお台場と呼ばれる砲台もあったのであり、射場としての歴史もある場所であった。

当時、幕府が使っていた演習場は、ほかに大森の大砲射場や、豊島区椎名町にあった川山の広場、現在は高層住宅団地がある高島平の徳丸原などが知られている。

大森は、日本で最初に貝塚が発見された場所として有名であるが、その海岸に射場があった。徳丸原は、洋式砲術の祖である高島秋帆が、天保十二年（一八四一年）に、わが国で初めて洋式砲術訓練を公開した場所である。

これらの幕府の初期洋式訓練に使用された場所は、性能のよい銃砲を使い、多人数が訓練に参加するようになってからは、使いにくくなった。徳丸原は、もともと近在の農民の草刈場として入会地になっていたのであり、流弾の危険についての苦情があったことは、最近の日本の演習場と同じである。

当時、わが国に輸入されるようになった比較的新しい時期の火器は、元込め銃のスナイドルやシャスポーで、射程が千二百メートルほどであり、大砲でも千五百メートルていどに過ぎなかった。それでも徳丸原はもちろん、駒場野でも、演習場としては、狭さを感じるようになっていたのである。

ただ徳丸原の代わりに使用できるように設備がととのえられた越中島だけは、演習場として十分の広さを持っていた。ここなら大砲の射撃をしても、住民から苦情がでるおそれは少なかった。もっとも砲声で付近の家屋の障子が震えたことは、記録されている。

幕府が泥縄式にはじめたフランス教師団による洋式訓練は、一年たらずで中止された。幕府の大政奉還につづいて、鳥羽伏見の戦いを皮切りに、明治維新の一連の内戦が行なわれたためである。江戸市民は演習の流弾どころか、実戦の弾丸をおそれなければならなかった。大幕府の洋式訓練をうけた部隊は、やはり泥縄のせいか、それほどの活躍はしなかった。

鳥圭介に率いられた部隊が東北を転戦し、一部は五稜郭にこもって榎本武揚の下で戦ったが、抵抗はそれまでであった。フランス教師団の一員であるブリューネ砲兵大尉などは、教師団を脱走して教え子たちを五稜郭で指導したのであるが、結果は惨めであった。

演習場公害は当時から

戦火がおさまり、東京と名前を改めた旧江戸の町が首都になったとき、市街地は荒れ放題に荒れ、無住の邸宅がふえていた。大名や旗本の多くが、江戸を引き払っていたからである。明治二年にとられた政府の政策で、東京山の手の旧武家地や空地が、桑畑や茶畑に変わっていった。士族に職をあたえるとともに、これから重視されるであろう絹や茶の輸出にそなえてのことである。幕府の旧演習場の一部も払い下げられて、畑になった。

青山、麻布、市ヶ谷などの現在の一等地に畑が目立つようになった中で、駒場野や越中島の演習場は、新政府の軍隊の演習場として残され、畑にすることは避けられた。そのほか日比谷や青山などの武家地で、新しく演習場として使われるものもでてきて、現在では想像もつかないほど、多数の軍用地が、現在の都心にみられたのである。

演習場は、正式には練兵場と呼ばれていたのであり、都心にあった比較的目だつものに、日比谷練兵場や青山練兵場がある。現在、日比谷公園になっているあたりは、当時の日比谷練兵場であるが、長州毛利家の上屋敷跡一万七千坪をはじめとし、鍋島家その他諸大名の屋敷地をふくむ五万九千坪の広さをもっていた。

青山練兵場は、もと丹波の大名の青山家や幕府の御家人などの邸地があったところであり、現在の青山御所に隣接する場所である。ここは明治二十年ごろになって、歩兵第一連隊や歩兵第三連隊、近衛連隊などの手近な演習場として、新しく設けられたのである。明治二十年からは、それまで日比谷練兵場でおこなわれていた天皇の観兵式などの行事が、すべてこちらでおこなわれるようになっている。広さも日比谷の二倍以上あって、当時としては、手ごろな演習場であった。

日比谷練兵場はあまりにも皇居に近く、日常の演習場として使うのには問題があり、しだいに使用がひかえられるようになった。とくに実弾の発射は面積の関係もあって危険であり、明治三年に禁止令が出ている。

もっともこの禁止令ののちも、一定の条件下に実弾を発射することがおこなわれていたらしく、明治六年に、東京鎮台歩兵第一大隊の兵卒、奥田半次郎が、日比谷練兵場で銃殺された記録が残っている。また明治十一年には山県有朋陸軍卿の名前で、日比谷練兵場で起こった流弾事件のようなことがないようにと、注意の告達がだされているのである。

告達は、「日比谷練兵場で、天皇が近衛連隊の演習を御覧になっている席で、見学席にいた兵士の帽子を、流弾が貫くという事件があった。このようなことが二度と起こらないように注意せよ」というものである。

もう少しのちの時代の事件であれば、関係大臣以下、多くの責任者の処罰問題が起こったであろうが、注意だけですませたのは、時代の雰囲気の反映であろう。皇居周辺で示威的な演習をして反乱を予防することは必要であり、政府としては、天皇を雲の上の存在にせず、将軍に代わる新しい権威として人々に認識させるためには、演出をすることも必要であった。

このような危険を避けるために、市中から離れた場所に射場を設け、実弾射撃はそこでおこなうようにしようとする動きは、明治六年ごろからみられる。

新政府になってからの陸軍は、フランス式の軍事制度を採用することになり、明治五年に、フランスからマルクリー参謀中佐の一行を、教師団として招いた。四月十一日に到着した一行の中には、幕府時代に教師団の一員として来日した者も、多数まじっていた。

越中島の演習場は、この教師団の指導で、射場としての設備がととのえられ、練兵場としての機能を発揮した。明治七年に完成した大砲と小銃の射場は、陸軍だけではなく海軍も利用している。

また別に明治七年に、現在の新宿区戸山町の地に、戸山学校が新設され、その敷地内にも、遠距離、近距離の射場がつくられている。この学校は、射撃や歩兵の戦闘、体操などを教えるので、射場が必要であった。当時は周囲は農村であり、射場を設けても危険はないと、考えられていたのであろう。

しかしこのような場所でも、やはり流弾問題が発生した。明治十五年十月から、十一月にかけてのことである。戸山学校射場の西側の、約六百メートルの距離にある戸塚村の住人から、「最近、流弾が非常に多く、屋根瓦に当たったり、立木に当たったりして危険である。調査をしてもらいたい」という申したてが、東京府知事を介して、陸軍あてにおこなわれた。

この当時の兵卒一人あたりの訓練射弾数は、年間で百発以上であったが、特にここの射場は、学校関係者だけでなく、東京鎮台の各部隊や教導団も使用していたので、射場に銃声が絶えることがなかった。

申したてをうけた戸山学校は、別府大尉を調査にだしている。調査の結果、流弾があったことは事実であると確認されたが、発射元は、戸山学校の射場ではなく、隣接の近衛部隊の射場であろうということになった。

この結論に対してとられた対策は、射撃中に危険地帯に人が立ち入らないように、見張りを厳しくすることと、近衛部隊の遠距離からの射撃を禁止することであった。軍隊の権威をふりかざして住民を無視する行動をしたわけではないが、跳弾防止用の土堤など、費用がかかる対策がとられたのは、もっとあとになってからであった。

この事件より前の明治十四年十二月には、やはり同じ戸塚村の住民が、演習の補償を軍に要求するという事件があった。陸軍の三日間にわたる演習のために、畑地が踏み荒らされたというのである。

陸軍は要求に応じて補償をした。当時は住民のほうが、軍にたいして強腰であった。この戸塚村はもともと、幕府の鉄砲火薬をあつかう同心たちの居住地であったので、新政府の陸軍にたいして強い態度をとったのかもしれない。

このような補償問題になるような事件は、あちこちで発生していたとみえて、翌明治十五年の八月には、軍用徴発とその補償について定めた徴発令が、公布されている。

ところで、流弾問題は、陸軍だけではなく、海軍でも起こっているので、それについて書いておこう。明治初年の海軍には、海兵隊が存在した。明治四年七月から八年七月までの四年間だけである。この部隊の訓練場である白金射場で起こった事件である。

海兵隊というのは、海軍の陸戦専門部隊であって、水兵に銃を持たせて臨時に編成する陸戦隊とはちがい、陸軍兵を海軍に所属させたようなものである。そのため定期的に射撃訓練をおこなっていたのであり、現在の東京タワーに近い芝に駐屯していた。

白金射場は、そこから近い旧讃岐高松の松平家の邸地跡に設けられていたが、邸地の一部はそのころ、払い下げられて茶畑になっていた。

明治七年四月に、この茶畑で働いていた農夫が流弾の音を聞いたと、苦情を申したてているが、射場隣接地であるので、そのようなこともあったであろう。海軍では、射撃教官に注意をうながしている。

このときの農夫も、旧幕臣であろうと考えられる名前をもっているが、旧幕臣や旧江戸ッ子など、新政府には反感をもちやすい人間が多い東京では、政府の施策も、そのあたりを考えておこなう必要があった。鎮台の武力で、住民たちが反乱を起こすことを防ぐ一方では、このような苦情にたいして比較的敏感に反応し、対策をとっているところに、新政府の苦心が現われている。

最後にもう少し時代が下った日清戦争後の事件について書いて、しめくくりにしたい。明治二十九年十一月のことであるが、軍艦「天城」が、千葉県の館山湾で実弾射撃をした。このとき発射薬の量をまちがえたのか、弾丸の飛距離が伸びすぎて、民家内の一少女の近くに落下したので、大騒ぎになった。もちろん演習用の弾丸であるので爆発はせず、少女にけがはなかったので、それ以上の大きな問題にはならなかった。

海軍はこのとき、民心にあたえる影響を考えながら、内密に調査し、対策をたてている。

かつての帝国陸海軍は、民意などは無視して、無理難題を国民に押しつけていたと考えている向きがあるが、決してそうではない。陸海軍の当局者は、それなりに軍と民との関係を、つねに考えていたのである。

そうでなければ、明治維新直後の弱小軍隊が、日露戦争に勝つほどの力を蓄えることは、できなかったであろう。もしおごりが生じたとすると、それは、前大戦開戦直後の勝利からではあるまいか。天皇はそのような中で、国を統一するシンボルとして、嵐にもまれなければならなかった。

第二章　天皇に拝謁する軍人

軍人たちの大元帥陛下

秋空のもとに、天皇旗の金の縫いとりがきらめいて見える。陛下の御前が近いとみるや連隊長は、一段と声をはりあげて、「前へ」と号令した。

兵士たちは、あぜ道を駆けぬけながら、陛下のお顔をチラと、記憶にとどめた。

昭和九年に、群馬県の高崎方面でおこなわれた特別大演習での、一場面である。

連隊長は有名な石原莞爾大佐であり、兵士たちは、歩兵第四連隊所属の仙台近郊の出身者であった。

当時の地方の人々にとっては、天皇陛下は完全に雲の上の存在であって、チラとでもお顔を拝することができる機会は、めったにあるものではなかった。石原は、兵士にその機会をつくってやったのだといわれている。

明治十五年に、軍人勅諭が示されているが、明治天皇はこの中で、「朕《ちん》は汝等《なんじら》軍人の大元帥なるぞ　されば朕は汝等を股肱《ここう》と頼み汝等は朕を頭首と仰ぎて」と、述べられた。これは、天皇は軍の最高指揮官であって、軍人は、その手足として働くべきことを、意味している。

軍隊は戦うことを本質とするが、戦闘についての命令は、天皇から各部隊の指揮官に直接に伝えられる形式をとっており、そのため内閣総理大臣をはじめとする国務大臣で構成されている内閣や、官庁、議会などが、この命令にかかわることはなかった。これを統帥権の独立という。

軍人は天皇の股肱ではあっても、総理大臣の股肱ではなく、天皇と特別の関係で結ばれていた。石原は兵士たちに、そのことを自覚させたかったのであろう。

天皇と特別の関係で結ばれている軍人は、それだけに、天皇に直接にお目にかかる機会、つまり拝謁の機会に恵まれていた。

しかし軍人ならだれでも、拝謁できるというものではない。やはり一定の基準があった。その基準は、文官とも共通している。基準のもとになるのが、位階勲等、官職、爵位などであって、このようなものに縁のない庶民が、天皇にお目にかかることは不可能に近く、皇族や王族にお目にかかることさえ難しかった。

もっとも皇族が、尉官や佐官の一軍人として行動されることは多かったのであり、指揮官や参謀として、一兵士に接したり、庶民の中に入っていかれる機会はあった。庶民が公式の場で皇族としての宮様にお目にかかることは難しいにしても、軍の非公式の場でことばをかわしたり、指揮官としての宮様に接した者は、少なくはないはずである。特に気さくな宮様として知られる三笠宮殿下の場合などは、その機会が多かったであろう。

軍人の身分と拝謁資格

ところで現在、国家公務員と呼ばれている者は、旧制度では、身分がいくつにも分かれていた。まず大きくは、官吏と呼ばれて天皇の名のもとに任命されたグループと、雇員・傭人と呼ばれた低い身分のものに区分できる。後者は天皇の名で任命されるのではなく、各省庁で、官吏の補助者として雇用される。かれらは、天皇との関係では、庶民と変わりはなかった。職種でいえば、タイピストなど事務の補助者、運転手、守衛、看護婦などである。

軍人のうち、下士官以上は官吏と同じ身分であり、兵卒は、雇員・傭人の身分にあたるものであった。下士官以上は、武官と呼ばれることがあり、これに対して一般の官吏は、文官と呼ばれた。文官とは国家公務員のうちの、天皇の名によって任命されたものを指したのであって、補助的な職種の者や地方公務員は、その中に入らなかった。下士官という地位は、天皇との関係からみると、そうとうに高かったのである。

このような文官、武官はさらに、勅任官、奏任官、判任官に区分される。勅任官と奏任官は高等官であって、官庁総員の数パーセントしかいない管理職またはその候補者である。武官では将官が勅任官であり、佐・尉官が、奏任官である。勅任官とは天皇の勅、すなわちおことばによって任命された官であり、奏任官とは大臣などが任命について奏上し、つまり申しあげて、それにより任命された官である。

これに対して判任官とは、大臣などに任命を委任された官であって、天皇の名で任命はするが、天皇にいちいちお伺いをたてる必要がないことを意味する名称である。官庁勤務者の四割ていどがこの判任官であり、五割以上が雇員・傭人身分の者である。軍隊では判任官にあたる下士官は、総員の二割未満であり、兵卒が大多数を占める。

拝謁の資格は、直接、間接にこの身分できまってくるので、まずこれを知ってもらってからでなければ、資格について述べるわけにはいかない。

拝謁資格はまず身分を直接的に示す官職、さらに位階勲等、爵位できまってくる。そこで、わかりやすくするために、官等と軍人の階級との関係、その官等でもらえる最低の位階勲等はなにかを、表にして示しておいた。

武官の判任官つまり下士官は、任官十五年で位階を授けられることがあったが、文官の判任官は二十年たたなければ、授けられない。軍人は一般的に、文官よりも若い時期に位階勲等を得て、拝謁有資格者になったのであるが、これは下士官の現役の定年が、歩兵の場合で四十歳と、早いことを考慮しての措置でもあったろう。

高等官は若くて勲等がない場合でも、拝謁の有資格者であったが、判任官は位階勲等を授与されてはじめて有資格者になったのであり、年功が重視されていた。

高等官の場合でも、位階勲等が進めば、それだけ地位が高くなったことになり、これは無視できない。平時の陸軍士官学校、海軍兵学校出身者は、大尉のときに任官十三年半以上という基準を満たして、勲六等を初叙されることが多かった。その後は年数の経過と戦功によって上位の勲等に進むので、中佐で勲三等という例も、珍しくはなかった。位階は、少尉のときに正八位を授与され、階級が進むにつれて進階するので、年齢、階級が同じであればあまり差はないが、勲章の方は、個人によって、授与されている等級に開きがあった。

また戦功にたいして与えられる金鵄勲章も拝謁資格に関係があり、兵卒でもこれを与えられている者には、拝謁資格が生じたのである。

このような拝謁の資格条件についてもう少し、書いておこう。

判任官は、位階勲等をもたないかぎり、拝謁の機会はほとんどないといってよいが、高等

軍人の官等と位階勲等

区分		官等	陸軍階級	文官職例示	初叙位階	初叙勲等
高等官	勅任官	親任	大将	大臣	正四位	二等
		一等	中将	次官	正五位	三等
		二等	少将	局長 知事	正五位	四等
	奏任官	三等	大佐	帝大教授	従五位	六等
		四等	中佐	中学・師範校長	正六位	〃
		五等	少佐		従六位	〃
		六等	大尉	警視	正七位	〃
		七等	中尉		従七位	〃
		八等	少尉	中程度郵便局長	正八位	〃
		九等				〃
判任官		一等	准尉	警部	正七位	八等
		二等	曹長		従七位	〃
		三等	軍曹		正八位	〃
		四等	伍長		従八位	〃

官、つまり武官では少尉以上は、拝謁を願いでることができた。もっとも少尉、中尉が、直接、陛下にお目にかかって何事かを申しあげなければならないことは、ふつうはあるはずのものではない。天皇が特別大演習のあとで将校だけを集めて、おことばを述べられたり、行幸の警固にあたった将校をねぎらわれたりということはあったので、少尉、中尉も、そういうときに、天皇に接することはあったが、とくに天皇に近い存在だとはいえなかった。

高等官の候補者を教育する陸軍士官学校、海軍兵学校、陸軍幼年学校、そのほか同じような軍の学校の生徒は、拝謁の資格ということでは、高等官と同じようにあつかわれた。

とくに在京のこれら学校の卒業式には、天皇が行幸をされ、優等生に刀などを下賜された。江田島の海軍兵学校は、地理的に離れているので、行幸の機会は少なかったが、それでも皆無ではなく、卒業式には、海軍関係の皇族が天皇の名代として、出席されることが多かった。

各学校の卒業式のときには、最優等卒業生が、軍事についての御前講義をするのが慣例化しており、選ばれた生徒にとって、これ以上の名誉はなかった。

このようなことは、やはり天皇と軍人が特別の関係にあったからおこなわれたのであり、東京帝大のほかには、他には例がない。

東大は、高等官の養成校だといってもよい存在であり、文武高等官の候補者は、特別のあつかいを受けていたといえる。

天皇に近い軍人

一般の軍人が拝謁を願いでる場合は、陸・海軍大臣から侍従武官をとおしておこなうのがふつうである。陸・海軍大臣や参謀総長、軍令部総長などは、帷幄《いあく》上奏といって、軍の行動など統帥権の関係の軍令事項といわれるものについて、直接、天皇に申しあげる関係で、侍従武官長をとおして、拝謁を願いでる機会が多くあった。

将官は勅任官だが、そのなかに、天皇から直接任命される親任官と呼ばれる重職がある。師団長や艦隊司令長官以上がこれにあたり、文官では、大臣、大公使、大審院長（最高裁長官相当）などである。これらの人々は、任命が親任であり、当然に、拝謁の機会も多かった。とくに軍人の親任官は、演習場で拝謁することもあったのであり、そのときの服装規定も定めてあった。

ところで、昭和二十年四月に終戦処理内閣の総理大臣になった鈴木貫太郎海軍大将は、海軍軍令部長であった昭和四年に、乞われて文官の侍従長に転身した。侍従長は親任官ではあるが、宮中席次でいうと、大将の下にくる。宮中席次というのは、宮中での式典などの座席の順位、いいかえると偉さの順位だといえる。勲章など他の条件が同じ大将どうしだと、古い大将ほど席次が上になるが、古くても予備役に入った者は、それ以後は現役の大将の次位につくことになる。

鈴木大将は、侍従長に就任するためには、予備役に入らなければならない。侍従長という文官としては現役の地位につきながら、席次が下がるのは気の毒だということで、大将同等の枢密顧問官の兼務の発令があったが、発令の日が遅れたためか、もとの席次を保持することはできなかった。それでも年数がたつとともに、枢密顧問官としての席次が上昇するので、予備役の大将よりは、席次が上になり、やがてもとの席次よりも上になったと、本人が回顧している。特別扱いされていたのである。

宮中席次の一番上位にあるのは、大勲位菊花章頸飾という最高の勲章拝受者である。皇族は別にして、臣下で生存中にこれを受けたのは、山県、大山、東郷の三元帥と、元老の西園寺公爵だけである。戦後は吉田茂元首相が死後に贈られたのが初めてである。これからみても、軍人が、天皇との関係で優遇されていたことがわかる。

宮中席次は、官吏としての地位、位階勲等、爵位によって定まる。たとえば爵位の最下級である男爵は、勲三等と正四位との中間である。これは新任の中将ぐらいにあたる地位だとみてよかろう。貴族院や衆議院の議員の席次は、その下であった。なお華族で軍人になった人々は、尉官であっても宮中では、爵位で定められている高位の席についたのであり、軍人としての態度と華族としての態度の使い分けが必要であった。

席次の最下位は勲八等であり、そのつぎが従八位である。勤務年数が長い判任官には、この地位が与えられることがあったのであり、下士官も、このような地位にあれば、拝謁することが、資格としては可能であった。

宮中の儀式として恒例のものに、新年の儀式、紀元節・天長節・明治節の儀式がある。たとえば新年の儀式でいうと、親任官のような高位高官者は、一人ずつ天皇に新年の御挨拶をするが、その次位の人々は、集団でお祝詞を申しあげることになる。さらにその下の在京の高等官や従六位以上の位階を持つ者など、軍人でいうと佐官級の者は、列立拝賀の形式をとることになる。現在の新年の一般参賀は、この形式が変わったものだといえようか。もっとも、六位というのは古代から昇殿資格の最下限になっていたのであり、昇殿列立ということから考えると、一般参賀とはやや異なる。

当時の参賀は、宮中での記帳を意味したのであり、七位以下の者やそれに相当する勲章を与えられている在京者は、新年などの参賀が、義務になっていたのである。地方勤務の者は参賀のかわりに賀表、つまり御挨拶状を送付していた。

このようなときの服装は、参賀だけで拝謁がない場合でも、陸軍軍人は帽子に羽根飾りがある正装をするのであり、海軍軍人は大礼服を着た。演習場や戦争中の拝謁には、通常の軍服でよいという規定があったが、参賀の場合は別である。

軍人は天皇との近い関係を利用して、政局に大きな影響をあたえた。一方で、軍人への門はだれにでも開かれていたのであり、日本人であればだれでも、そのような立場に立つことができたのである。

第三章　兵役と進級制度あれこれ

兵役の義務

「われわれ日本人が守らねばならぬ道徳のいちばん重いものは何か」
「議員を選挙するにはどんな心掛けが大切か」
「富と健康とはどちらが大切か」
「近ごろ消費節約のことをやかましくいわれるのは何故か」

この質問に、あなたはどう答えるか、考えてみよう。

これは軍隊教育の資料にするために、徴兵検査のときに、青年たちに答えさせた質問である。今の入社試験にも出てきそうな設問だが、相手はほとんどが、小学校か高等小学校の学歴しかない青年たちであった。別に文部省の依頼で学力検査もおこなわれていたのであり、その結果は軍隊だけではなく、他の方面でも利用されていた。

徴兵検査は満二十歳になる年に受けるが、受検者数は、大正末期で五十五万人、昭和十年代で六十四万人ぐらいであった。当時は朝鮮と台湾の人々も日本国民ということであったが、ことばの問題や過去の歴史の関係で、朝鮮で徴兵がおこなわれたのは昭和十八年から、台湾では昭和二十年からである。ただし特に志望する者を陸軍特別志願兵として採用し、一般の徴兵よりもやや長い期間教育して兵士にすることは、朝鮮では昭和十三年から、台湾では昭和十七年からおこなわれていた。海軍特別志願兵は、昭和十八年からである。昭和十三年の朝鮮での最初の募集は四百名であったが、志願者が三千名も集まり、その後も増えるいっぽうであった。

平時の現役兵採用数は、毎年、陸軍が約十万人、海軍が約一万人である。海軍は別に、海軍独自の志願兵制度により、毎年、徴兵数よりもやや多い数の志願兵を採用し、徴兵の基本教育と志願兵の基本教育を、海兵団で半年交代でおこなっていた。この制度に限らず、志願兵と名がつくものは、徴兵適齢以前に（十七歳からのものが多い）志願することになっていた。

陸軍も、現役兵のほかに毎年二十万人近くの補充兵を採用しているが、平時は補充兵が兵営で教育をうけることは、ほとんどない。しかし、日華事変の進行によって補充兵が召集される機会がふえるとともに、現役兵の採用数は、陸軍三十五万人、海軍二万三千人にふえ、補充兵は十万人に減らされた。これは徴兵検査をうけた者の八割が兵士になったことを意味するのであり、年間採用数としては、これが限度であった。

徴兵検査で重視されたのは、身長と視力である。身長の平均値は百六十センチであり、現代の青年にくらべて、十センチ低かった。歩兵には、もっとも体格がよいものがあてられる。検査結果は甲、第一乙、第二乙（昭和十六年に第三乙も区分）、丙、丁、戊に区分された。甲種と乙種が合格である。丙種は身長が百五十五センチに満たない者など、病人、身体障害者ではないが、現役兵にするには問題があると判定された者である。戊種は病みあがりなど、翌年になれば現役勤務ができると判定された者である。丁種は、不合格者である。

こうした検査の結果により、現役兵または補充兵に指定されたものは、視力、聴力、職業、技能などを考えあわせて、兵種の区分をされた。昭和十三年ごろの区分は、表のようになっている。

輜重特務兵と補助衛生兵は、輜重兵や衛生兵の補助的な存在であり、昭和十四年に、それ

徴兵兵種区分（昭和13年現在）

海軍	陸軍
水兵	歩兵
機関兵	戦車兵
工作兵	騎兵
看護兵	野砲兵
主計兵	山砲兵
	野戦重砲兵
	騎砲兵
	重砲兵
	高射砲兵
	工兵
	電信兵
	鉄道兵
	飛行兵
	気球兵
	輜重兵
	衛生兵
	輜重特務兵
	補助衛生兵

ぞれに吸収された。昭和初年の、歩兵在営期間が二年であった時期に、輜重特務兵や補助衛生兵は、二、三ヵ月の兵営勤務をすれば兵役の義務が終わったも同然であったので、これを志望する者もあった。戦地ではかれらは、馬の口取りや負傷者の運搬などを行なう。しかし時代とともに車の運転など、任務が複雑になってきたので、本来の兵種に吸収された。

歩兵は軍の主兵と呼ばれ、全体の半数以上を占めていたが、それだけに体格のよいものが、優先的に配置された。徴兵事務を担当するのが陸軍という関係から、海軍兵には、最上質のものが配当されにくいきらいがある。海軍が独自に各鎮守府人事部の担当で、別に志願兵を採用していたのは、そのためでもある。

徴兵事務は、各県におかれている連隊区司令部が、師団長の監督のもとに実施した。連隊区司令官は、陸軍の大佐である。徴兵検査の実務は、市や郡単位で、連隊区司令部の徴兵官とその補佐をする軍医や事務官、市町村吏員が担当した。

海軍志願兵には、学力試験も課されていて、海軍で下士官に進み長く勤めたいと願うものが志願する傾向がある。年齢が、徴兵で海軍に入ったものより平均二歳ぐらい若いので、海軍では重用された。兵種としては、徴兵の区分のほか、軍楽兵がある。後には航空兵も加えられたが、搭乗員の多くは、飛行予科練習生として、別に募集された。これは当初は、年齢が十五歳から十七歳未満であったが、最後は上限が二十歳未満に引きあげられた。年齢条件などが、一般の海軍志願兵とはちがうが、法的には同じ性格のものである。

飛行機の操縦もそうだが、特別の技術を必要とするものは、年少時から訓練することが望ましい。そこで日米開戦の翌年から海軍は、水測兵、電測兵、暗号兵など音感が関係するものを中心に、現在の中学三年生にあたる年齢の十四歳で採用し、一年間の教育をして第一線に配置することをはじめた。いわゆる少年水兵（特年兵）である。正式には、特別練習生として採用したのであり、これも志願兵である。

このような海軍志願兵は、現役期間が五年であり、徴兵の現役期間が三年であるのにくらべて長い。その間に下士官に進級すると、そのときから六年間の現役義務が生じた。陸軍兵科の下士官の現役義務は四年間なので、海軍のほうが全体的に、現役義務期間が長い。

このような海軍志願兵と同種の陸軍志願兵に、少年飛行兵、少年戦車兵、少年砲兵などがある。やはり十五歳で志願できるが、かれらは採用されたときは、それぞれの養成学校の生徒になるのであり、準軍人であったことが海軍とは違う。学校は二年または三年間であり、修了後は、兵長の下士官候補者をへて伍長に任官した。

飛行機操縦者は、学校生活三年目に飛行教育がはじまるので危険が大きい。かれらは、適性の関係で操縦者への道を中断して整備や通信に進んだ者もふくめて、三年目には軍人身分になり、上等兵の階級章をつけた。

これまで説明してきた志願兵は、徴兵とは異質の存在である。しかし別に陸海軍ともに、徴兵と同じに扱われる志願兵の制度をもっている。これは家庭の事情などのために、徴兵適齢の二十歳になる年よりも早い時期に徴兵検査をうけて、早目に現役勤務を終わらせるものである。十七歳から志願できたが、実際に志願する者は年間数千名であり、採用されるのは、またその半数という多くはない人員であった。

陸軍士官学校や海軍兵学校の生徒も、志願兵の一種であり、兵役上は軍務に服しているとみなされる。そのため、もし卒業できなくても、入校後二年間を経過していれば、現役期間が終わったとみなされた。国民皆兵の兵役制度のもとでは、このような特例が多くあり、その方面の専門家でなければ、細かいことはわからなかった。市町村役場に兵役関係専門の兵事係がおかれていたのは、そのためである。兵事係は各県の連隊区司令部と密接な関係にあり、徴兵事務だけではなく、兵役についての全ての事務処理にあたった。これは兵役義務が納税義務とともに、国民の二大義務になっていたからである。

自衛隊も各県に、地方連絡部という組織を置いている。ここの連絡部長には連隊区司令官と同様、一佐の階級の者がつくが、海空自衛官がつくこともある点でちがいがある。また仕事の内容には大きなちがいがあり、募集と広報が主任務である。市役所などにも国の機関委任事務として、自衛官募集などの窓口業務を担当する職員が配置されているが、かつての兵事係のように、大きな仕事をかかえているわけではない。

進級

「あのなりあがりの伍長を殺さなければ、ドイツには破滅があるだけだ」

「しかし、これまで何度も失敗している。どうすればよい」

「わたしがやろう。みてのとおり、わたしは戦傷のために身体が不自由だ。だが予備軍の運用について、ヒトラーに報告する機会がある。そのときに爆弾をもっていけば、まさか動きが鈍いわたしが暗殺者になるなどと、警戒するものはいないだろう」

予備軍司令部のシュタウフェンベルク大佐が、ヒトラーの暗殺を実行に移したのは、一九四四年の七月二十日、連合軍がフランスのノルマンジー海岸に上陸し、少しずつ足場をひろげているときであった。計画は成功し、会議室に置かれた鞄《かばん》の中の爆弾が破裂した。しかしヒトラーは軽傷を負っただけであった。

この事件には、ヒトラーが信頼していた闘将のロンメル元帥もかかわっていた。かれはこのとき、英軍機の攻撃を受けて重傷を負い、病院に横たわっている身であったので、直接に犯行に加わっていたわけではなかったが、事件から三ヵ月後に、ヒトラーから自決を迫られて毒を呑んだ。

ロンメルは大佐のとき、ヒトラーの護衛部隊を指揮して、ヒトラーに認められた。おかげで、第二次大戦の初めには機甲師団長の地位につき、やがてアフリカ北部で、軍団長として活躍することができた。ここでの英軍相手の戦闘が、かれを陸軍元帥の地位にまで押しあげたのであり、実力派の将軍であった。

もう一人ドイツでは、空軍を再建した功労者のゲーリング国家元帥が、有名であった。かれは、ドイツが第一次大戦に負けたとき中尉の飛行中隊長であり、敗戦の結果、ドイツが航空機の保有を禁止されたために、大尉を最後に軍職をひき、十数年間の軍歴のブランクがあった。

しかし、ゲーリングはその間にナチス指導者の一人になっていたのであり、ヒトラー政権のもとで、空軍を再建してその総司令官の地位についた。大尉からいきなり空軍大将になったのだから、司令官としてのリーダーシップには問題があった。だがほかの空軍の将官たちも、軍歴のブランクではゲーリングと同じであり、空軍の運用には、多くの問題があった。

空軍は、設立を禁止されていた間は、ソ連などでひそかに設立準備をしていたが、できることには限りがある。それがそのまま、組織上の問題点になっていた。階級についていうと、上級の要員がほとんどいなかったのだから、未経験の者をどんどん進級させなければならない。パイロットとして戦功があったものを、それだけで特進させた例が目立ったので、ゲーリングの例やロンメルのような特別の場合と重ね合わせて考えられ、ドイツ軍全体が、戦功だけで自由に進級させたと、まちがった考えをもっている人がある。実際には陸軍や海軍は、第一次大戦後も組織が小さくなったとはいえそのまま残っていたので、進級は伝統的な秩序にしたがっておこなわれた。またナチス親衛隊SSは、ナチスの私兵的存在なので、そこでの進級は自由におこなわれたが、これも伝統的な国防軍のやり方ではない。

ロンメルはもともと士官学校を出てから、陸軍の秩序だった人事によって大佐に昇進していたのであり、その後も戦功によっていくらか進級が早まりはしたが、秩序を完全に無視した進級によって昇進したわけではない。ロンメルが、陸軍大学校などで参謀としての修業をしたり、参謀本部で勤務した経歴をもたなかったのは確かである。その意味では、かれの進級は異例であったかもしれないが、不当な進級ではなかった。

秩序だった人事によって国防軍の中枢を占めていた陸海軍の将官たちは、ヒトラーが第一次大戦中に伍長（兵長という方が適当）であったことをとらえて、かれを見下しがちであった。そのためにヒトラーは悩んでいる。それでもヒトラーの緒戦の戦争指導がうまくいってからは、表だってかれにたてつくものはいなくなった。しかし配色が濃くなってからは、裏でいろいろの画策をする者が増えていた。それが暗殺事件になったのである。

伝統がある組織では、異質のものを受け入れるよりは、排除しようとする力が強く働く。ヒトラーも、最後まで国防軍を、完全に自分のものにすることができなかった。

それに比べて、最近のザイールのモブツ大統領追放劇は、国家の組織に歴史と伝統がなく、大統領にもリーダーシップに欠けるものがあったために起こった事件だといえよう。

モブツは、一九六〇年のコンゴ（ザイールの旧称）独立以前は、ベルギーが植民地コンゴに設けた公安軍の下士官であった。独立後、いきなり大佐の軍司令官をへて陸軍総司令官になったのであり、ゲーリングの場合よりも問題が大きい。大統領になったのはクーデターの結果であり、低開発国では珍しくない図式だが、もともと失敗する要因が多くありすぎたために、追放劇になったのである。

伝統がない組織には自由があり、それが好ましいかというと、必ずしもそうではない。未経験が混乱を生じ、力がすべてを制するからだ。その結末は、ザイールの例に見ることができる。そのため歴史が古い組織では、昇進は、年功と序列に能力による抜擢を組み合わせたものになっているのがふつうだ。

日本でも明治維新の直後には、維新の功労者が、いきなり高い地位につくことが珍しくなかった。山県有朋は、明治五年に陸軍中将になり、大山巌は明治四年に半月ほど大佐として勤務してから、少将になった。当時の大山の年齢は、二十九歳であった。

また欧米に留学して帰国した者は、維新の功労者ではなくても、新知識として優遇された。榎本武揚のように新政府に反抗し、旧幕府の軍艦を率いて北海道に渡り、戦闘後、降伏した者まで重用された。かれは明治七年に海軍中将兼特命全権公使に任命され、ロシアとの領土問題の交渉にあたった。幕末に渡欧して、海軍運用の一環で国際法についても学んだことが、役に立ったのである。

だが、かれは後に海軍卿になり、海軍部内で評判を落とした。芸者を軍艦に乗せて騒ぐなど、ひんしゅくを買ってリーダーシップの能力を疑われたのである。

屯田兵の創設者で、その指揮をするために陸軍中将に任官し、後に総理大臣にもなった黒田清隆は、酒乱で有名であった。

かれらは幕末の雰囲気をそのまま明治時代の新組織にもちこんだために、問題にされたのであろう。それでもかれらは、幕末にあるていどの組織運用の経験をつんでいた。山県や黒田は官軍の参謀をつとめ、榎本は幕府艦隊を指揮していた。山県は奇兵隊を指揮したことで知られているが、そのような経験をした後に参謀の職務についたのであり、かれらは、明治になってからいきなり、将官として大部隊を指揮する立場に立ったわけではない。その点では、新興国の指導者とはちがっていた。

明治維新の関係者が軍内部で指揮権を行使していたのは、日露戦争までである。日露戦争のときも少将以下は、新しい制度のもとで教育され、順序をへて進級してきた人々であった。たとえば満州軍参謀をつとめた井口省吾少将は、明治十一年に陸軍士官学校を卒業し、明治十八年に陸軍大学校を第一期生として卒業した陸軍はえぬきの参謀であった。聯合艦隊参謀長の加藤友三郎少将は、明治十三年に海軍兵学校を卒業し、軍艦乗組員と中央官衙での勤務を交互にしながら昇進してきていた。海軍大学校の課程も修了している。

このような新しい軍人は、規則に従ってそれぞれの階級で経験を積みながら進級してきたのであって、あらゆる面で体系的な知識技能を身につけていた。そうでなければ、進級できないような仕組みになっていたのである。

明治時代の陸軍武官進級条例に、「進級は各階級の欠員があるときに、階級に従って昇進していく」ことが示されている。それに、各階級ごとに、進級するに必要な最小限の勤務年数の定めがあったのであり、伍長以下では半年、軍曹で一年、大尉で四年、そのほかの階級では二年から三年になっていた。

これは海軍でも同じであり、海軍ではそのほかに、乗艦勤務をすることが義務づけられていた。やがて陸軍でも、一定年数以上の部隊勤務の経験がないものは将官に進級できないことになったので、中央勤務をしている秀才たちが、資格を満たすために大隊長や連隊長を腰掛け的におこなうという弊害も出てきた。

陸軍士官学校や海軍兵学校を出て、二十一歳前後で少尉に任官した者はその後、早い者で、平時は陸軍で十五年、海軍で十一年ぐらいで少佐になる。さらに七、八年後には、大佐になった。卒業者数とポスト数の関係で、海軍のほうが進級が早い。

実例をあげてみよう。陸軍の東條英機首相は、二十歳で少尉、三十五歳で少佐、四十三歳で大佐、五十六歳で大将になった。東條と学齢は同じだが、八ヵ月早い四月生まれの山本五十六連合艦隊司令長官は、少尉になったのは二十一歳の誕生日が来てからだった。しかし少佐は三十一歳で、東條よりもずっと早い。三十九歳で大佐になり、大将になったのは、東條よりも一年近く早い五十六歳のときであった。

東條は大将昇進のとき、中将期間五年以上という内規（本来の規則上の最低期間は四年）に反して、四年十一ヵ月で進級したが、これは首相就任と同日付で昇進させるよう、天皇の内意があったからだといわれている。

一般に進級は、最低年限でおこなわれるのではない。そのときの欠員の状況によってちがうが、少尉以上では、最低年限に二、三年を加えた年数になることが多い。戦時には、最低年限に達した者をどんどん進級させるが、それでも佐官級が不足したので、最低年限を短縮している。

進級は候補者名簿を作成して、その中から指定する。最低年限を何年超えたものから候補者を選ぶのかが、最初の決定事項である。その対象者から、年功序列を示す名簿順に何名、各年数の者から成績順に何名といった候補者の組み合わせをつくるのが、つぎの段階である。年功序列は、毎年調整される名簿（陸軍は停年名簿、海軍は士官名簿）の順位が基準になる。

成績は、勤務評定の順位と考えればよい。准士官の昇進や兵から下士官への昇進など、試験がおこなわれるものについては、その点数も、成績のうちである。学校の成績が、加えられることもある。

こうして決められた基準に、実際の対象者をあてはめて、順位を決定する。最終的には進級会議で検討決定されるが、機械的にあてはめられた候補者の順位が変更されるのは、よほどのことがあったときだけである。

年功序列による進級は停年進級という。年数が少ないグループから成績上位者を選んで進級させるのを抜擢進級といった。大尉から中佐ぐらいで抜擢される者は、将官候補者だと考えてよい。陸軍将校の場合は、陸軍大学校卒業の有無とその成績が、抜擢に大きく影響した。海軍大学校甲種学生課程も抜擢に無関係ではないが、陸大ほどではない。なお停年の停は、その階級に「とどまる」意味である。

下士官への進級は、すべて抜擢である。また下士官や准士官が陸軍士官学校少尉候補者課程や海軍兵学校選修学生課程に入ることは、少尉、特務少尉に進むことを意味し、これも完全抜擢である。しかし、最下級の二等兵から一等兵への進級は、原則として全員が年功序列による進級であった。同時に入営・入団した者全員が、基本教育をおえた段階で、進級したのである。ただし教育の成績によって、名簿の順位が決められた。

明治中期以前には、尉官以下の進級は、すべて試験制であった。数学ができないので進級できない尉官は、珍しくなかった。この試験制度は、その後も下士官への進級や少尉への進級には欠かせないものになっていて、自衛隊にも伝えられている。自衛隊では内容的には一般教養的なもの、業務についてのものであり、筆記試験、実技試験のほか、面接もおこなわれている。

陸軍士官学校や海軍兵学校を出たものが少尉に任官できるのは、学校での最終試験に合格して、能力が証明されているからである。かれらも学校卒業後に、陸軍では見習士官、海軍では少尉候補生として実務練習を受けなければならず、その結果、推薦されて少尉に任官するという手順をふんでいた。

軍の進級にはこのように試験がつきものであり、将官への登龍門になっている陸大、海大の学生に選抜されるのも試験であった。自衛隊にも、これに相当する指揮幕僚課程というのがある。試験で選ばれて陸上自衛隊だと一年八ヵ月、海上・航空だと一年近く勉強する。その上に統合幕僚学校や防衛研究所の課程がある。

現在の国家公務員は、入省時にⅠ種やⅡ種の試験合格者として格付けされると、その後は試験を受ける必要がなく人事のエスカレーターに乗って昇進するようになっている。しかし、仕事に慣れてきた三十歳過ぎぐらいにもう一度試験をして、選別の手段にすることは考えられてもよいのではないか。試験結果がすべてではないにしても、無能者や悪徳者を排除する関門にはなるだろう。

特別の進級および定年

「海軍省発表。特別攻撃隊員中の戦死者に対し、昭和十六年十二月八日付、特に左の通り二階級を進級せしめられたり。海軍大尉岩佐直治、任海軍中佐……」

昭和十七年三月六日に発表されたのは、それまでの戦死者には例のない二階級特進であった。開戦時に特殊潜航艇五隻がおこなった真珠湾攻撃は、湾内に二隻が侵入し、魚雷を発射したが実効はなかった。しかし海軍省は、戦艦一隻を撃沈したものと判断し、捕虜になった一名を除く九名を軍神と讃えて、四月八日に海軍合同葬をおこなった。

特別攻撃隊という名称は、もともとは生還を前提にしたものであったが、戦争末期の航空特攻や潜水艇の攻撃にみられるように、本人たちは死を覚悟して出撃していった。このことを国民の戦意高揚に役立てようとした政治的な意図が、二階級特進者を生みだしたのである。

これ以後は、二階級特進は珍しくなくなった。陸軍の加藤建夫飛行第六十四戦隊長が中佐から少将に、アッツ島で玉砕した連隊長山崎保代大佐が大佐から中将にと、陸海軍とも競争のように、多くの特進者をだした。戦争末期の特攻隊中心の時期には、二階級特進があたりまえになり、それが現代にも尾をひいて、自衛官や警察官の公務死のときには、二階級特進がとうぜんのようになっている。

海軍が規則上、二階級の進級規程を設けたのは、昭和十六年の開戦後であり、特殊潜航艇の乗組員のためといってもよかった。陸軍は少し早く、昭和十六年三月に、規則を改めていた。しかしまだ二階級進級該当者が出ないうちに、海軍が先手をとってしまった。なにかにつけて、陸軍に対抗意識を燃やしている海軍の、自己宣伝的な臭いもする処置であった。

試験や勤務年数などで規整している通常の進級とは無関係に、戦場で殊勲があったり、平素の勤務がとくに優れている者が戦死したり死の床にあったりしたときに、一階級進級をさせることは、明治時代からおこなわれていた。もとは、西欧の進級規則からの引用である。

日露戦争のときに軍神と讃えられた橘周太少佐は、首山堡を占領後、防御戦中に戦死して中佐に特進した。海軍でも広瀬武夫少佐が、旅順港閉塞隊の報国丸指揮官として、港口での沈没作業中に戦死し、中佐に昇進した。このときも海軍のほうが、陸軍よりも五ヵ月早い時期に特進者を出して先鞭をつけたのである。

このような佐官の進級は、陸海軍省人事局がとりあつかうので天皇への報告など、手続上の難しさがある。反面では、政治的に利用されやすい。しかし下士官、兵の進級は、陸軍では師団長、連隊長が、海軍では鎮守府司令長官がとりあつかうので、定められた枠内であれば、特進させることも容易であった。

昭和七年の上海事変のとき、久留米工兵隊の作江、江下、北川の三人の一等兵が、破壊筒を抱えて敵の鉄条網につっこみ、目的を達したが自分たちも吹きとんだ戦闘で、それぞれ上等兵に進級のうえ、伍長に任ぜられた。兵の階級は本来の意味の階級ではないので、特例ではあったが、このようなことも可能であった。これが「爆弾三勇士」として軍歌にも歌われるようになったが、最近、かれらを軍神視することに異論がでてきている。政治的につくりあげられた偶像であったというのだ。かれらだけではなく、このときの戦闘で勇敢に戦って戦死した者は多かった。

このような特殊進級とはべつに、現役定限年齢に達したために予備役にはいる場合や、定員の関係で将来の進級がのぞめない者が、命令によって予備役に編入される場合に、その階級での勤務年数が進級に必要な下限年数を大幅にこえていて勤務成績も良好であれば、名誉進級をさせることができる規則があった。

平時の陸軍将校は、士官学校出であっても、大尉、少佐で予備役に編入される者が少なくなかった。中佐の定員は少佐のほぼ半数であり、少佐は大尉のほぼ半数だから、同期生のなかで序列が半分以下の者は、少佐どまりになることを覚悟していなければならない。尉官は半数が下士官出身なので、陸軍士官学校出の者はほとんどが、少佐には昇進する。逆に下士官出身者は少尉任官が三十歳ぐらいということもあって、ほとんどが大尉どまりであった。

昭和初年定限年齢

階級	陸軍	海軍
元帥	終身	終身
大将	65	65
中将	62	62
少将	58	58
大佐	55	54
中佐	53	50
少佐	50	47(52)
大尉	48	45(52)
中尉	45	40(50)
少尉	45	40(50)
准士官	40	48
下士官・兵	40	40

（　）は特務士官

下士官出身の将校は、准尉・曹長のときに試験選抜によって少尉候補者学生（乙種）として約一年間、士官学校で学んでいる。しかしふつう、士官学校出というときは、予科生徒の課程をへて、本科の士官候補生として学んだ将校をさす。下士官出身者は少尉任官の年齢が高いうえに、少尉、中尉の期間も、士官学校出よりは長く、大尉のときに四十八歳の定限年齢に達するのがふつうだった。

定限年齢は表に示したように、階級によってちがう。下級者ほど、戦場で働くためには体力が必要なので、定限年齢が若くなっている。これは自衛隊でも同じだが、社会情勢が影響して、最近の自衛隊ではしだいに下級者の定限年齢が高くなり、准尉から一尉で定年を迎える者は、五十四歳と高齢化した。

陸軍将校は、定限年齢に達して現役を離れた者は、その後、後備役六年余（第六年度末まで）をつとめなければならない。定限年齢以前に現役を離れた場合は、定限年齢までは、予備役に服す。予備と後備のちがいは、召集の優先度のちがいと、訓練等への参加の有無にある。昭和十六年に後備役は廃止され、予備役期間が後備役年数分だけ伸びている。海軍士官、特務士官も、後備役が五年間ということを除くと、流れはほぼ同じである。

下士官、兵の場合は、それぞれに定められた現役の義務期間がある。陸軍の兵科下士官で四年、海軍の下士官で六年であるが、時代と兵種でもちがってくる。現役、予備役、後備役を合わせて、ほぼ十五年（後に十七年）が兵役期間である。下士官の現役期間は、定限年齢の四十歳までは、延長することができた。この定限年齢は、大戦中に四十五歳に延期された。

それ以前には、ほぼ十五年間の兵役が終わっても、四十五歳までは国民兵役に服さなければならず、場合によっては、召集されて戦場に赴くことがあったので、それならと定年を延期したのである。

　ここまで兵科を中心にして説明してきたが、軍医や主計など各部将校とか相当官と呼ばれる者の職域の定限年齢は、表の年齢よりも一、二歳高い。ただし准士官は四十八歳、下士官は四十五歳で、陸海軍とも、同じ年齢に設定してあった。

　海軍では下士官出身の士官は特務士官と呼ばれ、一部の者は海軍兵学校の選修学生と呼ばれる約一年の課程を出て、海軍兵学校生徒出身の士官と同じような扱いをうけたが、ほとんどの特務士官は、下士官の延長線上にある存在であった。そのため権限が制限されていたが、定限年齢は、海軍兵学校出よりは高く設定されていた。

　この特務大尉の中から、平時で毎年数名が抜擢され、特選の少佐として、服務上、海軍兵学校出と差別なく扱われた。ただ定限年齢だけは高くなっている。特選の少佐になることは、海軍兵学校出が中将になるのと同じぐらいの価値があった。兵科、機関科、主計科を合わせて、昭和二年から昭和十六年までに特選の少佐になったのは百七十八名だという（『水交』編集部調べ）。その三分の一は、名誉進級または死亡特進であった。大戦中にこの少佐から三名が、中佐に進級している。

　陸軍でも、少尉候補者学生出身者で中佐になった者は多い。二階級特進で大佐になった者もいる。ビルマ戦線の拉孟《ラモウ》守備隊長として、千二百余の部下を指揮して戦った金光恵次郎少佐がその人である。金光は昭和二年の少尉候補者学生出であり、四万人以上の蔣介石軍を一ヵ月にわたってくいとめ、ついに戦死した。蔣介石がその戦いぶりを賞讃したという金光には、軍司令官から個人感状が与えられた。

少尉候補者学生出の少佐には、かれのようにあまり目立たないところで、大隊長をつとめたものが多い。陸軍は昭和十八年末期から、マッカーサーの反攻に備えて、西部ニューギニアに多数の飛行場を造成した。造成を担当した飛行場設定隊長十七名のうち、十一名までが少尉候補者出身であり、大隊長経験者が多かった。二百名から四百名ぐらいの兵士と千人以上の軍属人夫を指揮して、少数の機械やトラックを使いながら飛行場をつくるのが任務である。縁の下の力もちの職であったが、四十歳代半ばに達しているかれらにとっては、はまり役だったかもしれない。

飛行場設定隊長の一人に、昭和三年に予備役に入り、召集されてきた陸士出の少佐がいた。同期生は中将になっている。このような目立たない配置は、年配の少尉候補者出身や予備役召集を受けた人のものであった。

予備役から召集された人でも、規定の年数をつとめれば進級させられる。ただ現役軍人の進級よりも、同一階級にある期間が長くなりがちなのはやむをえない。召集解除のときに、名誉進級させる制度もあった。陸軍の下士官の例でいうと、伍長の場合、現役時代を通じて二年以上その階級でつとめた者の中から二割を、軍曹に進級させることができるようになっていた。

陸軍の幹部候補生出身の将校や海軍の予備学生出身の士官は、第一線での勤務は、予備役から召集されておこなっていることになっている。特に優秀な者は希望すれば、試験選抜によって現役に身分転換をすることが可能であった。そうしないかぎり、中尉、大尉への進級時期が、現役の者より半年ぐらい遅くなった。

なお予備学生の制度はもともとは、高等商船学校出の船員を、海軍予備員に指定し、戦時には小艦艇などで、予備的な仕事をさせたことに起源があった。予備員として少尉から少佐までの階級をあたえられ、船乗りとして勤務していれば、進級もしていた。また地方商船学校出の中級船員は、下士官の予備員になることができた。大戦中に、階級上限が大佐に上昇している。航海関係だけではなく、機関や工作関係の予備員もいた。

予備学生の制度はこれが発展したもので、実質的には陸軍の幹部候補生制度に相応した。しかし幹部候補生は二等兵として入営したのちに、二年間の現役勤務期間に段階をおって昇進し、期間満了時に少尉に任官するのにたいして、予備学生は採用されたときに少尉候補生相当の身分になることがちがう。兵士としての下積みの生活は、一部の者は経験しているが、原則的にはそれがないのが特徴であった。一年または一年半後には、少尉としての勤務をしている。

幹部候補生の教育は、最初は連隊などでの現場教育であったが、日華事変開始後、予備士官学校での十一ヵ月の教育を入れるようになった。教育途中に将校不適格と判定されたものは、予備役の伍長に任官した。前者が甲種幹部候補生、後者が乙種幹部候補生である。

かれらの戦場勤務は、予備役からの召集勤務だが、勤務内容は現役と同じであった。昭和十四年の初めには、中・少尉の七割が幹部候補生出身になり、陸軍士官学校出の者は、六パーセントほどしかいなかった。

海軍は、日華事変中は本格的な動員をする必要がなかったので、予備学生の大量動員という事態にはならなかった。しかし対米戦が始まってからは、中・少尉を予備学生出身者に頼らざるをえなくなった。昭和十九年中ごろには、中・少尉の六割強がかれらになったのである。残りの多くは特務士官であり、海軍兵学校出は、八パーセントほどにすぎなかった。戦時の第一線下級指揮官は、主力がパートタイマー軍人になったのである。

だが、少佐以上はやはり陸軍士官学校、海軍兵学校出であり、これらの学校の役割は、中級以上の指揮官や参謀を養成するための基礎教育をすることにあったといえる。パートタイマー軍人の細部については、拙著『学徒兵と婦人兵ものしり物語』を参照していただきたい。

階級のピラミッド

このような軍人たちからなる軍は、階級のピラミッド構造になっている。図からわかるように、海軍よりも陸軍のほうが、ピラミッドの裾が広い。

海軍は終戦時には、総員百七十万人のうち、准士官以上が約九万人で、全体の五パーセントを占め、昭和十二年の九パーセントよりも比率が減っていた。これは下士官・兵が増えたためであり、下士官と兵の比率は、一対三で、ほぼ変わっていないと考えられる。

昭和12年平時海軍現役人員

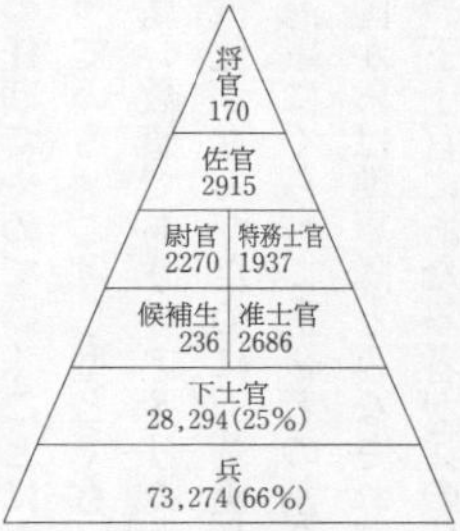

総員　111,782

昭和20年終戦時陸軍兵員

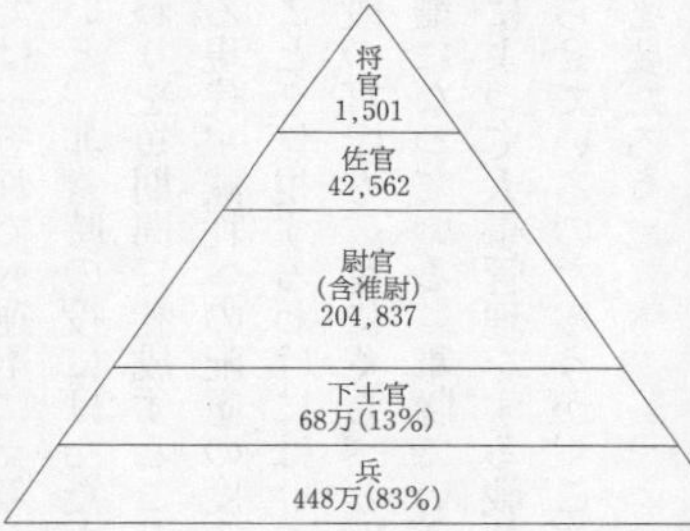

総員　541万

陸軍は兵が下士官の六倍以上もおり、そのため下士官への進級は海軍よりも難しいと思われるが、実際は海軍では、数が多い志願兵が下士官への昇進を望むのに対して陸軍では、早い除隊を願う兵が多いので、数字が示すほど進級の難易差があるとは考えられない。

ただ陸軍兵の中では、たとえば歩兵上等兵は、一・二等兵の六分の一ぐらいしかいないので、現役中に進級することは難しかった。

このような陸海軍の階級ピラミッドの構造は、外国でも同じであった。昭和九年の米海軍では、海兵隊を除くと、海軍士官が約八千人で、下士官・兵が一万四千人であった。士官比率は六パーセントになる。どこの国でも少尉以上の比率は陸軍よりも海軍のほうが高いのがふつうで、陸軍でも機械化が進んだ部門では、裾野の比率が小さくなる傾向にある。また平時は上級者の比率を比較的に大きくしておいて、動員時の膨張にそなえるのも、世界共通の傾向だ。

自衛隊には、定年以前の予備役編入の制度がなく、二、三年の任期でやめていくことになっている下級者の採用難もあって、組織の裾野が極端に狭くなっている。こけし型とでもいえばよいのだろうか。三尉以上の比率も十七パーセントという高い数値であり、アメリカとくらべて、三、四パーセント高くなっている。ただ近代軍は機械化が進んだために、基礎学力面でも業務上の知識技能面でも高度化しており、かつての陸海軍にくらべて上級者の割合がふえているのは、世界共通の現象である。

外国からは準軍隊とみなされている海上保安庁には、兵にあたる身分のものがほとんどいない。下士官にあたる者が兵の仕事をしている。戦時の戦死など減耗を考慮する必要がない組織では、それでも運用に支障がないだろうが、軍隊は減耗を前提にして制度をつくっておかないと、非常時の役にはたたない。そのため仕事を細分化単純化しておくことで、減耗者の代わりを短期間に養成することができるようになっている。軍隊が警察的な性格を強めつつある現代、減耗への配慮の度合いを小さくするのは自然の流れではあろうが、過渡期には、そのことを無視するわけにはいかないだろう。

一般の官庁も、昔にくらべると下級者がほとんどいなくなり、主任、係長級が多い中膨れの組織になっている。軍隊でいうと、曹長ぐらいから中尉ぐらいまでの層がふえてきている。学歴によって人事管理をする戦前からの伝統が生きており、高学歴社会がこのような結果をもたらせているのだろうが、これもいささか行きすぎの感がする。社会の状況に合わせた改革が必要だろう。

第四章　日本参謀制度の歴史と特徴

参謀の独走

「参謀殿、右第一線は全滅しましたッ」

「何ッ、お前達がこんなに生きてるじゃないか、何が全滅かッ」と、怒鳴りつけた関東軍参謀辻政信少佐は、自ら兵士たちに命令した。

「俺について来い。目標は燃え上がる敵の戦車、前へ」

四十名ほどの敗残の兵をつれて前進し、重傷の第一線連隊長を救出した辻参謀は、独断で第一線の後退を命じた。

これは辻政信の手記『ノモンハン』から引用した描写である。

昭和十四年に満蒙国境で起こったノモンハン事件のとき、ソ連・外蒙軍を相手にして戦った第一線の日本軍は、小松原中将の第二十三師団であった。この師団は、戦車を中心にしたソ連軍に火炎ビンで対抗するという状況であり、徹底的に蹂躙された。その中での辻参謀の行動が、回想されているのである。

辻が指揮した兵は師団の兵であり、上級司令部の派遣参謀である辻には、その指揮権はない。また第一線にたいして後退を命じる権限もない。このことは本人も自覚しており、あとで師団長に追認を受けてはいるが、違法な行動であったことに変わりはない。

命令、それも作戦戦闘のための命令は、その部隊の指揮官しか発令できない。これは統帥命令であって、根源は天皇の統帥大権にある。天皇の御命令が、各指揮官に上から下への段階をへて伝えられる形になっているのであって、その指揮官よりも階級上位の者であっても、無関係の他の配置にある者が、命令に口だしすることはできない。これは、陸軍も海軍も同じであり、外国の軍隊も同じような仕組みになっている。天皇の代わりに大統領などの統帥権者が置き替わるだけのことである。

戦死、負傷などのために指揮官が指揮不能になると、陸軍代理令や海軍の軍令承行令の規定により、次級の兵科将校が、指揮権を引き継ぐことになっている。この場合に、主計将校や軍医将校は、もともと戦闘要員ではないので、戦闘を指揮することはできない。

参謀はふつうは兵科将校であるが、参謀長をのぞき階級が低いので、次級者として部隊を指揮することは、まずないといってよかろう。辻参謀の立場では、どこからみてもノモンハンの第一線で部隊を指揮することは、ありえないことであった。しかし、そのような立場の一派遣参謀が、指導という名目で下級部隊の作戦に大幅に口だしをすることを認める雰囲気があるのが、昭和の日本陸軍であった。

無権限のものがかってに部隊を動かすと、陸軍刑法、海軍刑法によって死刑にされるおそれがある。しかし日本では、参謀が越権行為のために処刑された例を知らない。張作霖爆殺事件の張本人だとされている関東軍高級参謀河本大作大佐でさえ、事件後しばらくしてから、予備役に編入されただけである。

辻参謀は個性がつよく強引に過ぎたため、部内でも敬遠されがちであったらしいが、だからといってかれの行動は、かれだけの特異なものではなかった。日本陸軍には、参謀主導の体質があったので、参謀の越権的行為が問題にされることがなかったのである。

やはり関東軍の作戦主任参謀であった石原莞爾中佐は、満州事変の仕掛け人だといわれている。かれもまた特異な行動で知られた人物であるが、かれに参謀としての自由な行動を許したのは、陸軍そのものである。かれらのために関東軍が暴走したといわれているが、個性的な人物を中央から遠ざけ、関東軍に集めたのは、陸軍の官僚人事である。

かれらの行為が問題だとするなら、陸軍そのものの雰囲気に問題があったといわねばなるまい。その雰囲気が、どのようにして醸成されたのかをみることにしよう。

参謀制度の導入

日本の近代陸軍の歴史は、明治維新の戦いにはじまるといってよかろう。官軍の東征大総督を命じられたのは有栖川《ありすがわ》宮熾仁《たるひと》親王であり、各方面の先鋒総督にも公卿が任命された。しかし実質的に官軍を動かしていたのは、薩長を中心にした西南雄藩出身の参謀たちであった。

西郷吉之助（薩摩）を中心に林玖十郎（宇和島）、大村益次郎（長州）が宮を補佐し、薩摩の黒田了介、大山格之助、海江田武次、長州の山県狂介、世良修蔵、土佐の板垣退助などの名を知られている人たちが、先鋒総督を補佐した。

陸軍参謀が形式上は指揮官の補佐役でありながら、実質的には意思決定機関のような機能をもつことになった遠因は、ここにあるといってもよいのではあるまいか。

西郷はのちの西南の役のときに、桐野利秋などにかつがれて首将の地位についたが、作戦についてはすべてを桐野たちにまかせて、自分は象徴的な存在になっていたという。これが、高級指揮官と参謀との関係の一つの見本になった。このとき官軍の側も、征討総督の熾仁親王が象徴的存在であったことは同じであり、陸軍関係の参軍山県有朋と海軍関係の参軍川村純義が、実質的な指揮官であった。参軍は参謀長といってさしつかえあるまい。各旅団には、中佐の参謀長と少佐・大尉の参謀が配置されていた。

川村参軍は、作戦上海軍が関係するときに、意見を述べている。軍艦十三隻が、沿岸警備や輸送、艦砲射撃などをおこなっているが、海軍は陸軍の行動を支援することが主たる任務であったので、川村の立場は山県にくらべて副次的であった。

なお、後方補給的な事務は、大阪陸軍事務所と長崎臨時海軍事務局が処理しており、そのための特別の戦場後方参謀は置かれていなかった。

西南の役の翌年、明治十一年末に、山県はドイツ式の参謀本部を陸軍に新設し、自分が参謀本部長に就任した。このときから陸軍に、ドイツの参謀制度が少しずつ導入されている。

中心になって動いたのは、ドイツ留学から帰国した桂太郎中佐であった。

この参謀本部は、明治十九年（一八八六年）に陸海軍共通の参謀本部、つまり今でいう統合参謀本部に組織を改め、熾仁親王の本部長の下に陸軍部と海軍部が置かれることになった。

しかし二十二年には、陸軍と海軍に分離され、海軍は最終的には明治二十六年になってから、参謀組織を海軍軍令部という名称で、海軍の中で独立させている。

陸軍のほうは参謀本部の名称を継続したが、本部長を参謀総長に改称している。この名称に釣り合いをとるために、海軍軍令部長を軍令部総長と改称し、定員の決定や参謀人事などの面で権限を強めたのは、昭和八年（一九三三年）であった。

海軍は、海軍軍令部が独立してからも海軍大臣の権限が大きかったのであるが、このときから陸軍と同じように軍政（官庁行政）は大臣、軍令（作戦演習）は軍令部総長と、権限が完全に二分されることになった。英米式の組織であった海軍が、陸軍のドイツ式の影響を受けたのである。

ドイツ式参謀制度

それではドイツ式参謀制度の特徴は、どんなところにあるのだろうか。一口でいうと、目的、目標を達成するために、組織が有機的に活動する近代組織そのものだといってよかろう。

帝王は組織のトップであり、戦争の目的と当面の達成目標を明示する。しかし、実施方法について細かいところまで指示して、司令官たちの手足を縛ってしまうことはしない。ただ組織全体が目的、目標をふみはずしていないか、全体が有機的に調和がとれた動きをしているかについては点検をし、修正のための統制をする。

たとえば、反攻準備の時間稼ぎのために、ある部隊にゲリラ的な作戦をすることを命じているのに、その部隊が総攻撃に出て全滅したのでは計画がくるってしまう。そのようなことがないように統制をするのであり、そのために参謀を第一線に派遣することがある。

参謀本部を頂点にして各軍団以下の部隊に配置されている参謀は、お互いに連絡をとり意思を通じ合って、帝王のために組織としての目的を達成せねばならない。かれらは作戦を計画し、調整や統制をおこなうが、すべて組織としての目的、目標の達成のために活動するのである。

ゆえに参謀総長以下の全参謀は、作戦については同じ考えをもち、同じように行動することができ、統一された方法で意思を通じ合うことができなければならない。そのために参謀は、陸軍大学校などで統一された教育をうけ、参謀人事には参謀総長が介入するのである。

参謀を初めて活用したのはナポレオン一世であり、そのナポレオンに敗れたプロシアが、参謀制度をとり入れて発展させたといわれている。

参謀肩章（飾緒）は、ナポレオンの参謀がナポレオンに命じられたことを筆記するための鉛筆を縄に挿していたのが始まりだといわれているが、そのように最初の参謀は、書記であり伝令使でしかなかった。それがやがて後方関係の準備や手配に活躍するようになり、プロシア時代をへて、ドイツ帝国の合理的な参謀制度として形をととのえたのである。

日本にこれを伝えたのが、明治十八年（一八八五年）に陸軍大学校教官として迎えられたドイツ陸軍の、メッケル参謀少佐であった。

陸軍大学校の開校は明治十六年四月であるが、最初はフランスの参謀士官学校出身の小坂千尋大尉などにより、砲兵、工兵を重視したフランス式教育がおこなわれていた。小坂は明治十六年に参謀職務適任証を与えられて、参謀第一号として公認されている。

しかし参謀第二号以下は、ドイツ式の参謀になった。メッケルの陸大での教育がはじまったからである。参謀第二号は、陸大第一期生の東條英教歩兵大尉（のち中将、英機大将の父）であった。第一期生は十九名が入校して、十名だけの卒業である。卒業者には東條のほかに、ただ一人の騎兵であり大将になった秋山好古、日露戦争時の参謀本部次長長岡外史、満州軍参謀井口省吾、第一軍参謀長藤井茂太などがいて、日露戦勝利の原動力になった。満州軍総参謀長としてこれらの参謀を統制した児玉源太郎大将も、メッケルが行なった参謀旅行などに参加して、ドイツ式の参謀勤務を身につけていたのであり、メッケルの教育のお陰で日本がロシアに勝ったといわれるのも、まんざら嘘ではない。

メッケルは陸大学生に、戦術、兵棋演習、参謀旅行の教育をしている。とくに参謀旅行は想定にもとづいて現地を移動しながら、彼我の状況を判断し、作戦計画や命令をつくり、行軍や物資補給・給養の計画をつくるなど、参謀の実務を体験するものであって、有用であった。

日本人的独断専行

ドイツの指揮官・参謀の制度では、独断専行と指揮官、参謀長の共同責任が強調される。日本陸軍の作戦要務令には、「独断は其の精神に於ては決して服従と相反するものにあらず、常に上官の意図を明察し大局を判断して状況の変化に応じ」と、独断専行の必要性を述べた項がある。

戦争の目的、作戦の目的、目標を理解し、上官と平素の意志疎通をよくしていれば、計画外の状況が起こり上官と連絡をとる暇がないときに下級者が、独断で処置をしても上官の考えとは反することにはならないであろう。しかし、それが行き過ぎると、下級者が自分だけの考えで勝手な行動をすることになりがちである。そうなると、組織全体の調和が破られがちになり、目的の達成には悪い影響を与えることになる。

参謀主導の雰囲気が強い陸軍で、枢要な地位の参謀に自我の主張が強い者がついていると、全体としてみた組織の動きが、整合されていないものになるおそれがあることがわかるだろう。その意味で辻参謀は、自我を強く表面にだしすぎたといえるのではあるまいか。

ただかれは、個人としては能力があり、リーダーシップを発揮したので、かれの周囲の限定された場面では、組織に活力をあたえることができた。しかし、参謀組織全体の傾向は官僚的消極的であり、辻とは異質のものであったので、辻が浮きあがってしまったのであろう。

関東軍がソ連航空基地にたいする大爆撃の成果を参謀本部に電話報告したところ、かってに侵攻作戦をしたとして、参謀本部作戦課長が怒鳴りつけたことが、辻の手記にある。辻はこれを、中央部と関東軍の対立として感情的に、作戦課長にたいする反感を表わして記している。

作戦課長も自分の立場と考え方を表面にだして感情的になっていたのであろうが、組織としての目的、目標や考え方が明確ではなく、参謀個人の考えで組織が動いてしまうことが多いのが、日本陸軍であった。

これは、統帥権の根源である天皇の地位が象徴的傾向をもっているにもかかわらず、天皇の代理として強力なリーダーシップを発揮できる地位も人物も不在であったことに、問題があるのではないか。とくに昭和の陸軍では、その傾向が強い。陸軍だけでもそうなのだから、陸軍と海軍を統合して、考え方を統一することなどは、不可能であったといってよい。

統帥権にしろ参謀制度にしろ、ドイツの考え方を採用はしたものの、合理的な実行をするという面では不徹底で、日本的な要素によって制度が変質してしまったことが問題であった。不徹底ということでは、指揮官、参謀長の共同責任の方式についても同じである。

昭和十九年のビルマにおけるインパール作戦のときに、積極型の第十五軍司令官牟田口廉也中将と良識型の参謀長小畑英良少将の考えは、食い違っていた。そこで牟田口は、参謀長を柔順型の久野村桃代少将にかえてもらって、作戦を強行した。陸軍中央部は小畑寄りの考えをもっており、作戦の成功に疑問をもっていたが、牟田口の強気に引きずられたかたちである。その結果、航空支援と補給の不十分のために、作戦は失敗した。

中央部をふくめて、作戦を全力で支援する態勢になっていれば、あるいは成功したかもしれない作戦であるが、それができていないために失敗したといえる。この場合は、支援態勢ができないのであれば、作戦を実施すべきではなかったが、組織全体としての目的、目標に確たるものがなかったために、参謀長をかえてまで実行することになったのである。

補給支援ができない作戦は実施しないという小畑の主張が、参謀組織全体の主張であったなら、参謀本部が小畑の更迭を認めることはしなかったであろう。参謀長をかえることで司令官と参謀長の共同責任のつじつまは合わせたが、組織全体の調和ということでは、無理をしたのである。ドイツ式参謀制度は機能せず、日本的な情緒が、作戦を失敗させた例である。

日本陸軍の組織はドイツ式合理性とは異なり、指揮官や参謀の個性と立場によって無目的に動きがちであった。官僚的な消極、保全、退嬰の一般傾向のなかに強気と攻撃精神が混在し、人がかわれば目的、目標も変わるのが普通であった。参謀だけではなく高級指揮官も、俺が俺がという自我を発揮したことが、このような失敗に結びついていることが多い。

英米式海軍参謀

日本陸軍のことをやや誇張的に悪く書きすぎたかもしれないが、程度の差はあっても、参謀や指揮官が自我を発揮したのは日本陸軍だけではない。

日本敗戦後の占領軍総司令官になったマッカーサー元帥の自我の強さは、よく知られている。かれは日本への反攻作戦でも、占領政策でも、他と妥協をしなかった。かれの幕僚たちはマッカーサーの鼻息をうかがうのに汲々としていたが、アメリカ軍の場合はそれが当然であって、指揮官よりも有名になった幕僚はいない。戦記の中でも、参謀長や作戦参謀の名前が明らかにされていることは少ない。幕僚はあくまで指揮官の手足であり、裏方であった。

だが日本海軍の参謀には、陸軍ほどではないにしても、有名になった人々がいる。アメリカ型と日本陸軍型の中間なのである。

前大戦中にハワイ攻略の計画を練った黒島亀人聯合艦隊首席参謀や第一航空艦隊の源田実参謀などは有名であるが、かれらはどちらかというと、戦後の著書など出版物で名を知られるようになったのであり、参謀としての活躍が、当時から知られていたわけではない。

参謀勤務ではなく、海軍省勤務ではあったが、山本権兵衛は指揮官勤務をした人々よりも有名になった者の筆頭にあげられる。

かれは日本海軍の育ての親と呼ばれ、大佐のときの明治二十四年に海軍省に入ってからは、その外に出ることなく大将になり、のちには総理大臣になった。ただ、かれの時代の海軍大臣は、前大戦中の軍令部総長の権限の多くの部分を併有していたのであり、参謀として有名になったといえないことはない。

やはり総理大臣になった斎藤実（海兵六期）も、大佐のときに海軍次官になってからは、指揮官勤務をしていない。海兵第七期の加藤友三郎は、ワシントン海軍軍縮の全権であり、その直後に総理大臣になった。かれは日本海海戦の聯合艦隊参謀長として名を知られてから、海軍省勤務をへたのち、第一艦隊司令長官の勤務もしている。

かれらは参謀または参謀的なポストについているときから、一般にも名前を知られていたのであるが、俊才であるがためにその地位につき、名前も知られるようになったのであって、陸軍参謀の一部が有名になったのとは、やや意味が違っている。

かれらの経歴にみられるように、明治時代の海軍は、海軍省勤務を重視したが、海軍軍令部勤務は、それほど重視してはいなかった。重視するようになったのは、昭和八年に海軍軍令部長の名称が軍令部総長になって陸軍の参謀総長と肩を並べ、権限も強化されてからである。

中央の軍令機関の待遇がそうであるので、艦隊の参謀組織が特別扱いされるはずはなく、海軍の参謀は、あくまで指揮官の手足であった。上級司令部の参謀が下級の部隊に派遣された場合でも、連絡調整の枠をこえて上級指揮官の分身ででもあるかのように行動するということはなかった。この点では、陸軍の参謀よりも控えめである。

海軍の参謀組織は陸軍の影響をうけて、少しずつドイツ的な要素をとり入れることはしているが、それでも完全に陸軍的にはならなかった。これは海軍が英米式の伝統をもっていたためというよりは、本質的には海軍の作戦運用思想が、陸軍とは異なっていたためではないかと思われる。

海軍には、指揮官先頭ということばがあった。見敵必戦の思想もあった。旗艦を先頭にして進み、敵を発見したら命令一下、しゃにむに攻撃を仕掛けるのが海軍である。

陸軍は、地形地物を利用して敵に発見されないように分進行軍し、地形上、有利な位置に兵力を集中して攻撃を開始する。しかし、平坦な水面がひろがるだけの海上での砲戦では、陸戦的な考え方はなりたたない。航空機や潜水艦をつかう作戦では、いくらか陸戦的な考え方をする必要性がでてきたが、それでも海戦は、陸戦よりは単純であった。兵器の性能とそれを操作する技術が、勝敗を決するのである。

また陸戦では部隊が散開しているので、連絡統制が容易ではない。それを統制するために、事前の計画と派遣参謀による統制が必要になってくる。各指揮官の自由裁量の権限の範囲を大きくしておくことも、必要である。いっぽう艦隊や軍艦内の連絡は、陸軍部隊にくらべて容易である。とくに軍艦は、艦長の号令だけで、全乗組員を動かすこともできる。

海軍の運用は陸軍にくらべて単純なので、参謀組織も、陸軍よりは簡単なもので済むといえよう。海軍参謀は、指揮官の手足以上のことをする必要はないといったらいい過ぎであろうか。英語でラインとスタッフということばは、海軍式の指揮官と参謀の関係に近いのではないかと思われる。

参謀の組織と配置

最近、「スタッフ募集」と書かれた求人広告を、見ることがある。このスタッフは本来の意味とはちがって従業員、補助者であり、相談役でさえない。自衛隊では、スタッフを幕僚と訳してつかっている。これはアメリカ式の軽い意味のものであって、参謀ではない。

日本陸軍の参謀は、「謀《はか》りごとに参画する」意味から出た名称であり、作戦の企画主任であることが、本質であろう。古いことばでは軍師といってもよかろうが、軍師は戦争のための祈禱師、占師でもあるので、全く同じではない。

前述のように日本陸軍の参謀は、陸軍大学校でドイツ式の特別の戦術と参謀業務の要領を身につけた選ばれた少数の将校であった。平時は毎年、約五十名の中・大尉が陸大に入校し、三年間の教育をうけている。卒業後は各司令部、参謀本部、学校、陸軍省などで勤務し、その後も、指揮官勤務をはさみながら、参謀長や参謀の配置につく機会が多い。

昭和十一年の平時編制表では、師団の参謀長が大佐で、その下に中佐一、少佐一、大尉二の参謀がつき、作戦、情報、後方を分担することになっている。中佐～大尉の副官三名も、参謀長の部下である。参謀と副官を合わせたものが幕僚である。

軍司令部では、参謀長が少将であり、参謀が五名にふえる。また旅団以下には参謀は配置されないが、副官や本部勤務の佐尉官が、指揮官を補佐した。

昭和十五年から参謀長は、司令部の経理部や軍医部の事務も統制することになったが、参謀長はもともとは参謀の長であって、司令部の長ではないので、経理部長や軍医部長とは、指揮官との関係で同列にある。これは米軍の方式とはちがっている。米軍は、指揮官、副指揮官、幕僚長（参謀長）三者の下に人事、情報、作戦、兵站の四部門を置き、その中にスタッフとしての将校を配置するのがふつうである。各部門の長はジェネラルスタッフと呼ばれ参謀に当たるものだという説があるが、ドイツ式の参謀というよりは、部長と呼ぶのが適当な存在である。

日本陸軍の参謀ポストには、司令部参謀のほかに、参謀本部の部員（大尉以上）と各長、

昭和11年師団司令部平時編制

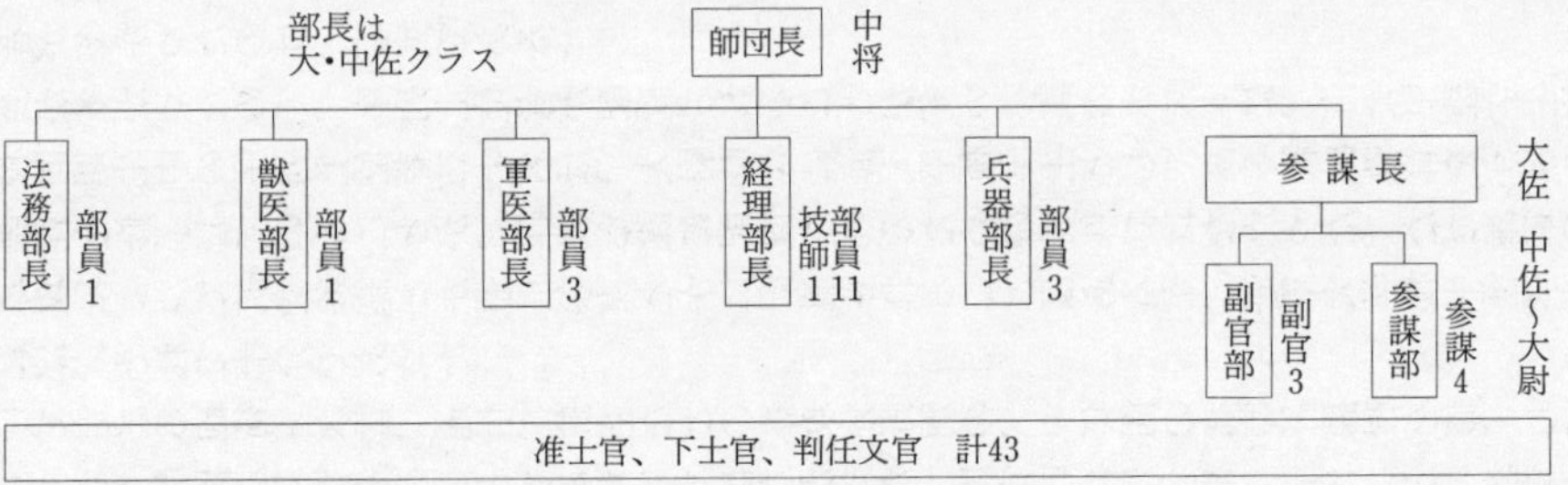

昭和12年艦隊司令部平時編制

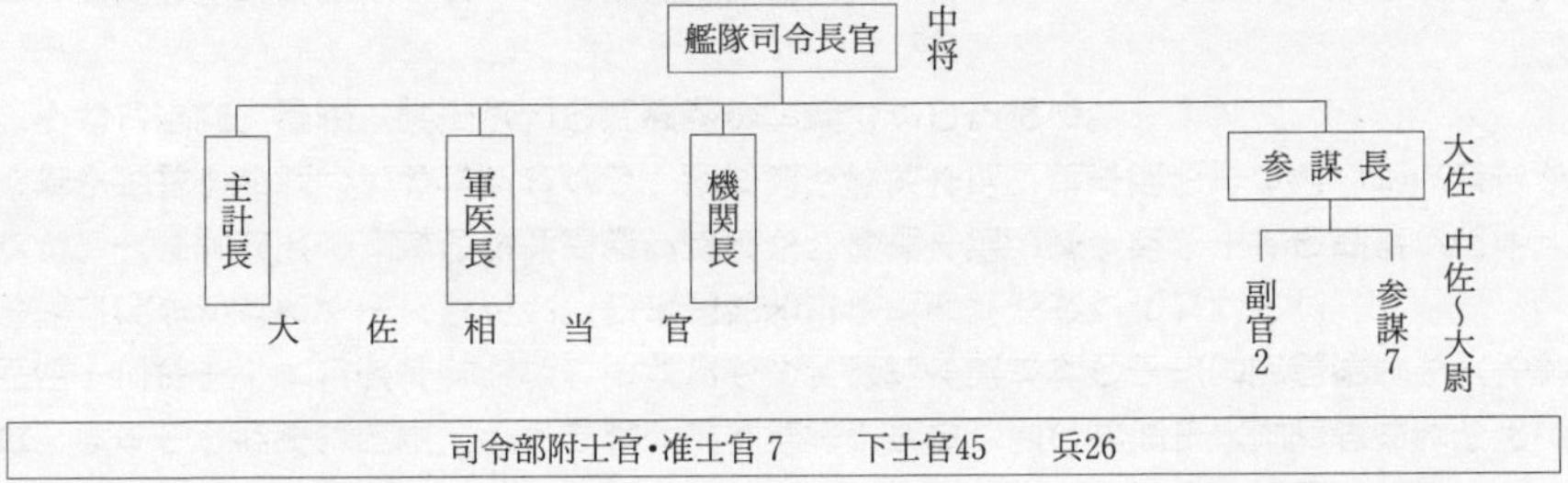

大公使官付武官、侍従武官、陸大の兵学教官と研究部員などの一部の者、陸軍省の軍務局の課員、戦争中の陸軍省局長、その他教育総監部第一課員などの特定中央官衙勤務者がある。

昭和十二年十一月に大本営が設けられてから、参謀本部以外の中央官衙勤務者が大本営陸軍参謀に発令されるケースがふえ、中央勤務者に参謀肩章がめだちはじめた。

なお、大本営は天皇直属の参謀組織であるが、参謀本部と軍令部が主体の組織であり、別に機構や建物を新設したわけではない。陸軍部が参謀本部、海軍部が軍令部と思えばよかろう。それに通信、輸送、報道などの諸機関を付置したのである。

日本海軍の参謀は前述したように、陸軍参謀ほど特殊化された存在ではなかったので、かならずしも特別な教育を必要とするわけではなかった。尉官時代に各術科学校などの教育をうけて定まる砲術、水雷、通信、航空などの専攻分野別の、一年間の高等科課程を修了していれば、それで十分であった。

専攻によって航空参謀とか通信参謀とかに配置されることはあるが、海軍大学校甲種学生の課程を修了していることが、作戦参謀に配置されるための要件ではなかった。ただ海軍兵学校同期生中の序列上位者二十名は、大尉時代に海大甲種学生として高等統帥教育をうける機会が多かったので、序列上位者が配置されることが多い参謀のポストに、海大甲種学生修了者が多かったのは、事実である。

海軍大学校が開校したのは、明治二十一年である。イギリスからイングルス大佐を顧問に迎えておこなわれた初期の教育は、砲術、水雷、航海の高等教育のようなものであり、のちの術科学校の高等科課程に近いものであった。高等統帥教育、つまり戦術や指揮官・参謀の業務の教育をおこなうようになったのは、明治三十一年に将校科甲種学生の教育がはじめられてからである。

海軍大学校は最後は陸軍大学校と同じように、このような教育専門の学校になり、図上演習もおこなわれるようになったが、過渡期には、術科の高等科的な要素を残していた。甲種学生の教科内容にもそれが表われている。航海学、兵器学などがそれであり、ほかに数学、法学などの基礎教育的なものもあった。これからみても、海軍大学校が、ドイツ的な参謀養成のための学校ではなかったことがわかるであろう。

海軍の参謀配置は、定員表と規則できめられている。艦隊、戦隊などの参謀長・参謀の配置、軍令部の部員（少佐以上）や各長、海軍大学校の教官・研究部員、大公使館附武官、侍従武官、海軍省の軍務局員など、ほぼ陸軍の参謀配置に対応している。戦争中に大本営参謀としてのポストが増えたことも同じである。

かれらは参謀官と呼ばれ、人事については軍令部総長が海軍大臣にたいして意見を述べることになっていた。海軍はもともと、海軍大臣が人事権をにぎっていたのであるが、のちに陸軍の影響をうけて人事上、参謀が特別扱いをされるようになったのである。参謀の範囲も、大本営設置後は陸海軍で相違があると不具合なので、すり合わせが進んだようである。

ただ部隊の参謀については、陸軍が少将を長とする旅団などには配置を設けなかったのにたいして、海軍は少将を長とする戦隊や特別陸戦隊にまで、二、三名の配置を定めている。陸軍と海軍の参謀にたいする考え方の差が、ここにも表われている。

この場合の海軍参謀は、陸軍の旅団副官や連隊本部の将校とあまり変わらない存在だといってよかろう。

特別の養成教育を必要とした陸軍参謀は、戦争末期には正規養成がまにあわず、陸大専科などで短期養成したものを多数配置せざるをえなくなっている。これにたいして海軍は、開戦後は海軍大学校教育を中止しており、のちに限定された教育を再開はしたものの、少佐参謀のほとんどは、海大教育を受けていない者になってしまった。海軍参謀には、特別の養成教育は必要ではなかったのである。

海軍の部隊参謀としてもっとも重要な存在であった聯合艦隊・艦隊の参謀は、参謀長が少将・大佐である。その下に中佐から大尉までの参謀七名と副官二名がつくのは、陸軍の軍司令部・師団師令部と似ている（七一頁参照）。このほかに司令部には、機関長、軍医長、主計長が参謀長と並列に存在しており、やはり陸軍に似ているが、海軍ではこれらの配置すべてを幕僚といっていることが、陸軍とはちがっている。アメリカ式のスタッフ組織に似ているのである。

参謀は状況によっては増員されており、首席参謀と作戦参謀が作戦を担当し、ほかに戦務、航空、水雷、防備、情報、通信、航海、機関などの業務を各参謀が分担した。

業務の内容は、それぞれの担当についての計画や連絡調整である。機関長、軍医長、主計長のいわゆる三長も幕僚であり、担当分野についての参謀的な責任はあったのであるが、作戦の場では、軽視されることが多かった。

参謀肩章

参謀、とくに陸軍の参謀は、職掌上その地位が一見して明らかであることが望ましい。そのために参謀は、いわゆる参謀肩章、正式には飾緒《しょくしょ》を右肩に吊っている。俗にはナワを吊るともいう。戦争中に首相、陸相、参謀総長を併務した東條大将は、参謀本部に行くときは、わざわざ飾緒をつけてから総長室に入ったとのことである。

飾緒の色は金色であるが、戦争中は略装に黄または褐色の毛や絹糸製のものをつっている場合がある。また副官や伝令使が銀色のものを装着している時代もあるので、写真などを見て参謀と混同しないことが大切である。将官も正装、つまり礼服を着たときは、参謀でなくても装着することになっていた。

自衛隊の将官にも同じ規定があるが、防衛駐在官や副官、音楽隊などをのぞき、佐官以下が飾緒をつけることはない。

陸軍の服制には明治八年から飾緒の規定があり、フランス伝来のものであるが、海軍では、明治十九年に参謀本部海軍部が発足してから装着するようになった。いわば陸軍参謀のまねをしたのである。明治二十年に「海軍参謀将校並伝令使馬具規則」というものが定められているが、それまで馬に乗らなかった海軍将校が、陸軍との関係で馬に乗らねばならなくなったのであり、海軍が陸軍との関係から陸軍的なものをとり入れる機会は、比較的多かったのである。

もう一つ参謀資格を表示するものに、陸軍大学校卒業者徽章、俗に天保銭と呼ばれているものがある。これは明治二十年に制定され、昭和十一年に廃止された。廃止の理由として、これが人事上の差別感につながり、二・二六事件の一つの原因になったことが挙げられている。

海軍にも海軍大学校甲種学生卒業者徽章があったが、明治二十四年から大正十一年までの短い生命であった。海軍では陸軍ほど参謀を重視せず、甲種学生の課程を出ていない将官も珍しくなかったので、徽章の価値は小さかった。

陸軍では天保銭をつけていることが、将軍候補者であることを意味していたので、差別感を生むものとして徽章が、陸大非卒業者から目の仇にされたのである。しかし徽章が廃止されても、陸軍では参謀肩章をつけている者は将軍候補者だと見られていたので、結果的にはそれまでと変わりはなかった。

海軍も、参謀肩章をつけている者は序列上位の将官候補者であることが多く、参謀肩章が優越感をもたらした弊害がなかったわけではない。自衛隊にはこのような性格の幕僚の飾緒はなく、アメリカ式である。

ドイツ式の参謀制度は、運用法をあやまらなければ近代的なものだといえようが、日本陸軍はこれを導入後、日本的な情緒的なものに変質させてしまったようである。日本海軍はもとはイギリス式であり、性格的にもドイツ式参謀制度を必要とはしていなかったが、陸軍との交渉のうちに、しだいにその影響をうけている。

日本人は、合理性に徹することができないようである。

第五章　参謀本部・軍令部と大本営

陸海軍資源分捕り合戦

昭和十八年九月三十日の宮中では、今後の戦争の方向を定める御前会議が開かれていた。この年の二月に日本がガダルカナルの戦場から撤退していらい、日本軍は陸でも海でも、米軍に押され気味であった。

このような戦局を反映して会議でも、威勢のよい意見は出なくなっていた。原嘉道枢密院議長が、「来年度、四万機の飛行機生産があれば絶対国防圏を確保できるのか、はっきりしていただきたい」とただしたのに対して、永野修身軍令部総長は、「戦局の前途を確言することはできない」と答えた。また杉山元《はじめ》参謀総長は、「作戦上の要求からすれば、五万五千機が必要である」と述べたが、当時の年間飛行機生産力は一万八千機にすぎず、兵器生産の努力を飛行機に集中したとしても、実現することができない数字であることは明らかであった。

原はさらに、「陸海軍の協力一致に欠けることがあるようだが、それでは困る」と追及した。これに対しては陸軍大将の東條英機首相も嶋田繁太郎海相も、否定しただけであった。

この御前会議は、首相以下の主要閣僚、企画院総裁、大本営の主要メンバーに、天皇の諮問機関である枢密院の議長が加わっておこなわれている。御前とは天皇の前の意味であって、天皇自身が発言されることはまずないが、ここで決定されたことは国家の施策になる。

この日の会議で決定された絶対国防圏は、日本が生きていくためにはこれ以上は後退できない限界線を示すものであった。

日本が生きていくためには、南方の資源地帯を押さえておく必要がある。ジャワ、スマトラ、セレベスなど現在のインドネシアがその南限であり、これを守るために必要なのが飛行機であった。飛行機の生産には工場設備、アルミニュームなどの資源、熟練工などの人材が必要である。しかしすべてが不足しているのが、当時の状況であった。このため会議から三ヵ月後の昭和十九年一月には、飛行機生産をめぐる陸海軍の対立が表面に出てきた。

昭和十九年度の飛行機取得要求量は、陸軍が三万一千機余、海軍が二万五千七百機余である。海軍は大型機が多い。

生産を統制している軍需省は、この要求量を陸海軍合計で五万機に減らしたが、その中で陸海軍は、少しでも取り分を多くしようとして争った。この争いは、アルミニュームを少しでも多く手に入れることが要点になっており、その配分をめぐって陸海軍省の各次官どうし、さらに参謀本部と軍令部の次長どうしの話し合いがおこなわれたが決着しなかった。そこで東條首相が併任の陸軍大臣としての立場で、海相および参謀総長、軍令部総長と話し合いをして、ようやくまとまっている。

アルミニュームの生産計画は年度総量で二十一万トンになっていたが、この中から海軍に七千トンだけ陸軍よりも多く配分することになったのである。しかし年度末の生産実績は計画の半分強の十一万トンにしかならず、争いに使われたエネルギーは無意味になった。

戦争の主役をつとめる軍の指導組織が、陸軍省、海軍省、参謀本部、軍令部に分割されていることは、総合的な判断や迅速な決断をするためには適当ではない。民主主義は話し合いだというが、短時間に決断をし処置をせねばならない戦場では、話し合いに時間をかける余裕はなく、妥協は悪い結果を生む。

もともと軍人である東條首相は、国内の戦争指導を戦場の指揮官の感覚でおこなおうとした。自分が陸軍大臣のほかに参謀総長の帽子までかぶり、嶋田海相にも軍令部総長のポストを併有させようとしたのである。こうすることで戦争指導が能率的、効果的になることを期待していた。

陸海軍内部ではこれに反対するものが多かったが、それでも東條首相は、押しきって実行している。だが、かれの努力にかかわらず、戦局は好転しなかった。昭和十九年七月十八日、東條内閣は総辞職し、変則の体制はもとにもどった。

軍令軍政の統一

陸海軍がその内部の権限を大臣と総長に分けているのには、それぞれの歴史がある。陸軍は教育総監も入れて、権限が三分されていた。

陸軍大臣や海軍大臣は国務大臣であり、行政府の長官である。現役の軍人がそのポストに配置されたことを除くと、権限のうえでは現在の各省大臣と大きな違いはない。予算案を作成したり、組織をいじったり、人事を処理したりしている。軍の行政事項を処理しているのであって、軍政をおこなうというような表現をする。

これとは別に軍は戦争をしたり、非常事態に対処したりせねばならない。これが本質的なものであるが、これは行動であって行政ではない。行動するためには、そのための計画や命令が必要である。これらを軍政事項にたいして軍令事項という。参謀総長や軍令部総長は、軍令事項について天皇を補佐（輔翼）しているのであり、そのための役所が参謀本部であり、軍令部である。

戦時には、その戦争に直接関係する軍令事項をとりあつかうのは大本営である。もっとも、大本営の主要メンバーは参謀本部や軍令部の参謀たちであり、まったく新しい組織ができるわけではない。各参謀は大本営参謀と参謀本部や軍令部の参謀という二つの肩書きをもつことになる。実際にそのような人事発令がされるのである。まれには大本営参謀だけの発令もみられる。

陸、海軍大臣とその下の次官は、行政官であって武官でありながら文官配置だと考えられており、陸、海軍省で勤務する軍人（武官）も行政を担当しているのだから、大本営のメンバーになることは不適当だと考えられていた。しかしかれらは個人としては武官の身分であり、陸、海軍省の勤務のほかに個人として大本営参謀の服務をさせることは、可能であると考えられていた。そのために前大戦中は、陸、海軍省の課長やその下の将校にも参謀飾緒をつけているものが多くみられた。陸軍省の軍務局、人事局、兵務局の関係者と海軍省のこれに相当する配置の人々である。

陸、海軍大臣は大本営御前会議のメンバーであり、大本営に入ったかたちになっているが、参謀になったわけではない。あくまで軍政上の必要性から、メンバーに加えられている。前大戦中の大本営については、あとで説明する。

このような考えは頭の中ではなりたっても、軍政事項と軍令事項を区分して使い分けることは、実際には難しい。なにが軍政事項でなにが軍令事項かは、あいまいなところがある。たとえば陸軍では、敬礼などの礼式や陸軍大学校の教育は軍令事項だと考えられており、陸大を管轄したのは参謀総長である。しかし海軍ではこれらは軍政事項であって、海軍大臣が責任をもつことになっていた。

とくに戦時には、区別が難しくなる。東條陸相が参謀総長に就任したのは、戦時の特別な状況なのでできたことであろう。しかし法的に可能であっても、個人の能力には限りがあるので、一人ですべてを処理することは難しい。明治時代には可能であったことでも社会が進み、機能が細かく分かれて専門化が進めば不可能になることもある。

総力戦、科学戦になった大東亜戦争の時期に、東條大将が一人ですべてを処理することにはむりがあった。かれはなんとかして能率的、効率的な戦争指導をしたいという意思があって、自分の手に権限を集めたのであり、独裁者になりたがっていたわけではあるまい。しかし複雑な社会の中では、かれの思うようにはいかず失敗した。

明治憲法のもとでは、全体を統合できるのは天皇だけである。軍政事項と軍令事項は、憲法上も別のあつかいになっている。軍政事項について天皇を補佐（輔弼《ほひつ》という）するのは陸、海軍大臣であるが、性質が異なる軍令事項は、その補佐の範囲外にあると考えられていた。そこに参謀総長や軍令部総長の必要性がでてくるのであり、それゆえに生じた歴史がある。そのことについて少し述べてみよう。

参謀が動かす軍組織

明治維新直後の陸軍と海軍は、兵部省に統合されていた。軍政と軍令のちがいは認識されず、平時の軍事はすべて兵部卿の責任で処理された。軍隊が出動するときは、皇族などから任命された総督が総指揮官になり、その責任で行動した。この場合、作戦は総督につけられた参謀がほとんど実行しており、参謀が事実上の指揮官のようにふるまった。前にも述べたが、維新の戊辰の役では、大総督有栖川宮熾仁《ありすがわのみやたるひと》親王の参謀の一人である西郷吉之助（隆盛）が、重要な役割をはたした。江戸城の無血開城は、徳川方の軍事総裁勝安房と西郷の話し合いでおこなわれたといわれている。

またこのとき山県狂介（有朋）は黒田了介（清隆）とともに、越後口総督の公卿高倉永祜《さち》の下で参謀をつとめていた。皇族や公卿を指揮官にかつぎ、作戦の実権は武士出身の参謀がにぎるのが、当時の軍隊組織であった。参謀が実権をにぎっていたのは討たれる側の各藩でも同じであり、目付役など中堅の武士が活躍した。参謀統制といわれた日本陸軍の作戦組織は、この時代にはじまっている。

このような参謀の勤務を経験した山県が、のちに参謀本部を編成して本部長の椅子にすわり、各部隊に配置した参謀を通じて全軍を統一指揮しようと考えたとしてもむりはない。

ところで兵部省は、明治五年二月に陸軍省と海軍省に分かれた。翌年には徴兵制度がはじまっており、この時期に軍の基礎がすえられている。陸軍にはフランスからマルクリー中佐などの教師団が招かれ、海軍にはイギリスから、ドーグラス少佐などが招かれた。陸軍はフランス式、海軍はイギリス式の近代軍のあり方を学んだのである。

一方では欧米に軍留学生が派遣され、フランスやイギリスだけにかぎらず、欧米の軍の制度や戦術戦法が、多く日本に流れこんだ。

そうした中で起こったのが

明治11年の参謀本部

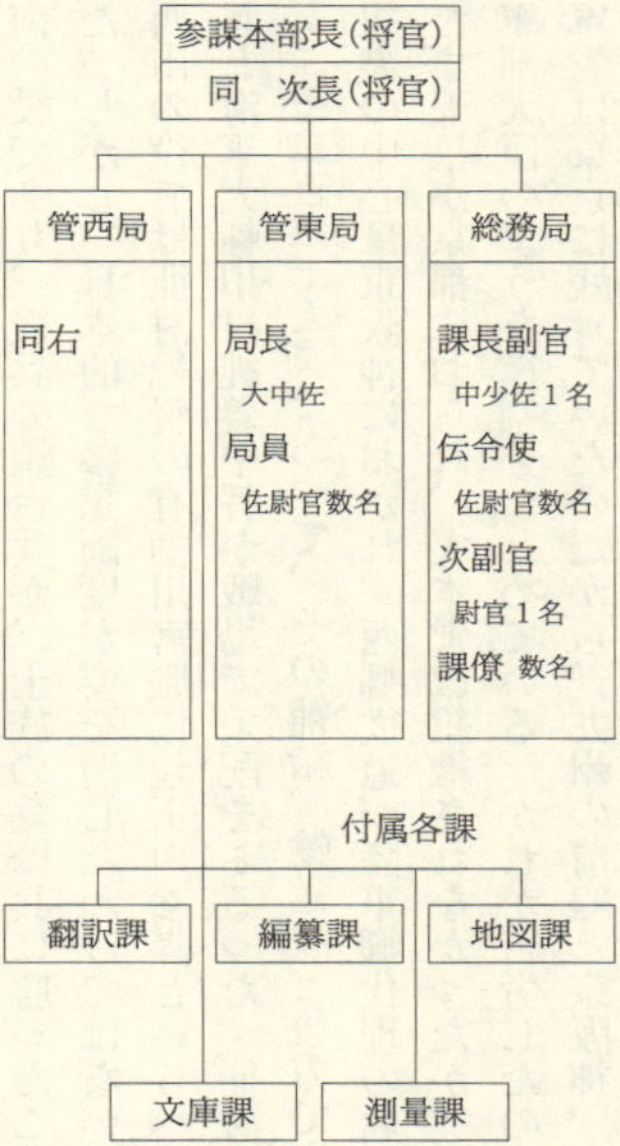

西南の役であり、徴兵の鎮台兵が、士族の薩摩兵に勝ったことで近代軍の建設にはずみがついた。しかし、日本的な参謀制度が姿を消したわけではない。

西南の役では征討総督の有栖川宮熾仁親王の参謀というべき参軍として、陸軍卿山県有朋中将と海軍大輔川村純義中将が戦場で采配をふるった。征討軍は陸軍五万八千人、軍艦十三隻（二千二百八十人）であって、その補給、輸送など後方で支援する参謀も必要になる。その組織の中心は京阪神におかれ、西郷従道が陸軍卿代理の名で活動の主体になった。当時たまたま天皇が京都におられ、大本営は組織されなかったが実質的には、従道が大本営参謀長兼軍部大臣のような役割をつとめている。かれが苦労したのは戦費の調達であり、陸軍省や海軍省は東京に残っていたのだから、九州の前線と京阪神、東京との連絡調整も容易ではなかった。

　こうした経験をふまえて山県は、西南の役翌年の明治十一年十二月に、軍令を担当する参謀本部を陸軍に設置した。西郷隆盛が城山で死んだあとの陸軍では、最高位者は山県である。そのかれが自分で進んで陸軍卿から参謀本部長にかわり、西郷従道を陸軍卿にすえている。参謀本部長の地位が、それだけ高いものであったことがわかるだろう。参謀本部長が参謀総長の名称になってからも、この地位はつねに陸軍大臣よりも高かった。

　最初に参謀本部が設置された場所は、現在の国会議事堂に近い三宅坂であり、昭和十六年に市ヶ谷に移るまで、ここに位置した。

　参謀本部の任務は、出動した陸軍の作戦計画や命令を起案し、必要な情報活動を統制することである。平時はそのための準備をおこなうことが業務の中心になる。参謀本部長はこのような業務については、陸軍卿を通さずに天皇に直接申しあげたり（帷幄上奏という）、命令をうけて第一線の指揮官に実行させたりすることができる。

参謀本部の組織は、図（九七頁）を見てもらいたい。管東局と管西局は、それぞれ日本の東半分、西半分を担当するための区分である。付属各課は、情報関係である。

軍政をあつかう役所と軍令をあつかう役所を分離するのは、プロシアの陸軍式である。プロシアは一八七〇年（明治三年）の普仏戦争でフランスに大勝し、これを契機にプロシア王が、統一ドイツの皇帝に即位した。プロシアでは早くから参謀本部長が軍事省の組織の外におかれ、普仏戦争を通じて参謀本部長の帷幄上奏権が確立していた。

山県は普仏戦争直前のヨーロッパを西郷従道とともに巡歴し、プロシアに関心をもっていた。そこに同じ長州藩出身の桂太郎が、プロシア留学から帰国し、明治七年の初めに大尉に任用され、陸軍省第六局（情報資料担当）に勤めだした。桂は山県から再度ドイツに派遣され、明治十一年に帰国している。

山県はこの桂の意見を入れて、ドイツ流の参謀本部を組織したといわれている。そのもとになった組織は、桂が所属した第六局であり、明治七年にはやや独立性を高めて参謀局になっていた。

海軍にも参謀本部を

参謀本部が生まれたのちも海軍では、海軍省が軍政、軍令の両方を処理していた。これは手本にしたイギリスの方式であり、また組織も兵力も小さい海軍では、それで問題があるわけではなかった。しかし、西南の役終了後に海軍卿になった川村純義は、陸軍とのバランス上、海軍にも参謀本部を設けることを主張した。だが、陸軍の山県参謀本部長と西郷陸軍卿は反対した。小さな海軍に参謀本部は不要であり、欧州諸国にもその例がないという理由からである。

三人は同じ中将であり、参議という今の国務大臣のような地位にあったが、席次は川村が末席である。川村だけの主張ではどうにもならない。山県たちが主張するように、西南の役の海軍の役割は、輸送や海岸の砲撃など、補助的で目立たないものであった。川村が自説を通すためには、海軍の成長が必要であった。

しかし川村が火をつけた海軍参謀本部設置論は、思わぬ方向に展開した。明治十九年三月に、参謀本部が陸軍と海軍を統合した共通の存在になったのである。いわば最近の統合参謀本部になったのであり、近代軍では世界で初めてだといってよい。

本部長には皇族が就任することになっており、ここでもまた有栖川宮がかつぎだされた。宮は陸軍大将であるが、海軍大将が本部長になることも、法令上は可能である。しかし、現実に皇族の海軍将官が出現するのは、まだ先のことである。

本部内は陸軍部と海軍部に分かれ、それぞれの責任者として、本部次長という名称の陸海軍それぞれの将官が配置されることになっていた。陸軍部の次長は曽我祐準《すけのり》中将、海軍部の次長は仁礼《にれ》景範《かげのり》中将である。

仁礼は明治十七年に海軍省内の軍令担当部として設けられた軍事部の部長からの就任であり、順当な人事であろう。曽我も参謀本部次長の経験者であり、仙台鎮台司令官からの就任なので、陸海軍のバランスはとれている。しかし陸軍大将の下に海軍中将が入り、陸主海従の作戦が行なわれる可能性があるこの組織に、海軍の多くの者は反対であった。

ともあれ参謀本部の組織は図のようであり、陸海軍が類似したものになっている。陸軍部に測量局が付属しているのは、前代とかわらないが、海軍にはこれに対応する海図作製担当の部局がない。これはこのころ、海軍省管轄の水路部があって海図作製をしていたからである。陸軍の測量局はのちの陸地測量部であり、地図の作製を担当した。現在の国土地理院の

明治19年統合の参謀本部

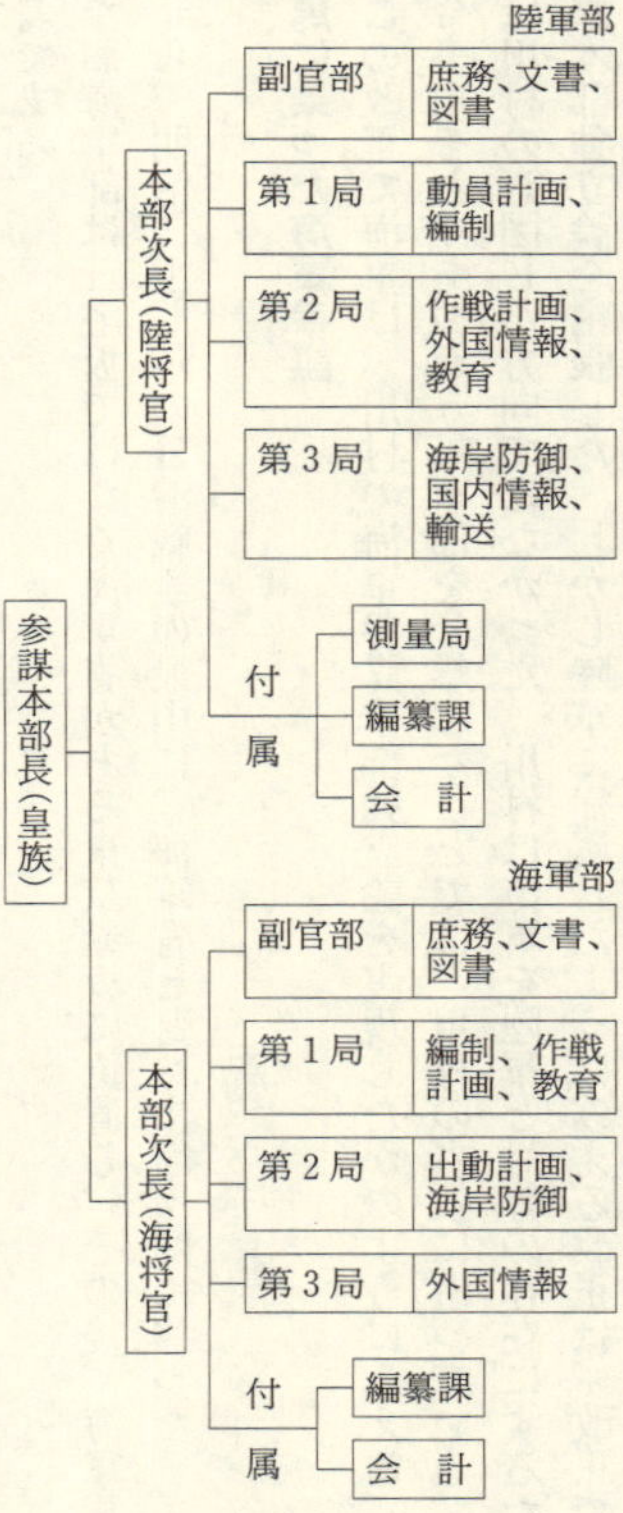

注：局長は参謀大佐、その下に参謀中少佐の課長2名、各課は5〜6名。

前身である。

なお海軍部は三宅坂ではなく海軍省がある東京赤坂に位置し、その後、海軍軍令部になってから、明治二十七年の日清戦争の最中に、海軍省とともに霞ヶ関に移った。

馬に乗った海軍参謀

この改正で海軍は、川村の海軍参謀本部独立論を実現したかのようにみえる。海軍省から軍令事項をとりあつかう軍事部を分離したことでは、川村の主張に沿っている。しかし、それは川村の意図した方向ではなかった。川村は海軍を陸軍と対等の存在にするために、海軍参謀本部独立論を主張した。しかし陸軍に従属したようにみえる改正は、改正ではなく改悪だというのが、海軍軍人一般の考えであった。

この改正は、明治十八年末の内閣制度の施行と関連がある。内閣制度が発足したとき、海軍の第一人者であり海軍卿であった川村純義は退けられた。宮中顧問官という新設の閑職に祭りあげられたのである。代わりに海軍大臣に就任したのは、陸軍中将の西郷従道であった。海軍次官には海軍大輔であった樺山資紀が留任のかたちで就任したが、樺山もやはり、明治十六年末に陸軍少将から海軍に転じた人物である。

当時このような転官は、なかったわけではないが、将官では珍しいというべきである。西郷も樺山も川村と同じ薩摩出身であり、川村の主張を封じるためもあって、薩摩閥の利用と藩閥のバランスのうえに、このような人事が行なわれたのだと考えられる。なお陸軍大臣は、陸軍卿であった薩摩の大山巌が、ひきつづいて務めている。

財政事情が悪い当時の日本で、陸軍とともに海軍を、大勢力に育てあげるのにはむりがあった。しばらくは海軍は陸軍に従属した存在であってほしいというのが、陸軍関係者の願望であったろう。伊藤博文首相に山県内務大臣という長州閥と西郷以下の薩摩閥の取り引きの結果が、この改正に表われている。

こうして統合の参謀本部が設けられたことで、海軍の鎮守府や艦隊にも参謀がおかれることになり、海軍にも参謀飾緒がみられるようになった。統合の接点になる参謀本部の参謀はとくに、服装の面でも統合が必要になったからである。それまで乗馬の必要性がなかった海軍でも、参謀本部では馬をもつことになった。

だが統合は長続きしなかった。海軍側にはもともと、このような状態に不満がある。参謀本部長という名称を使うことは、それまでの陸軍の参謀本部に海軍が吸収された感じをあたえるという異議があって、明治二十一年に参謀本部長は、参軍と改称された。陸軍部と海軍部は、陸軍参謀本部と海軍参謀本部に改められたが、実質が変わったのではないから、海軍側の不満は解消しない。そのためこれも十ヵ月しかつづかず、明治二十二年三月には、陸海軍が分離して参謀本部と海軍参謀部になった。

海軍参謀部は海軍大臣の管轄下に入ったのであり、もとの状態になったといえる。ただし海軍も、参謀制度そのものは廃止せずに残している。

この分離は海軍参謀本部を参軍の指揮下からはなすことを海軍側が主張したために起こっ

た改正であって、陸軍側としては陸軍参謀本部と参軍の制度を、そのまま残すことが望ましかった。そこで参軍の名称を参謀総長にかえ、「帝国全軍の参謀総長」といった。

これは天皇が勅令で定めた形式をとっているので、海軍も否定することができない。あくまで陸軍中心の陸海統合をはかる陸軍と、それに反発する海軍の対立抗争は、この時期からはじまっていた。実力者西郷従道も、海軍内部から起こる反発を押さえきれなかった。

明治二十四年六月、山本権兵衛大佐が海軍大臣官房主事として海軍省入りした。山本は海軍兵学寮第二期の出身であり、明治のイギリス式海軍の育ちである。それまで海軍の中枢にいた人たちは、幕府のオランダ式海軍伝習の流れに乗っていたのであり、かれが入省したことで、流れが変わってきた。

海軍大臣官房主事は官房長であって、秘書官長といってもよかろう。文書や制度も業務範囲である。山本は制度改革に手をつけ、明治二十五年から二十六年にかけて、多くの関係法令が改正された。もっとも、かれに腕をふるわせたのは薩摩閥でつながっていた樺山、仁礼、西郷の代々の海軍大臣である。また、海軍の顧問であったイギリスのジョン・イングルス大佐の助言もあった。陸軍は明治二十年から二十一年にかけて、ドイツの参謀少佐メッケルの助言を受けながら、ドイツ式の制度への改革をおこなっていたが、それよりも五年ほど遅れた改革であった。

海軍の軍令取り扱いを陸軍なみにする改革が、この制度改革の一環としておこなわれてい

明治26年発足の海軍軍令部

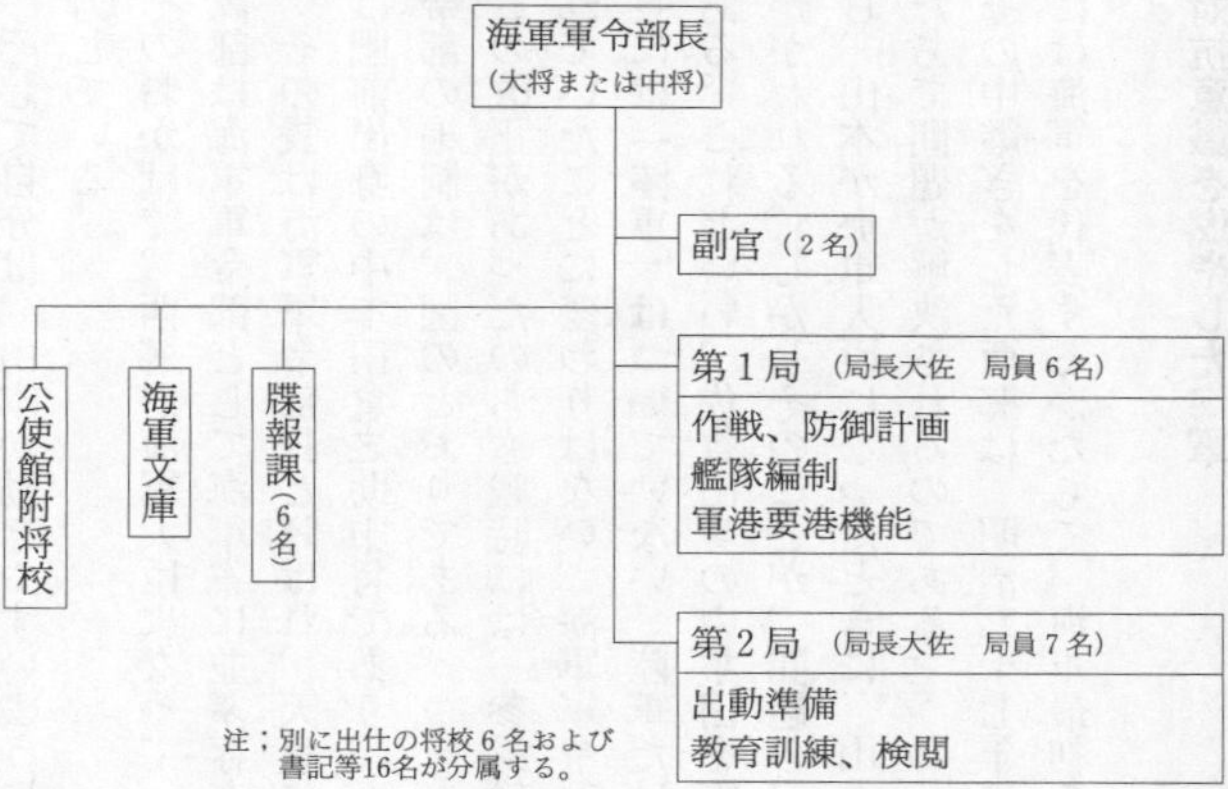

注；別に出仕の将校6名および書記等16名が分属する。

る。仁礼海相の時代には、海軍参謀部を海軍省からきりはなして陸軍の参謀本部のようなかたちにすることが提案された。川村海軍卿が提案したことを、むしかえしたといってよかろう。川村のときと同じように陸軍は反対であり、国家としての参謀総長は、一人であるべきであると主張していた。陸海軍の参謀本部が分離したとき、「帝国全軍の参謀総長」制をとった陸軍が、参謀総長と同格の海軍の参謀総長設置に同意するはずはなかった。

この問題をめぐって仁礼海相は辞職に追いこまれ、そのあとにふたたび西郷従道がかつぎだされた。西郷はあいかわらず陸軍中将の肩書きのままであったが、すでに予備役になっていた。内閣制度発足のときよりは、陸軍との関係が薄くなり、海軍への愛着もできていたであろう。また同郷の山本権兵衛を信頼していた。そのためか西郷は、制度改革を山本にまかせてしまった。そして自分は、山本が動きやすいように政治家、とくに山県と山本の人間関係づくりに努力している。

そのおかげで、西郷が海軍大臣になって一ヵ月半ばかりたった明治二十六年五月に、海軍参謀部は海軍軍令部として海軍省に並ぶ存在になり、軍令事項を専門にあつかう役所になった。その長は海軍軍令部長と呼ばれ、天皇にたいする帷幄上奏権が与えられた。初代軍令部長は肥前出身の中牟田倉之助中将であり、かれの海軍での最後のポストになった。この海軍軍令部の編制は、図のとおりである。

この改正があったのちも戦時には、参謀総長が「帝国全軍の参謀総長」になることを予定されていたことに変わりはない。海軍軍令部長に「海軍」の二文字がついているのに、参謀総長には「陸軍」はついていない。陸軍だけでなく全軍のことを扱うという意味があるからである。これといい、佐賀出身の中牟田を軍令部長にしたことといい、西郷の調整の苦心がうかがわれる。しかしそのことが、問題の完全な解決を先に延ばしたことになるのであって、後日、山本が海軍大臣になったときに、山本をはじめとする純粋の海軍軍人たちが満足するかたちで問題が解決されるのである。

その中継ぎをした西郷は、明治二十七年にようやく海軍武官に転じて海軍大将になり、のちには海軍を代表するかたちで、海軍最初の元帥になった。

対抗意識を燃やした海軍

「海軍が参謀総長と同格の海軍参謀総長を置くと、戦時に問題が生ずるものと考えます」と、熾仁親王が申しあげる。「それではどうすればいいか」という天皇の質問にたいし親王は、「条例で定める参謀総長と海軍参謀総長の責任権限は平時だけのものとし、戦時については、別に戦時大本営条例を定めて責任権限を明らかにすればよろしいかと存じます」と答えた。

当時、日本と清国の間では韓国をめぐる主導権争いから緊張が高まっており、戦争になることを考えておかねばならない情勢にあった。陸軍が「参謀総長は、帝国全軍の参謀長」という立場をとっているのにたいして、海軍は「海軍に関しては、海軍軍令部長を帷幄上奏権で天皇に結ばれる参謀長にすべきだ」と主張しており、陸軍側は戦争を前にして、懸念を強くしていた。

天皇はこの対立を心配されて、参謀総長の熾仁親王に命じ、陸海軍の大臣、次官や山県有朋たちと相談させた結果が、前記の親王の奏上になった。海軍軍令部は、戦時の権限は別という条件つきで発足していたのである。親王が奉答したとおり、海軍軍令部を発足させるための「海軍軍令部条例」の制定と同時に、「戦時大本営条例」が制定されたので、これで陸軍側は安心し、山本以下の海軍軍人には問題意識が残った。なぜなら「戦時大本営条例」では、国家全体としての戦時の陸海軍の作戦は参謀総長が責任を負うことになっており、海軍軍令部長は参謀総長の下で海軍の上席参謀として服務することになっていたからである。

大本営の組織の細部は条例には定めがなく、陸海軍で協議してから定めることになっていたので、陸軍側はさっそく案をつくって海軍側の意見を求めた。しかし不満がある海軍側は、回答をすることなく、長いあいだそのまま放置していた。だが日清開戦が目前にせまった明治二十七年五月になって、そのままにもしていられなくなり、海軍側が折れて陸軍案で決着した。

この大本営の編制は、参謀総長を大本営幕僚長とし、陸軍と海軍の参謀官をそれぞれ六名配置して、中心になって活動させるようになっている。陸軍大臣と海軍大臣も、大臣としてメンバーの一人になっている。ほかに兵站総監部（参謀三名、運輸通信長官部、野戦監督長官部、野戦衛生長官部の各数名）を後方業務の計画、統轄のために置き、大本営の活動を容易にするための大本営管理部（憲兵、衛兵、輜重兵など）も設けられた。

日清戦争時の御前会議にはこのような各組織の責任者のほかに、伊藤博文首相と山県有朋大将（開戦時枢密院議長）も出席し、政治と軍事の一体化を容易にした。また大本営は戦争中に宮中から広島に移動しているが、通信連絡が容易ではない当時のことであるので、移動も必要であり、大本営管理部が移動先で果たした役割は大きかった。

日清戦争の大本営は、陸軍主体の編制と活動になったが、海軍はこの戦争を通じて独自性を明らかにした。樺山軍令部長は黄海海戦のときには大本営を抜けだして参戦し、乗艦の西京丸が危うく撃沈されそうになる危機をくぐり抜けている。そうまでして海軍の存在感を大きくしたのである。清国艦隊を相手にした海軍の活躍が、陸軍側に海軍の重要性を認識させ、つぎの敵ロシア艦隊を目標にした艦隊建設と制度の整備を容易にしたといえよう。

対等になった海軍

こうして力をつけていった海軍は、制度上も陸軍と対等になりうる存在になった。明治三十一年十一月に海軍大臣に就任した山本権兵衛中将は、さっそく戦時大本営条例を改正しようとした。平時だけではなく戦時も海軍軍令部長を、参謀総長と並ぶ存在にしようとしたのである。しかし対する桂太郎陸相は、軍事制度の権威者であり、簡単に譲ろうとはしない。

天皇は双方から異なった上奏をうけて困惑され、問題はその後、五年間も棚上げされたままになった。問題の解決はやはり戦争が間近になってからである。

明治三十六年の暮れ、ついに山本の主張どおり、海軍軍令部長を大本営で参謀総長と対等にすることが認められた。しかし双方の対立を調整するため、別に軍事参議院を設けることが決定された。軍事参議院のメンバーは、陸、海軍大臣、参謀総長、海軍軍令部長、元帥そのほか軍事参議官に指定された将官である。しかし、この組織はほとんど機能を発揮しなかった。調整者が対立の当事者なのだから、うまくいくはずがない。軍事参議官は、古参将官の人事上のプールとして利用される閑職になってしまった。

海軍はこれで陸軍と対等になったので満足であった。しかし、陸軍と海軍を統合する機能をもつのは天皇だけになったのであり、国家としてはこれが大きな問題を生じることになった。天皇がリーダーシップを発揮された明治時代はともかくとして、「君臨すれども統治せず」という近代君主の理想を実行されようとした昭和天皇の時代には、統合は陸海軍の話し合いでしか行なわれなかった。

日本的な話し合いと妥協の非効率さにごうをにやした東條首相が、すべての権限を自分に集中しようとしたことは、前述のとおりである。日本の社会はもともと指導者が数人いて、時間をかけて根回しをすることで意見をまとめていこうとする集団指導の傾向がある。海軍軍令部長が参謀総長と対等になり、大本営が集団指導体制になったのは、自然のなりゆきであったといえよう。

それでも山県有朋や西郷従道のような実力者がいた時代の話し合いは、単なる妥協には終わらなかった。かれらが全体を見る目をもっていたからであり、それはかれらが多くの場を経験してきたことに理由を求めることができる。しかし昭和の元帥は、陸海軍それぞれの枠の中で育ってきた官僚か、かつがれるだけの皇族でしかなかった。それぞれの軍部内を押さえることすらできない人々に、多くを期待することはできなかった。

調整ができない大本営

日露戦争時の大本営は、東京を動かなかった。責任者が参謀総長と海軍軍令部長の二頭だてになったほかは、編制上も日清戦争のときとほとんど変わらない。

大本営の陸軍部はこのときは参謀本部を定位置とし、海軍部は海軍軍令部を定位置にした。しかし、随時宮中で、大本営御前会議が開かれている。

この会議には参謀本部と海軍軍令部のメンバーのほか、桂太郎首相、小村寿太郎外相、寺内正毅陸相、山本権兵衛海相、伊藤博文枢密院議長、山県有朋元帥も出席した。討議は自由な雰囲気のなかでおこなわれ、明治天皇の発言も多かった。このため戦争の形態がまだ単純であったこともあって、大本営の運用は比較的円滑におこなわれている。

大本営は、明治三十八年末に日露戦争時の編成を解いてから、日華事変がはじまった昭和十二年まで、開設されることはなかった。そのため問題点を残したまま、前大戦時の大本営の運営をすることになった。

日露戦争後、参謀本部と海軍軍令部の対立がなくなったわけではない。海軍は日露戦争の日本海海戦に大勝利を得たことで、実力的にも完全に陸軍と対等の存在になっていた。それだけに陸海軍のお互いの競争意識は強くなった。

その中で参謀本部は、日露戦争後の状況に応ずる国防方針と必要な兵力量を決定し、軍備の方向づけをしようとした。そのためには、海軍軍令部との話し合いが必要になる。財政には支出限度があるので、陸海軍がそれぞれの軍備にかける費用を相談する必要があり、その前提として国防方針がはっきりしていなければならない。

参謀総長は海軍軍令部長と協議したが、仮想敵をどこにするかが、陸軍と海軍ではまったく違っていた。ロシアの陸軍は、敗れたとはいってもまだ余力を残している。しかし、日本海で全滅したロシア艦隊は、再建までに長い年月がかかる。海軍が艦隊どうしの決戦を考えているかぎりは、つぎの敵は太平洋をはさんだ対岸のアメリカ艦隊であった。陸軍は、遠いアメリカの陸軍には関心がない。それよりは、満州に侵入するおそれがあり、樺太で国境を接するようになったロシアの陸軍のほうが脅威だと考えていた。それぞれの立場で考えていたのでは決着しないのだが、統合して考えることはしようとしない。

山県元帥と元帥府が調整をした結果、日本の国防方針上の仮想敵は、ロシア、アメリカ、フランスの順と決まった。しかし陸軍側はロシアのことしか頭になく、もしアメリカと戦うときは、グアムやフィリピンに兵を送れば、それで十分だと考えている。海軍側はアメリカとその他の太平洋側だけに関心があることに変わりはない。その後、これはいくらかの手直しはされたが、基本的にはこの考えのままで、第二次大戦を迎えたのである。

同じころアメリカは対日戦を想定した作戦計画を用意していたが、日本よりは統合的に進んだ計画として作成されている。妥協で成立している日本的な陸海軍の両立体制は、平時には表面を塗りかくしていたが、いざとなると下地が異なったものであることを曝露し、不協和音を発した。

昭和六年にはロンドン海軍軍縮条約の調印をめぐって、統帥権干犯問題が起こった。これは、政治が兵力量を決定するような行動をすることは、天皇の軍隊指揮権（軍令大権、統帥大権）を犯すものだという主張と、そうではないという主張の対立である。

海軍部内でのこの問題をめぐる海軍省と軍令部の対立がきっかけになって、昭和八年に海軍軍令部条例に代わって、軍令部令が制定された。二十六年ぶりの改正である。内容的には、国防という観点からみて、兵力量を決定するなどの処置をするときの軍令部の権限を大きくすることを含んでいるが、表面的には、海軍軍令部から海軍の二字がとれて軍令部になり、海軍軍令部長が、軍令部総長になったことが主な改正である。

これで名称のうえでも軍令部総長が参謀総長と対等になった。軍令部の内部の組織も、日露戦争後からの班、課の編制が、参謀本部と同じ部、課の編制になっている。用語上の問題ではあるが、陸軍と海軍が同じような用語になったことは望ましいことであったろう。ただし、それが統合にまで進むとは考えられない状況である。陸海軍の統合が議論され、航空部隊などで、陸海軍の部隊の一部が相互に他の軍の指揮官の下に入って戦うようになったのは、日本で本土決戦が叫ばれるようになってからであった。

日華事変が拡大しはじめた昭和十二年十一月には、日露戦争時からの戦時大本営条例に代わる大本営令が制定され、その後の日本の敗戦時までつづく大本営が開設された。

大本営の編制や機能は、基本的には日露戦争当時と変わらない。参謀本部と軍令部が統合されないままに大本営の陸軍部と海軍部になり、宮中で開かれる大本営会議だけが、統合の場になっていたといってよかろう。この会議には、参謀総長、軍令部総長とそれぞれの次長、陸相、海相、その他若干の参謀が加わっており、天皇の御前でおこなう場合（大本営御前会議）と、そうではない場合があった。

別に政治外交と作戦のすり合わせをおこなう性格が強い御前会議もおこなわれており、首相、陸相、海相、外相、蔵相、内相、参謀総長、軍令部総長、枢密院議長が恒例のメンバーであった。

そのほかに政府と大本営間の意思の疎通をはかるために、毎週定期的に政府・大本営連絡会議が開かれた。政府側からは、首相、外相、陸相、海相のほか、必要に応じて各閣僚や企

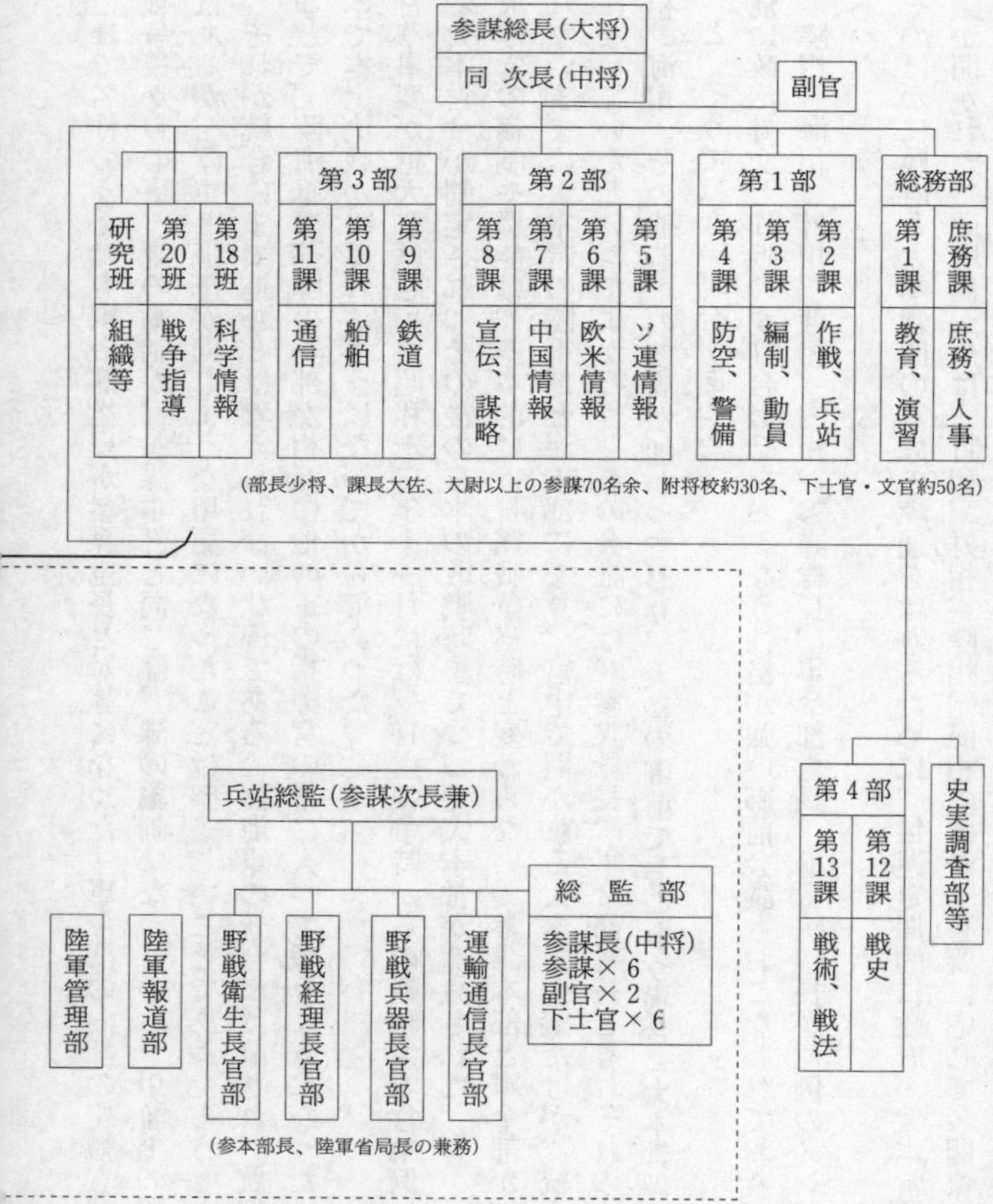
参謀総長（大将）
同 次長（中将）
副官
第3部
第2部
第1部
総務部
研究班
組織等
第20班
戦争指導
第18班
科学情報
第11課
通信
第10課
船舶
第9課
鉄道
第8課
宣伝、謀略
第7課
中国情報
第6課
欧米情報
第5課
ソ連情報
第4課
防空、警備
第3課
編制、動員
第2課
作戦、兵站
第1課
教育、演習
庶務課
庶務、人事
（部長少将、課長大佐、大尉以上の参謀70名余、附将校約30名、下士官・文官約50名）
兵站総監（参謀次長兼）
総 監 部
参謀長（中将）
参謀×6
副官×2
下士官×6
陸軍管理部
陸軍報道部
野戦衛生長官部
野戦経理長官部
野戦兵器長官部
運輸通信長官部
（参本部長、陸軍省局長の兼務）
第4部
第13課
戦術、戦法
第12課
戦史
史実調査部等

昭和16年頃の参謀本部・軍令部と大本営の編制

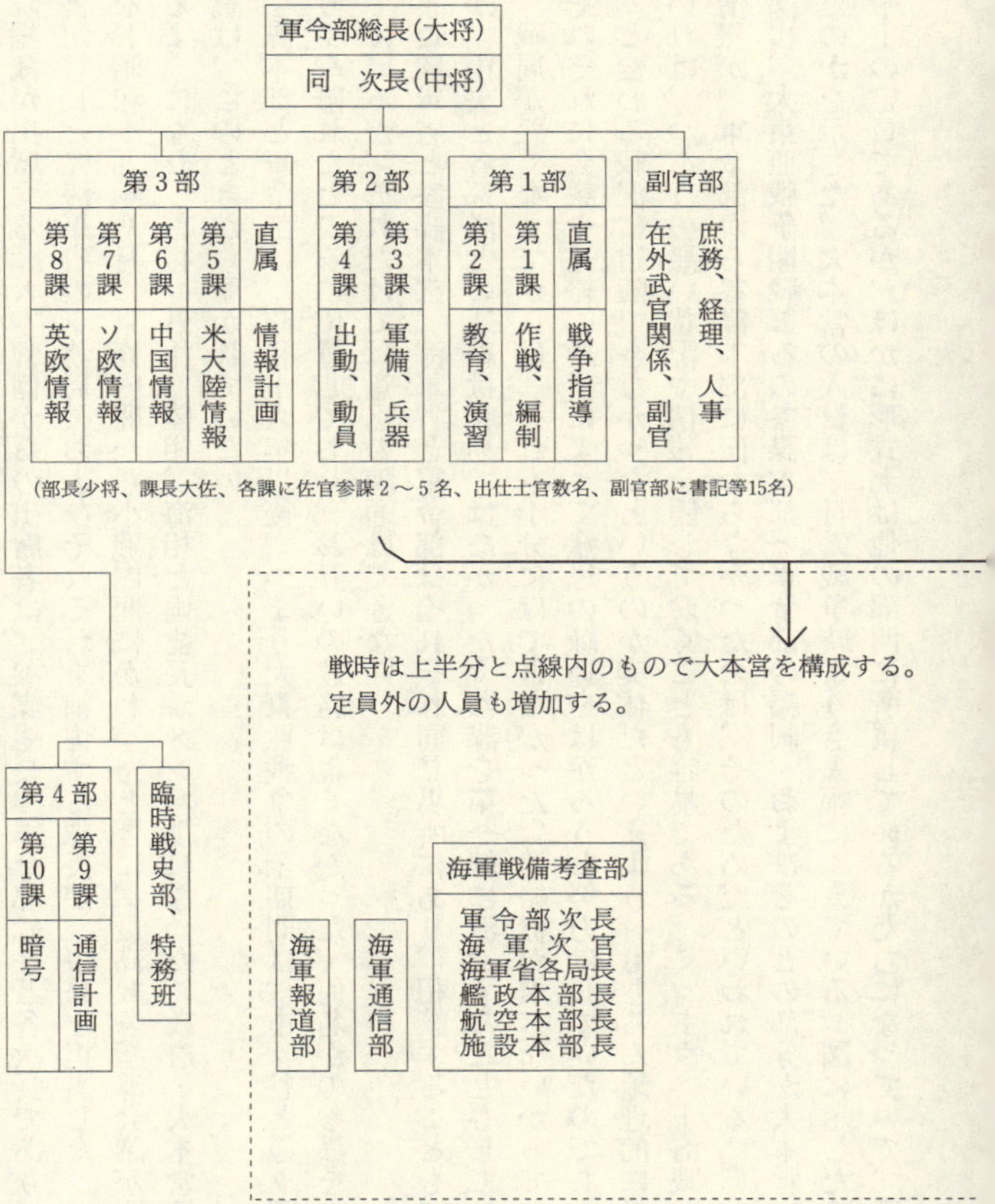

画院総裁が出席する。大本営側からの出席者は、参謀総長、軍令部総長と各次長であり、内閣書記官長と陸海軍省の軍務局長およびそれぞれを補佐する課長が、事務を担当した。なお昭和十九年八月に東條内閣から小磯内閣にかわったときに、最高戦争指導会議が開かれるようになり、首相、外相、陸相、海相と両総長がメンバーになった。政府・大本営連絡会議は、このときから開かれていない。

参謀本部と軍令部は、昭和十六年以後、つまり大東亜戦争の全期間は、市ヶ谷と霞ヶ関というやや離れたところに位置しており、お互いの連絡はよくなかった。何名かの参謀を交換してはいるが、それだけでは意思の疎通はできない。

また陸軍省と参謀本部、海軍省と軍令部はそれぞれ同じ場所にあり、相談することもできたが、中央と各部隊との連絡は容易ではなかった。参謀を第一線に派遣することもしているが、戦局が悪くなってからは、それも十分にはできなかった。連絡機が飛べないからである。

それぞれに会議や連絡、通信によって意思の疎通をはかろうと努力はしていたのであるが、刻々と変わる戦況に追随できなかったというのが実体だといえよう。もちろん地理的に離れていれば、つごうの悪い状況や情報を隠しておくことも容易である。ミッドウェー海戦敗北の情報が、軍令部から参謀本部に伝わらなかったのは、そのためだといわれている。

図に、大東亜戦争開戦ごろの参謀本部と軍令部の編制、およびそのどの部分が大本営に入ったのかを示した。大本営の人員は、日露戦争時よりも大幅にふえている。図に示したのは法令上の定員であるが、ほかに形式上は他の部門に所属しているかたちになっていて、実際には大本営で服務している定員外の者がいるので、実数はもっと増える。戦争中の増える一方の業務を処理するためには、そのような措置が必要であった。

参謀本部の課内は作戦班とか航空班のように、そこだけで通用する班編成に分かれている。図の第二十班などは特別で、法令上は認められていないが内部で定めた臨時編成である。班長は大佐であって課に相当する。

軍はもともと戦場で臨時の部隊を編成することを日常的におこなっているので、このような臨時の組織や部内かぎりの組織をつくるのに違和感はなかった。プロジェクトチームなどといって、昨今の会社でおこなわれている特別の事業の臨時編成は、軍隊に起源がある。もう一つ説明しておく必要があるのは、図の番号で示された部長や課長を、作戦部長とか作戦課長のように職務内容で呼ぶことがあることである。正式には、第一部長のように呼ばねばならない。また参謀本部、軍令部の編制上の部と、大本営としての部の番号が一致しないものもある。

兵部省ではじまった明治の軍隊が陸軍と海軍に分かれ、その内部で軍政事項をあつかう省と軍令事項をあつかう部に細分されたのには、それなりの必要性と歴史があった。しかし、細分化されたものはどこかで統合しないと、全体としてのまとまった動きができなくなる。統合の責任を天皇だけに負わせてしまったところに、軍令面での失敗の大きな原因があった。

第六章　陸軍の組織について

日露戦争の野戦軍

日本海海戦でのわが聯合艦隊の勝利は、海軍だけではなく日本の歴史の方向を決めた。その二ヵ月半前には陸軍が、奉天会戦で勝利を得ていたが、決定的なものとはいえなかった。海軍の大勝利が、ロシアに対する日本の優位を確実にしたのである。

しかしまもなくアメリカのポーツマスで始められた日露講和交渉では、日本が賠償金請求を取り下げるなど譲歩したかたちで交渉が進められたので、日本国民のあいだに不満の声が高くなった。七万五千人もの戦没者をだしながら、とるべきものもとれないとは政府は弱腰に過ぎるというのである。このため政府を糾弾する国民大会が、講和条約が調印された明治三十八年（一九〇五年）九月五日に、東京の日比谷公園でおこなわれた。

大会に集まった人々はやがて、主催者の意志をこえて行動をはじめ、内務大臣官邸や交番、新聞社を襲撃する暴動に発展した。暴動は、戒厳令によって出動した軍隊によって鎮圧されるまでつづいている。

明治の陸軍はもともと、このような治安維持目的の鎮台制ではじまった。それが日清、日露の戦役を体験したことで、外征軍に変わっていったのであり、外国と国外で戦う場合に必要な兵力と組織はどうかということが、つねに検討されるようになった。組織はこのため治安維持と外征の両面をすり合わせなければならず、それがうまくいかなかった面があって、前大戦時に問題になっている。

日露戦争で日本は勝つには勝ったが、危うい勝負であったことは疑いない。日本は百九万人を戦場に動員したが、これが限界であった。支出した戦費も、半分は英米で国債を売ることによって、ようやく調達していた。陸軍は三月十日の奉天への入城で、国民には大勝利を印象づけていたが、それ以上は戦う力がなかった。弾薬の生産、補給が十分ではなく、退却していくロシア軍を追撃するための弾丸がないという状況だったからである。

奉天会戦では、日本側二十五万人、ロシア側三十二万人が対戦したが、会戦が終わってからも、十八万人対二十三万人で、数のうえではロシア側が優勢であった。ロシア軍は、本国からの増援や補給を待って反撃してくるものと判断されていたのであり、日本政府は、不利な条件であっても講和をすることをせかされていたのである。

図は、このような陸軍の奉天会戦ごろの満州軍編合状況を示している。当時の陸軍のほとんどの全戦力が、ここに結集されている。当時の平時体制の陸軍は、歩兵十三個師団を基幹とするものである。これが全国に分散駐屯しており、平時は軍司令部以上の編制は存在しな

日露戦争後期（奉天戦）野戦軍編合

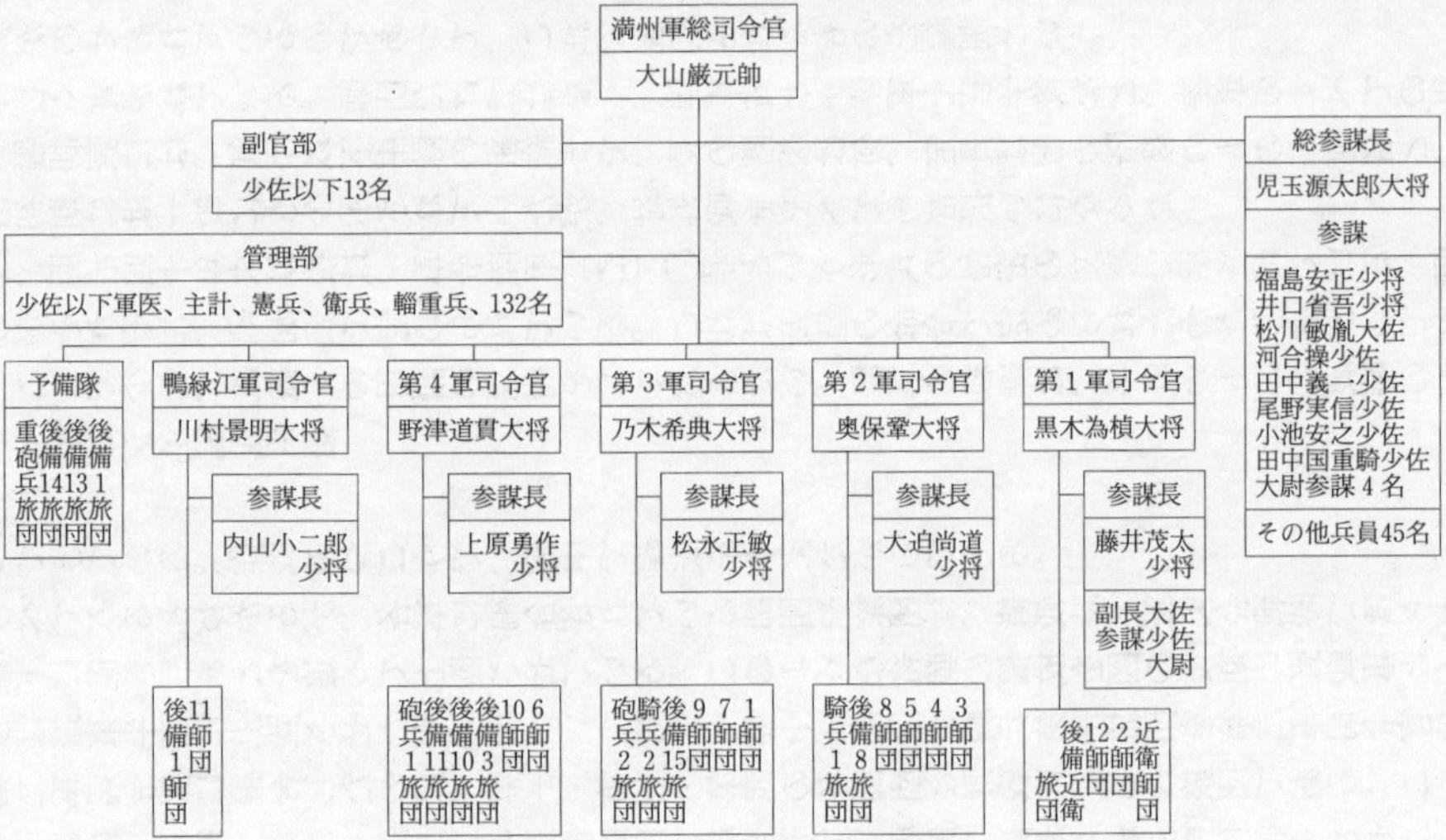

注・師団参謀長は大佐、参謀は少佐大尉各１名、別に副官４名、下士９名、輜重兵と各部を加え、師団司令部は約220名
・旅団は参謀なし、副官大尉１名、伝令使中・少尉１名、下士３名、その他を加え旅団司令部は約20名
・師団戦時定員は兵站、衛生を加えて約２万名、旅団は約６千名
・鴨緑江軍は一時的に韓国駐剳軍から配属

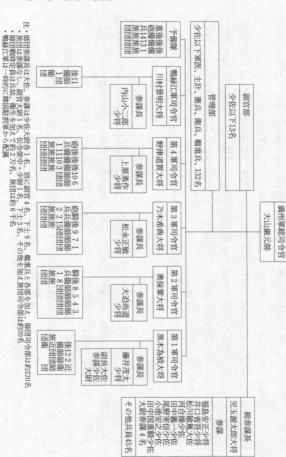

い。

開戦決定後に最初に編成されたのは、第一軍司令部と第二軍司令部である。第一軍司令部の下には、近衛・第二・第十二の三個師団を編合して、朝鮮半島から最初の作戦をさせた。第二軍司令部に編合したのは、第一・第三・第四の各師団と野戦砲兵第一旅団である。こちらは遼東半島に上陸させたが、つづいて第五・第十一師団と騎兵第一旅団を第二軍司令官の隷下に置き、あとを追って上陸させている。このような緒戦の編成を図の後期の野戦軍とくらべてみるとわかるが、各軍に編合されている師団や旅団は、緒戦時と奉天会戦時ではちがってきている。作戦のつごうで、途中で編成をかえたからである。

ヤヤコシイ編成用語

ここで少し、組織上の用語の説明をしておきたい。陸軍の組織は、平時のものと戦時のものがそれぞれ、編制表で定められている。これは天皇の命令で定められたかたちをとっており、明治四十年末以後は、軍令陸甲（乙）○号という形式の秘密の文書で示されている。明治初期には一般にも公示されていたが、対外戦争をへて秘密扱いになった。

編制表には、師団以下中隊の組織まで、長の階級は何、定員はどの階級のものが何名と、詳しく書かれている。師団だけではなく、陸軍省とか陸軍士官学校など、陸軍のすべての組織がのせられているのであって、これで規制されるものを編制という。

新しく組織をつくったり、戦時の編制になったりするときに、人を集めて組織化することは編成といわれ、編制をヘンダテ、編成をヘンナリといって区別することがある。各指揮官が指揮下（隷下）の兵員を集めて一時的な組織（斥候隊など）をつくることもあるが、この組織そのものを編成と呼ぶこともある。

　第一軍司令部と各師団を集めて第一軍を編成するのは、編合である。臨時の派遣軍あるいは小さな部隊を編成する場合は、編組という用語が使われる。第一中隊と第五中隊で、独立して行動する独立大隊を編組するようなときである。

　戦時に外征軍として編成されるものを野戦軍というが、この編成にあたって上下関係（隷属）を天皇が示されたものが、戦闘序列である。戦争中の状況により、途中で変更されることもある。最初の図は、満州軍の戦闘序列を示していると考えてもよかろう。図の第一軍、第二軍と並べられている順序を、建制順というが、この用語はもともとは、編制表に並べられた順序を意味していると考えられる。

　図の中の鴨緑江軍は、戦闘序列からいうとこの図に入れるべきではない。本来は韓国駐箚《さつ》軍に所属しているからである。しかし奉天会戦のつごうで、一時的に満州軍に入れるかたちをとったのであり、このように行動についてだけ指揮を受けるかたちにすることを配属という。また特定事項について統制されるのを区処という。そのように一時的な作戦上の要求で、戦闘序列とはちがう上下関係をつくったり、特定の部隊を分割して別の部隊をつくったりすることを軍隊区分と呼び、作戦計画で示されるのが普通である。

　以後の記述の関係で細かい説明をしたが、理解していただけただろうか。これらの用語は軍隊特有のことばであると同時に、法令用語でもある。これは、「メシ上ゲ」とか「メンコ」のような、やくざ用語と心理的共通性がある特殊な陸軍用語とは性格がちがっている。最近の法令には、用語の定義について説明した条項がおかれていることが多い。しかし、戦前の古い時代の法令はそうではなく、使われているうちに用語の意味が、学説や判例をふまえて明らかになっていくのが普通であった。そのため軍の用語でも、日露戦争当時と昭和になってからでは違った意味のものになっていることがある。また、陸軍と海軍では意味が違うものがある。たとえば海軍の編制表には艦隊や軍艦の所属関係、隻数などが示してあるだけであって、兵員については、別に定員表で示されている。戦闘序列も、戦闘時の軍艦の配列順序を示すものであって、陸軍の戦闘序列に近いものは、戦時編制表だといえる。

このような状態なので、たとえば編制と編成を使い分けるとかえって読者を混乱させることになるが、ここではテーマの目的を徹底するために使い分けている。なお聯隊は連隊と統一表記しておく。用語については、必要のつど改めて説明しながらさきに進むことにしよう。

メッケルが教えた師団制

日露戦争がはじまると、大元帥である天皇の総司令部として大本営が設置された。もっとも、その陸軍部のメンバーは多くが参謀本部員であり、海軍部のメンバーはほとんどが海軍軍令部員であるので、特別のときを除き、執務は参謀本部や軍令部でおこなわれた。このことと意思の疎通が御前会議ではかられたことは、前にも説明したので細部ははぶく。

明治21年師団の標準編制

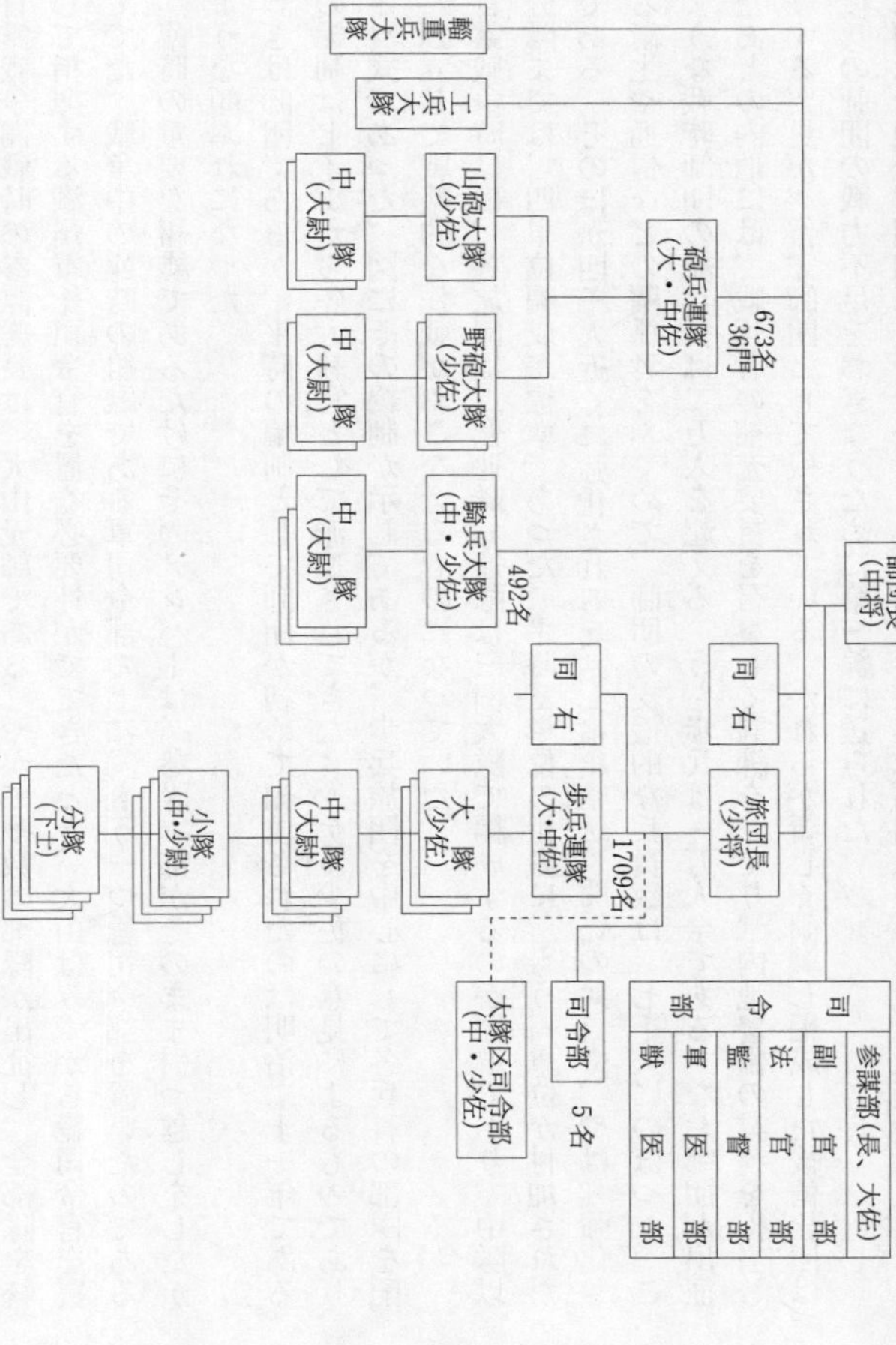

日露戦争開戦時の参謀総長は、大山元帥である。やがて多数の部隊が出征し、全部隊を統一して指揮する満州軍総司令官を置く必要性がでてきたとき、大山はみずから総司令官を買ってでた。戦争中の臨時の組織である軍司令部の上に、もう一つ総司令部を置いたのであるが、臨時の重要な組織であるだけにそのメンバーは、参謀本部がそのまま引っ越しをしたかのような顔ぶれになった。

つぎは師団であるが、平時の編制として師団が初めて編成されたのは明治二十一年である。この編制はドイツから陸大教官として派遣されてきたメッケル少佐の意見によるものであり、ドイツ式であった。図にその編制が示してあるが、歩兵旅団を中心にして各兵科の部隊を配し、独立して戦略的な作戦がおこなえるものになっていた。

日露戦争時には、各旅団は二個連隊、連隊は三個大隊で編成するのが標準であり、中隊以下分隊までは、四単位編成が標準であった。平時三単位の組織に、もう一単位が付加されたのである。そのほか四千人近くに強化される兵站（補給輸送）関係の兵員や、やはり強化される衛生や通信などの関係者をふくめて、師団の支援的な兵員数は、七千人にのぼった。このような戦時師団の総兵員は二万人を超える。うち歩兵は一万人余である。なお師団が出征したあとの内地には、戦死者の補充要員を召集して訓練をしたり、内地警備の業務を担当したりする要員が、留守師団として残されている。かれらが新しく訓練し編成した後備旅団は、現役兵の師団の戦力不足をおぎなうために第一線に送られた。

師団はその後、昭和に入ってから工兵や輜重兵が連隊編制になってやや規模を大きくした

昭和16年初めの航空関係部隊編制・編合

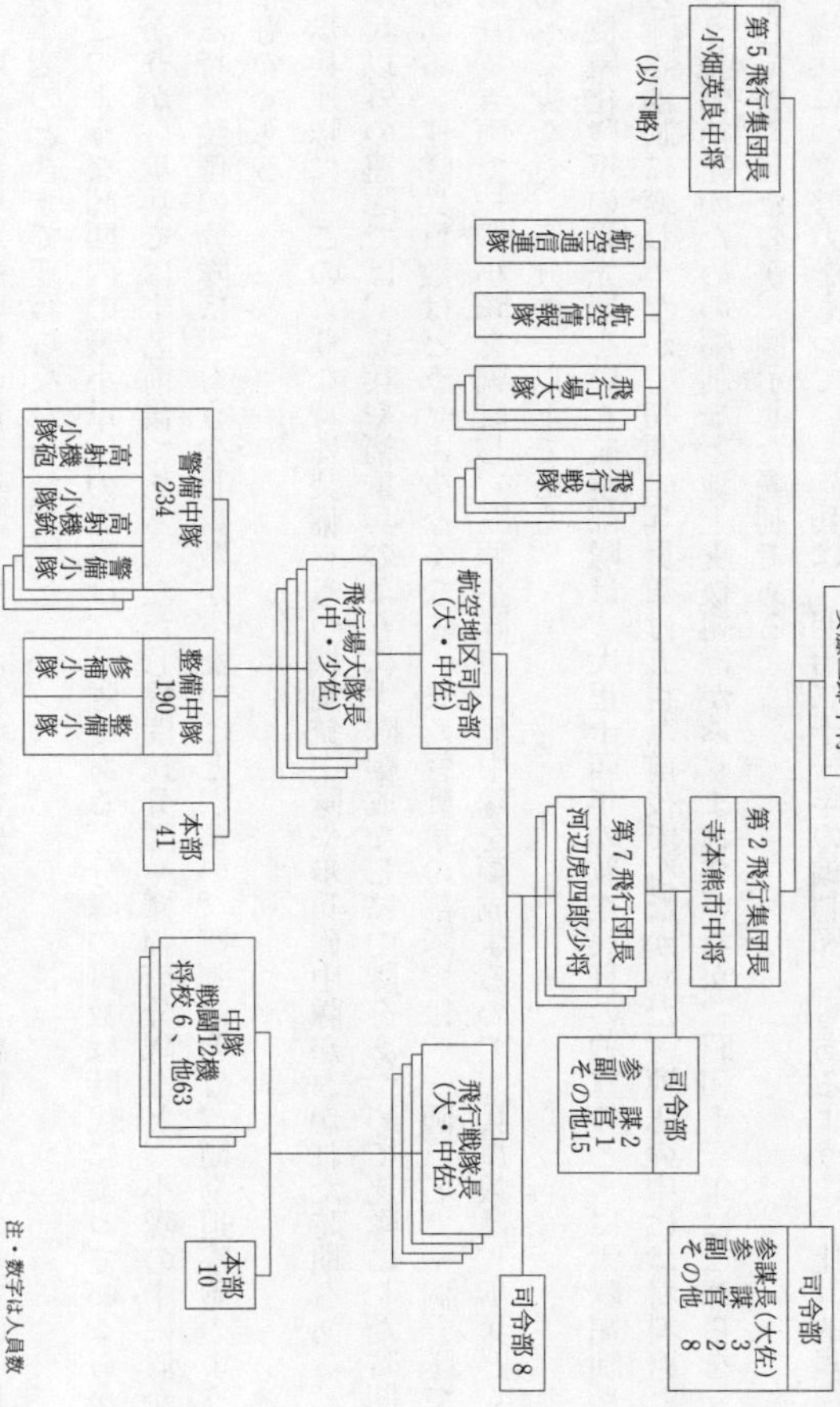

注・数字は人員数

り、騎兵が装甲車や戦車の捜索連隊になるなどの変化はあったが、組織としての基本は、日華事変のときまで変わらなかった。

このような師団内の最小単位の組織は、分隊である。分隊の員数は時代によっていくらかちがうが、歩兵では十名前後である。ただし機関銃分隊や擲《てき》弾筒分隊など、小隊の中に置かれる特殊装備の分隊は、もう少し員数が少ないことが多い。擲弾筒とは、簡易迫撃砲のようなものである。

歩兵連隊に、このような特殊装備をもつ機関銃中隊や歩兵砲中隊がおかれた時期もある。歩兵以外の連隊では、騎兵や輜重兵のように大隊編成なしに中隊をあつめて連隊にした時期がある。連隊兵員数はとうぜん少なくなる。また軽戦車の部隊では、一両三名で一個分隊であり、五両で一個小隊を編成し、三個小隊で一個中隊を編成するので、兵員数は、歩兵とくらべて少なく、三分の一以下である。

機械化陸軍の最先端をいく航空部隊は、大正十四年の航空兵科の独立のときに大隊編制から連隊編制に変わったが、初期の兵員数は五百名前後で少なかった。連隊の中には材料廠という整備補給のための編制など地上支援組織がふくまれていたが、昭和十三年にこれらを分離して整理したのが、図示した編制である。

歩兵につぐ勢力をもっていた砲兵は、明治二十一年の編制図にもあるように、比較的規模が大きい連隊をもっている。中隊あたりの砲数や兵員数は、砲の大小と種類でちがうが、重砲だと中隊で二門しか装備せず、小口径の山砲だと、分隊で一門の装備である。十一名の分隊員が、砲身や砲架を分解してかついで移動することもある。

日露戦争当時、「輜重輸卒が兵隊ならば、ちょうちょ、とんぼも鳥のうち」とあざけられた輜重輸卒は、じつはなくてはならない存在であった。遼東半島の大連に陸揚げされた食糧や弾薬は、遼東兵站監部の兵站監井口少将の統制のもとに、輜重輸卒たちの補助輸卒隊が、第一線まで車馬輸送をしたのである。途中の警備を担当したのは輜重兵であり、輜重輸卒は、同じ兵でありながら輜重二等卒の下位におかれていた。かれらは平時は二ヵ月ほどの兵営生活をするだけであって、師団当たり四千人近い兵站関係員数のほとんどは、動員召集されたこのような人々であった。平時から在営していた輜重兵のほうは、大隊三百名たらずでしかない。

このような輸送担当部隊は、糧食縦列とか弾薬縦列（段列）というわば中隊にあたる組織に編成されて任務についた。なお糧食、被服等の輸送縦列のことを大行李、同様に弾薬、兵器のものを小行李というので、覚えておくとよい。

輜重輸卒はのちに輜重特務兵と呼ばれるようになり、昭和十四年に輜重兵に吸収された。

輜重輸卒に似た存在に、補助看護卒がある。看護卒の一段下の存在であって、負傷兵を担架で搬送するのは、かれらの仕事である。輜重関係ほどではないが、補助看護卒をふくむ衛生関係も、戦時には組織が膨張する。百名単位の衛生隊や野戦病院が編成され、連隊や大隊内の衛生兵が増員されるからである。

このような増員は、組織を平時編制から戦時編制にすることでおこなわれ、これを動員といった。復員はその逆である。

まとまらない国防方針

日露戦争時に満州軍参謀として出征した参謀本部作戦課の田中義一中佐にとっては、戦後もロシア軍は脅威的存在であった。これは陸軍首脳部の認識でもあり、陸軍の軍備は、極東ロシア陸軍に対応できるものでなければならなかった。ロシア海軍は壊滅したが、陸軍は極東だけでも日本陸軍の全兵力以上のものを残しており、いつ牙をむきだしてきてもおかしくなかったからである。

日本は日露講和条約後、ロシアに代わって満州の鉄道や遼東半島についての権利を清国から得ていたが、これを守り抜くことが陸軍部内の願望であり、国民の期待でもあった。期待に応えるためには軍は、少ない予算をできるだけ効率的効果的に使わなければならない。田中中佐はそのために対ロシア軍備を第一として考えることとし、予想されるロシアの極東陸軍兵力五十五個師団にたいして、日本は四十五個師団を動員できる体制をとることにした。動員準備のうち二十個師団は常設師団、二十五個師団が召集兵による予備軍である。しかし、これは予算が関係する問題であるので、海軍とも相談しなければならない。

田中は「帝国国防方針、国防ニ要スル兵力、帝国軍ノ用兵綱領」の案をつくって海軍軍令部に相談したが、独自の計画をつくっていた海軍は、相談に応じなかった。田中の案は、結局、山県元帥の天皇への上奏と天皇から元帥府への諮問の手続きをへて、明治四十年に決定された。

決定された平時陸軍兵力は二十五個師団になっている。陸軍は対ロシア軍備ばかりを考え、海軍は対米英軍備ばかりを考えて統一がないといわれた帝国国防方針の最初のものはこうして決定され、それが編制の方向も決定したのである。

陸軍と海軍は、戦時は大本営でともに作戦を計画することになっていたが、日露戦争のときはともかくとして、その後は両者の距離は開くばかりであった。軍部と政府の意思疎通も悪くなったことは、前述したとおりである。

それではなぜそうなったのかを、組織のうえから説明しておこう。

権限タテ割りの軍組織

明治憲法の第十一条と第十二条に規定されているように、天皇は軍令大権と軍政大権を行使される。前者は軍隊を動かして作戦をする権限であり、後者は軍隊組織を建設、維持、管理する権限である。軍政とは軍にたいする行政だと考えてよい。別に占領地の行政を軍がおこなうことも軍政といわれているが、これは意味がちがう。

軍令大権を実際に管理しているのは、陸軍では参謀総長、海軍では軍令部総長であるが、平時は両者のつながりはない。軍政大権は陸軍大臣または海軍大臣を通じて大蔵省など他省の行政権と同じように行使されるのであり、内閣という調整の場があるが、両軍部大臣と両総長との間には憲法上のつながりはない。なにが軍令事項であり、なにが軍政事項であるかの区別がむずかしいことは前述した。

また陸軍は、本来は陸軍大臣の担当であった教育についての権限を、教育総監というポストをつくってそこに移しているので、内部の関係がさらに複雑化している。そのうえ昭和十三年には、陸軍航空総監という航空の教育総監のようなポストまでつくっている。連絡が悪いのは当然である。

海軍はもともと陸軍よりは組織が単純であり、明治二十六年に海軍軍令部ができてからも、海軍大臣の権限が非常に強かった。しかし、昭和八年に海軍軍令部長の名称を軍令部総長と改めたときから、軍令についての権限が独走をはじめている。

このように憲法が権限の縦割りを認め、横の連絡についての配慮に欠けるところがあったことから、軍の組織も行政組織も縦割りになり、方針を統一することが難しくなった。

さて、そこで図（一三三頁）をみてもらいたい。ここには平時の陸軍のすべての組織の上下関係が示してある。陸軍の組織（海軍も同じ）には大きくは三つの種類があり、軍隊、官衙、学校に区分される。

軍隊とは司令部とか隊の名称で示される軍令組織であって、満州軍を例にとって詳しく説明したとおりである。大東亜戦争開戦時の戦闘序列による編合状況を、やはり図（一三四頁）に示しておく。

開戦時には南方軍、関東軍、支那派遣軍の各司令部が臨時に編成されていたのであり、各軍司令部がその下に編合されていた。しかし、戦争が進んで組織が大きくなってくると、上

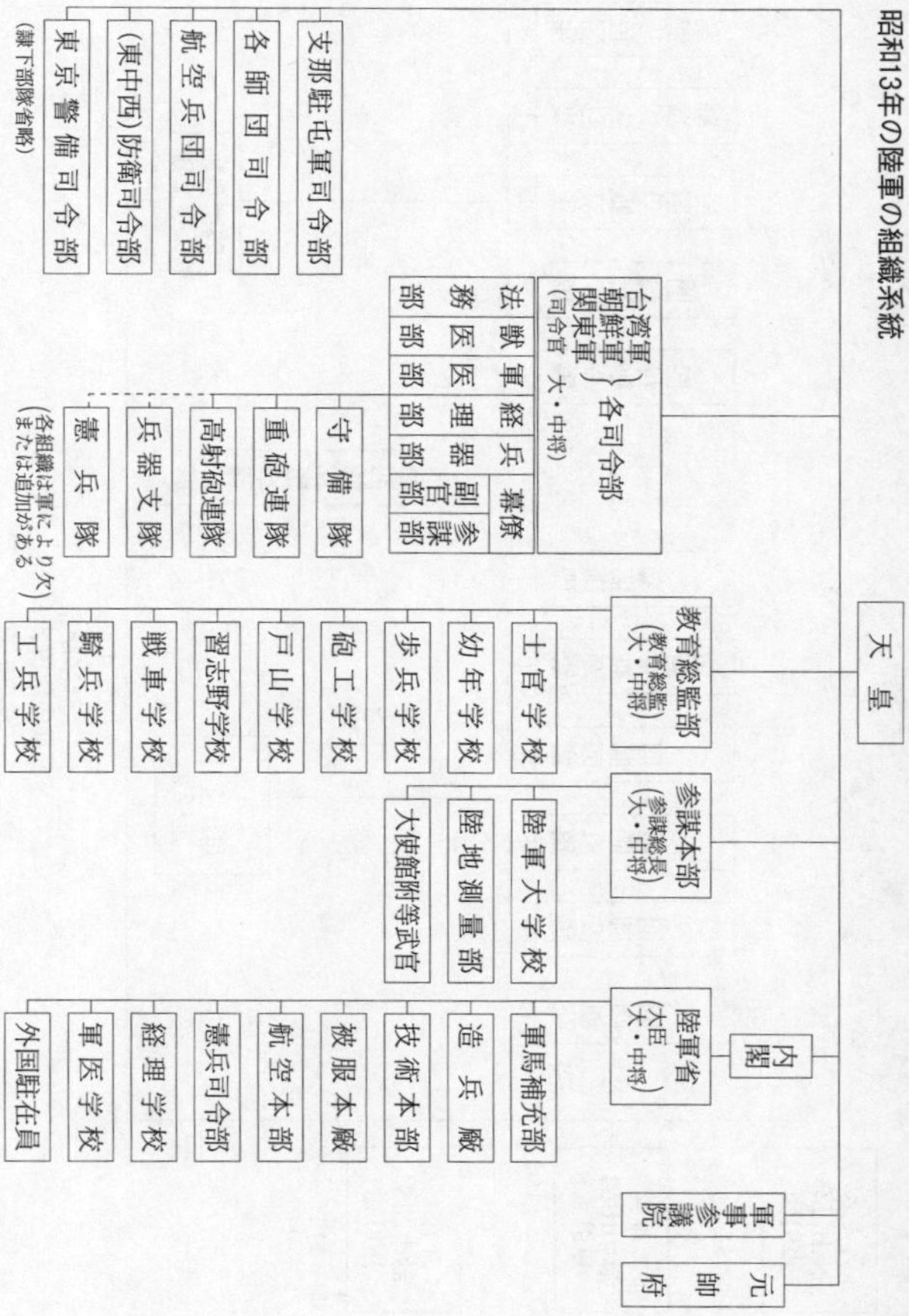
昭和13年の陸軍の組織系統
天皇
元帥府
軍事参議院
内閣
陸軍省（大臣 大・中将）
軍馬補充部
造兵廠
技術本部
被服本廠
航空本部
憲兵司令部
経理学校
軍医学校
外国駐在員
（その他略）
参謀本部（参謀総長 大・中将）
陸軍大学校
陸地測量部
大使館附等武官
教育総監部（教育総監 大・中将）
士官学校
幼年学校
歩兵学校
砲工学校
戸山学校
習志野学校
戦車学校
騎兵学校
工兵学校
（その他略）
台湾軍
朝鮮軍
関東軍
各司令部
（司令官 大・中将）
幕僚
参謀部
副官部
兵器部
経理部
軍医部
獣医部
法務部
守備隊
重砲連隊
高射砲連隊
兵器支隊
憲兵隊
（各組織は軍により欠または追加がある）
支那駐屯軍司令部
各師団司令部
航空兵団司令部
（東中西）防衛司令部
東京警備司令部
（隷下部隊省略）

マレー上陸作戦部隊戦闘序列による編合

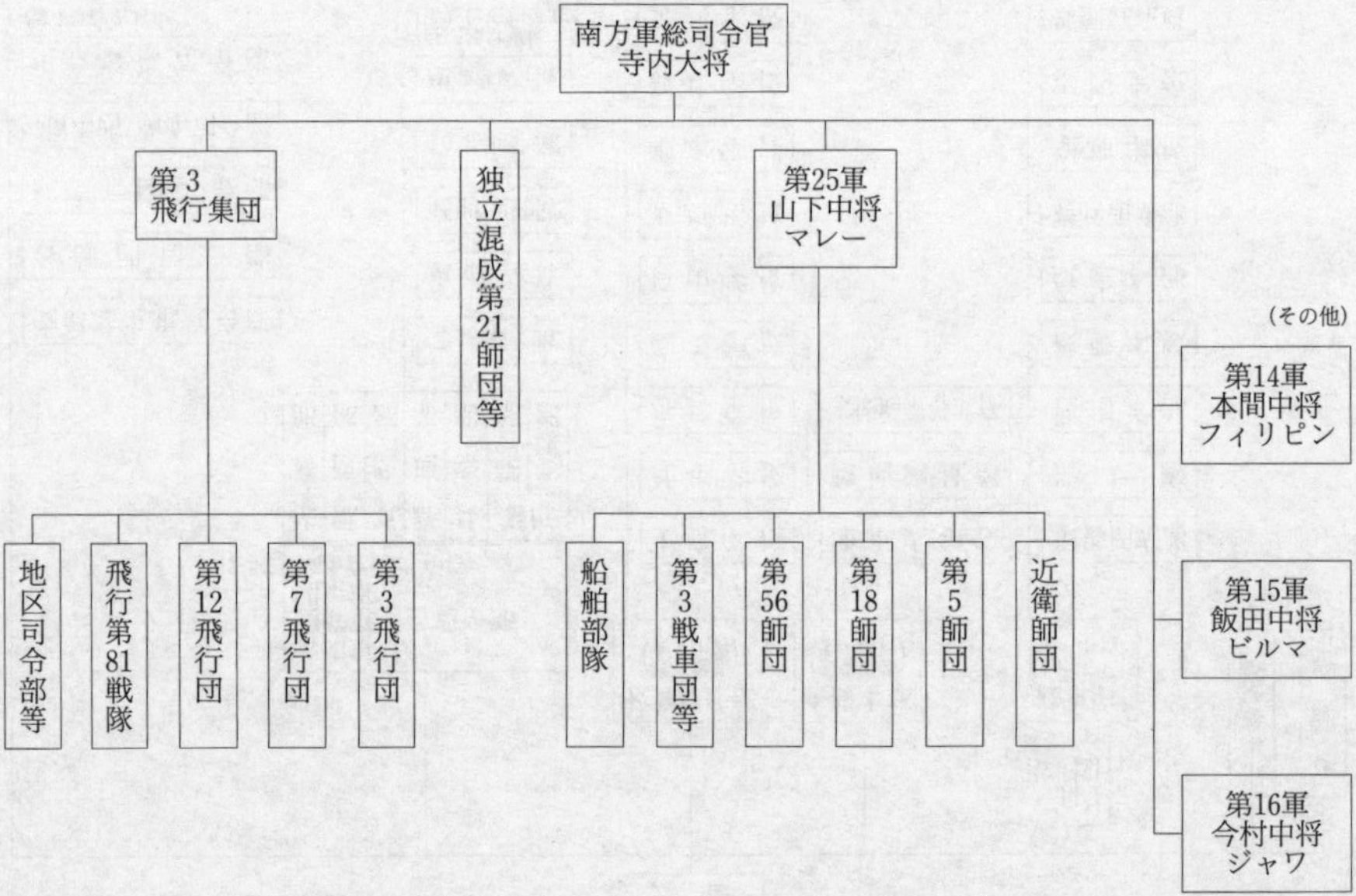

昭和11年陸軍省編制

陸軍大臣（大・中将）

陸軍次官（中・少将）

政務次官（文官）

参与官　（文官）

官房：秘書官　副官（中佐～大尉5）

書記官　事務官

局長 中・少将	人事局		軍務局					整備局		兵器局		経理局				医務局		法務局
課長 大・中佐	補任課	恩賞課	軍事課	兵務課	徴募課	防備課	馬政課	動員課	統制課	銃砲課	器材課	主計課	監査課	衣糧課	建築課	衛生課	医事課	局員
課員数 中佐～大尉	2 (8)	2 (12)	3 (12)	2 (8)	2 (7)	2 (4)	2 (5)	3 (9)	2 (7)	3 (5)	2 (5)	4 (8)	4 (3)	2 (3)	3 (6)	1 (6)	1 (8)	文官 3 (2)
所属文官数	11		25					8		9		30				7		2

注　経理局は主計官、医務局は軍医官が課長・課員、法務局長は文官の法務官。
官房等の文官15。上記員数は定員、但し（　）は兼勤・附配置で員数外実員。

下の中間に方面軍司令部を新設して、指揮を容易にしている。たとえば南方軍総司令官寺内大将（昭和十八年に元帥の称号を与えられている）の下に第十四方面軍司令官山下奉文大将をすえ、さらにその下に第三十五軍司令官鈴木宗作中将をおいて師団長の各中将を指揮させ、レイテ作戦をおこなっている。

これだけ高級の司令部が重なってくると、将軍の階級と上下関係について、人事上の複雑な問題がでてくる。アメリカのように准将を設けて、旅団長級を准将、師団長級を少将、軍司令官を中将にすればよかったのだろうが、伝統を変えることはできなかった。なお元帥は日本の場合は階級ではなく、功績がある大将を、天皇の諮問機関である元帥府に配置することで与えられる称号なので、これにも問題があった。

つぎは官衙《かんが》である。これは昭和十三年の系統図にある陸軍省（一三五頁）、参謀本部（一三七頁）、教育総監部（一三八頁）をはじめとして、その系列にある学校以外のものをいうのであって、軍政のための役所だと考えればよかろう。

参謀本部は軍令をとりあつかうが、戦闘部隊には入らないので、官衙の一種である。逆に司令部という名がついていても、防衛司令部や東京警備司令部は、戦闘部隊を編合しているわけではなく、平時はいざというときの準備をしているだけなので官衙である。

要塞砲を管理している要塞司令部や各県で徴兵事務などをおこなっている連隊区司令部も、平時は官衙である。

なお連隊区司令部は、明治二十一年の図（一二五頁）では大隊区司令部になっている組織で、地元官民と軍との連絡窓口になるのであり、司令官は大佐であった。大戦末期には本土防衛の関係で業務範囲がひろがり、司令官が少将に格上げされている。

最後が学校であるが、これは説明の必要はあるまい。ただ勅令によって設立され運営が軍政関係で処理されている陸軍士官学校などと、戦車学校のような戦闘そのものを教育し軍令を設立根拠にしている実施学校では、系統や予算上の取り扱いがちがっていることは知って

昭和12年参謀本部編制

参謀総長(大・中将)
参謀次長(中　　将)

部長 中・少将	課長 大佐	職務内容	参謀数 中佐~大尉	附将校
総務部	庶務課	人事、文書、その他雑	3 (1)	7 (5)
	第一課	動員時教育、教範	1 (5)	
第一部	第二課	作戦、行動、戦争指導	13 (1)(海2)	11
	第三課	編制、動員、制度	8 (1)	
	第四課	国土防衛	3 (海1)	
第二部	第五課	ソ連情報	3	9 (21)
	第六課	欧米、その他の情報	5	
	第七課	中国情報	4	
	第八課	謀略、宣伝	4 (2)	
第三部	第九課	交通、運輸、上陸	2 (5)(海1)	4 (5)
	第十課	通信、放送、郵便	1	
大公使館附武官・補佐官等(少将~大尉)			24 (4)(海1)	

注　上記は定員。(　)は定員外の兼勤・附配置。
ほかに下士官・判任文官34(5)。

昭和11年教育総監部編制

教育総監（大・中将）

本部長・兵監　中将	課長　大佐　少将　附	職務内容	課員　中佐～大尉　監部　大佐～大尉
本部	庶務課	人事、文書、会計経理	5
	第一課	編制、典範、教育一般	9
	第二課	陸士・陸幼等統轄、召募	5
騎兵監部	附	騎兵の調査、研究、教育統轄	4
砲兵監部	附	砲兵の同右	7
工兵監部	附	工兵の同右	6
輜重兵監部	附	輜重兵の同右	3

注　上記以外に下士官、判任文官等の定員26名がある。

おくべきだろう。また同じように勅令を根拠にしながら、陸軍経理学校が陸軍省の扱いであるのに、陸軍士官学校が教育総監部の扱いであることも、奇異に感じられるが、これは歴史的な経緯があるからである。

学校の組織の代表として陸軍予科士官学校の編組を、図に示しておく。他の学校も大同小異であり、研究部がついたり、整備補給を担当する材料廠がついたり、部などの名称がちがっていたりするだけである。比較的小さい学校の校長は大佐であるが、少将の校長が多い。日露戦争の軍神橘周太少佐（戦死後中佐）は、開戦前は名古屋地方幼年学校の校長であった。生徒百五十名、職員二十数名とはいえ、当時の少佐は地位が高かった。

学校には学生または生徒が存在する。前者は軍人であり、後者は階級章がない軍人候補者

昭和12年陸軍予科士官学校編組

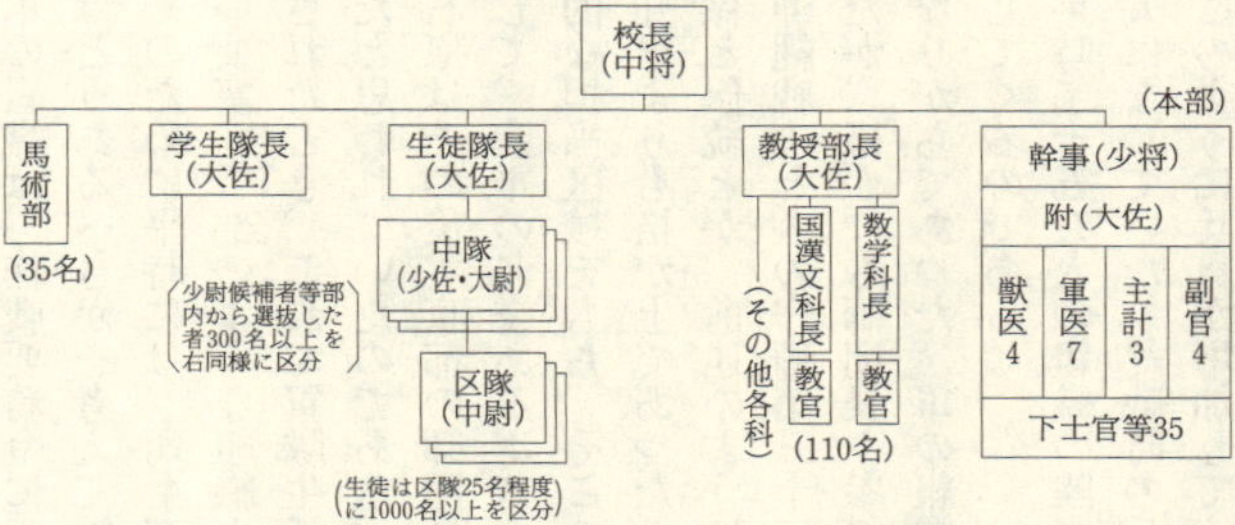

だと考えればよかろう。生徒が中学校の生徒などとちがうのは、訓育班とか区隊とかの準軍隊組織に入れられて、本来の教育のほかに精神教育や武道などで軍人らしさを身につけるための鍛練をされることにある。地方幼年学校の教育は、その点をのぞくと中学校同様の科目を、有能な文官教官が担当するものであった。

昭和十三年の組織系統図（一三三頁）の右端には、元帥府と軍事参議院が書いてある。軍事参議院は元帥府同様、軍事についての天皇の諮問機関であり、両総長、陸海両相、元帥、軍事参議官に指定された将官で構成された。

この二つに侍従武官府、皇族王族附武官、外国駐在員、将校生徒試験委員を加えたものを特務機関という。陸海軍共通の組織だといってよかろう。

この特務機関は法令上の用語であって、上海特務機関など占領地の政略的な組織とは別である。後者は便宜的な名称であり、のちに企画院の活動に統合されている。

予想外に膨張した陸軍

軍の組織は、作戦要務令に「百事皆戦闘ヲ以テ基準トスベシ」とあったように、戦争のときはどうあるべきかを考えて編成せねばならなかった。

そのために平時には、司令部と管理要員計二百名ほどがいるだけで、部隊が編合されていない要塞司令部のような組織もあった。有名な石原完爾中将は、少将で舞鶴要塞司令官に補任されたとき、これで軍隊生活は終わりだと思ったというが、このポストは窓際族がつく配置だと思われていたのである。

石原はその後、京都の師団長になったが、平時の師団長は天皇から直接任命される親任官として、陸軍の名誉あるポストになっていた。師団はそれぞれ師管という数県にまたがる行政的な担当区域をもち、そこの徴兵や警備の責任者になっていて、責任が一県にしか及ばない知事よりも格が上であった。知事の官吏としての格は少将相当である。このような平時の関係と伝統とが、前述のように師団長を少将格にすることを妨げていたといえよう。

沖縄戦のときの守備第三十二軍司令官牛島満中将は、沖縄県知事島田叡よりも格が上であったが、ほかにも師団長や参謀長など中将が多数いたために、知事の立場はとかく弱いものになりがちであった。軍の組織を行政面からとらえて他と比較をすると、このような問題も生じてくるのである。

平時二十五万人の組織の陸軍は日華事変のあいだに膨張し、大東亜戦争開始時には二百十万人になっていた。終戦時の兵員は五百四十一万人に達している。

このように兵員が増加してくると、平時の計画どおりにはいかなくなる。日露戦争後、田中義一中佐は二百万人の動員しか考えていなかった。しかし実際は、その二倍以上の兵員の組織について考えておくことが必要であった。思いもかけない膨張のために、組織にはあちこちにひずみがめだつようになっていった。

今後、このような動員をせねばならない事態はふたたび起こってほしくないし、起こしてはならない。しかし、当時よりも小さい組織を管理運用することは日常的におこなわれているのであって、当時の大組織の建設運用のなかから教訓をみいだして現在に生かしていくことは、必要なことであろう。

第七章　膨張をつづけた陸軍大部隊の編成

関東軍の壊滅

「ドカーン」九四式速射砲が火を吐く。「命中だ」と、山田伍長が歓声を挙げたまではよかったが、ソ連軍の戦車は、なにごともなかったかのように前進してくる。三七ミリの砲弾では、かすり傷しか与えられなかった。山田が「くそっ」と歯がみしたとたんに、陣地は、敵戦車の八五ミリ砲の反撃をうけて吹きとんでしまった。

関東軍の第一方面軍第五軍第百二十四師団は、満州東部のソ連との国境線を守備していた。この師団は、重砲もそなえた比較的強力な部隊である。しかし、それを上回るソ連軍の火力と、多数のT三四型戦車の攻撃力の前には、まったく無力であった。

広島に原爆が投下されてから三日後、ソ連は半死半生の日本にたいして宣戦した。ソ連軍が国境を越え、牡丹江市街も爆撃を受けたという関東軍からの報告は、政府を驚かせた。日ソ中立条約の存在に望みをかけていたからであり、これで、いよいよ無条件降伏の道しか残されていなくなったのかと、要人たちを暗い気持ちに追いこんだのである。

満州のへその位置にある新京（長春）は、満州の国都であり、関東軍司令部もここに駐在していた。関東軍は、ソ連軍の侵攻を予想していなかったわけではない。四ヵ月前の昭和二十年四月に、ソ連は日ソ中立条約を一年後に破棄すると、通告してきていた。そのため、ヨーロッパでの戦闘が終わった五月には、ソ連軍が銃口を日本に向けてくる時期が迫ったと判断し、満州地域の日本人男子をすべて動員して、防御の準備をはじめていた。

こうして関東軍は、ソ連軍の侵入のときには五十万人ぐらいの兵力をそろえていたが、召集したばかりの訓練不十分な兵士たちにできることには、限りがある。兵器も定数の半分に満たなかった。攻撃するソ連軍の兵数は三倍であり、戦車、飛行機、火砲は数十倍にも上る。勝敗は最初から明らかであった。

関東軍は大東亜戦争の開戦までは、精強を誇っていた。しかし、つぎつぎに兵力を南方戦線にひきぬかれ、戦車や飛行機も、形ばかりのものになっていた。独ソ開戦直後の昭和十六年（一九四一年）六月には、関特演（関東軍特種演習、特別大演習ではない）の名目で七十万人以上の精鋭をあつめ、状況によっては、日本とドイツで、ソ連を東西から挟み討ちにしようとしていたことなどは、夢物語になってしまっていた。力とかけひきが支配する国際関係のなかで、今度はソ連が攻める番である。

それでも関東軍は、全兵力をあげてソ連軍を迎え討ち、満州中部以南で長期持久戦をすることを大本営から指示されていた。

その作戦のために関東軍総司令部は、ソ連軍侵入の翌々日には、朝鮮に近い通化に後退しはじめた。しかし、防御計画は破綻した。第一線の崩壊は思ったよりも早く、持久戦などは思いもよらなくなった。こうして満州全土で百万人といわれた邦人の悲劇が、八月十五日の終戦の前後にわたって続いたのである。

ソ連は、関特演のお返しを単なる脅しではなく、実力行使のかたちでしてきた。関東軍総司令官山田乙三陸軍大将は、総参謀長秦彦三郎中将に命じてソ連軍と停戦交渉をさせ、八月十九日に、停戦協定が成立した。

関東軍と南方軍にみる軍の構造

ここで述べたように、関東軍のような大部隊は、その下に方面軍、軍、師団という段階をへて細分される構造になっていた。関東軍の場合は方面軍が二つ（第一、第三）であり、各方面軍の下に二個軍を配し、別に方面軍に所属せず関東軍直轄になっている二個軍があった。これらの軍は、「第三軍」のように、名称が番号になっているので、ナンバー軍といわれることがある。各軍には師団が二から四個、配置されるほか、歩兵旅団、戦車旅団、砲兵連隊その他各兵種の部隊が配置された。飛行部隊は、方面軍以上に配置されるのがふつうであった。

関東軍司令部は、それだけで一つのまとまった組織として運用されたが、戦時定員は、少尉以上が百三十名をこえ、下士官兵をふくめると六百名以上の大世帯であった。この中には、司令部のために警備や給養などにあたる者もふくまれている。

司令部としての機能は、参謀、副官、管理、兵器、航空兵器、経理、軍医、獣医、法務の各部に分かれており、部長は少将または大佐になっていた。

総参謀長は、参謀と副官の総括責任者であり、その下の総参謀副長（少将）が、十名ほどいる参謀を統括した。参謀部には、参謀のほかに部附と呼ばれる気象や通信などの将校十数名、下働きの文官、下士官、当番兵などがおり、総参謀副長が部長の役をしていると思えばよい。

このような司令部の組織は、方面軍、軍、師団のすべてにほぼ共通しており、下層にいくにしたがって人員が減り、責任者の階級が低くなるだけである。師団司令部の戦時定員は約三百名、部長が大佐または中佐、参謀長が大佐であって、参謀は三名である。師団の下の旅団には参謀は配置されない。旅団司令部には、将校そのものが、定員上は五、六名しか配置されない。

このような高等司令部は、各部が縦の系統で上下の連絡をとりながら計画や統制の業務をおこなうのであり、各部はまた、指揮下の部隊指揮官とのパイプ役もつとめた。なお、副官と副指揮官を混同する向きがあるが、副官は総務課員、秘書課員だと思えばよい。

師団の戦時定員は、平均すると二万人ぐらいになる。もっとも末期の関東軍では、実員はその半数でしかなかった。

ところで、日本陸軍の南方作戦の主体になったのは南方軍である。昭和十六年十一月六日、寺内寿一大将が南方軍総司令官に親補されたときから、南方作戦のための組織の活動がはじまった。親補とは、天皇陛下から直接その職に任命されることをいうのであり、任命式が終わったところで、初めて組織が組織として行動できる。天皇の作戦命令は、以後は総司令官にたいして伝えられる。その手続きは大本営の参謀総長がすることになるが、命令をうけるのは総司令官である。

寺内の総司令官任命は対米英開戦の前のことであり、秘密保護のため総司令部の活動は、東京青山の陸軍大学校内でひそかにおこなわれた。もちろんそれ以前にも、大本営が作戦の基本的な計画をつくったり、人員や物資を動員して作戦部隊を編成する活動はしてきていた。

大本営は主として陸軍の参謀本部と海軍の軍令部の参謀たちで組織されているといってよい。これは天皇の司令部としての機能を果たしている。その大本営の一部、参謀本部のメンバーの組織と、南方軍の総司令部が縦の系統でむすばれて、南方作戦実施の準備がはじまったのである。

南方軍総司令部は、やがて台北に進出し、開戦直前の十二月四日には、サイゴン（現ベトナムのホー・チ・ミン市）で作戦を指揮する態勢にあった。

南方作戦は山下奉文中将が指揮する第二十五軍のマレー半島上陸ではじまったが、これを空から支援したのが、菅原道大中将が指揮する第三飛行集団であった。飛行集団はこの四ヵ月後には飛行師団に改称される師団相当の、陸軍飛行部隊である。山下と菅原の部隊は協力関係にあるのであって、一方が他方を指揮したのではない。両者を指揮したのは、南方軍の寺内大将であった。

寺内の指揮下にはほかに、フィリピンを攻略した第十四軍、ビルマ作戦担当の第十五軍、蘭領東インド攻略の第十六軍などがあった。

マレー作戦で名をあげた山下中将は、半年後には関東軍第一方面軍司令官に転じ、やがて大将に進んだ。関東軍に方面軍という中間の組織ができたのは、このときである。山下は格上げの名目で国内に凱旋するのをはばまれ、満州にやられたのだと説く者があるが、事実かどうかは疑わしい。東條首相とそりが合わなかったからだというのである。

戦時と平時の軍の性格はちがう

南方軍と関東軍はともに大部隊であり、総司令官が大将ということでも、また後に指揮下に方面軍を持つようになったことでも同じである。それでは両軍は、組織として同じ性格のものかというとそうではない。司令部の兵員数や部の数では南方軍の方が少ない一方で、南方軍には占領地行政のための、軍政総監部が新設された。その下の各軍にも軍政監部が置かれた。

日露戦争に勝った日本は、遼東半島の旅順をふくむ一帯を支配し、また満州の鉄道についての権利を得た。ロシアが清国と条約をむすんで得ていた権利を、譲りうけたのである。関東軍は、このような地域と満州の鉄道を警備するために編成された。そのためもともとは、兵力が一個師団にみたない小部隊であった。

しかし、性格的には師団より格が上であり、関東軍司令部条例という特別の法令（軍令）によって設置され、司令官に大将が就任することのある組織であった。ただ任務は鉄道などの警備と規定されているので、戦闘のために警備範囲外の遠くで行動するときには、天皇の命令（大陸命など）が必要であった。よく、関東軍がかってに行動して中国大陸での戦闘を拡大させたといわれるが、現地の軍人は、法令上の行動制限があることを知っており、言い訳ができない行動をすることには躊躇があった。

このような関東軍と同じ性格をもっていたのが、日本の支配下にあった朝鮮を、防衛するために置かれた朝鮮軍である。台湾軍も同様である。これらは関東軍よりは任務の幅がひろく、領域そのものの防衛を任務にするほか、朝鮮総督や台湾総督という行政責任者からの要求をうけて、治安上の出兵をすることもできた。旅順などの借りた土地の警備をするのと、所有権がある土地を守るのとでは、任務内容にちがいがでてくる。なお、樺太は日露戦争で得た土地ではあるが、江戸時代には日本領だと認識されていた経緯もあり、北海道と同じような取り扱いがされていた。

このように関東軍、朝鮮軍、台湾軍は平時の組織であることを本質にしていたが、南方軍は、戦争のために臨時に編成された組織であることが、根本的にちがっている。

前の三つはもともとは兵力がそれほど多くなく、運用の実務上は、師団の規則が準備されることになっていた。戦争になってからは、戦闘任務が付加されて、大規模軍になったが、その司令官を総司令官と呼ぶことはしなかった。関東軍だけは昭和十七年十月に総司令部の看板をかかげたが、総司令官の名称をあたえられたのは、昭和十九年四月になってからであった。

南方軍は戦闘のために編成された組織であり、このことを戦闘序列と表現することは前述した。あくまで司令部も臨時のものであり、必要な作戦が終われば、解散（復員）される運命にあった。ただ作戦上は総司令官が必要なので、参謀も、総参謀長、総参謀副長が正式の名称になっている。ただし、南方軍を総軍と呼ぶのは通称である。

支那派遣軍の変遷

支那派遣軍も、やはり戦時の組織である。昭和十二年（一九三七年）七月七日、北京郊外の蘆溝橋で北支事変がはじまった。やがて戦火は上海方面に飛び火し、八月には上海派遣軍が日本内地から出動した。

この時点では、大本営はまだ設置されていない。派遣軍の編成は戦闘序列としておこなわれたのではなく、平時の編組としてなされた。平時の延長の警備行動をおこなうのであり、長期にわたる戦闘をおこなうつもりはなかったことが、この編成の形式からわかる。

派遣軍を構成した主力は、第三師団と第十一師団であり、松井石根大将が、軍司令官に任命された。

日中両軍の上海での戦闘は、最初は海軍陸戦隊と蔣介石軍との衝突ではじまった。日本海軍の大山中尉と斎藤一等水兵が中国保安隊員に射殺されたことに端を発している。海軍は当時、特別陸戦隊を居留民保護のために上海に駐屯させていた。海軍は国際法上、外地の居留民保護のために行動することが認められている。上海には、第一次上海事変後の昭和八年から特別陸戦隊が駐屯していたのであり、陸軍の上海派遣軍は、これに代わる兵力として、陸戦隊の行動の延長線上で、居留民保護のために行動することを要求されていた。上海に駐屯していたのは日本だけではない。英米仏伊各国は、日本よりも早くから常駐していた。

このような経緯で出動した平時任務の上海派遣軍は、やがて本格的な戦闘にひきずりこまれることになった。蘆溝橋周辺での衝突も一時はおさまるかと思われたが、北京周辺でしだいに戦闘地域が拡大され、日本は本格的な武力行使をせざるをえなくなった。

蘆溝橋事件は、北京付近に駐屯している日本の支那駐屯軍と、中国軍の間で発生した。明治三十三年（一九〇〇年）に義和団の乱が起こったとき、北京の各国公使館が襲われたので、各国は共同して軍事行動をした。日本は距離的に近いために、各国の要請をうけて多くの兵力を出動させた。事件後、各国は中国との条約によって共同軍を北京、天津付近に配置したが、これが日本の支那駐屯軍のはじまりである。最初は二個大隊であったが、昭和十一年に増強されて二個連隊になり、軍司令官として中将が補任された。この駐屯軍の性格は、各国との共同軍の一部であることを除くと、関東軍に似たところがある。任務は公使館と途上交通の警備であった。

北支事変の拡大にともなって、この支那駐屯軍にも作戦任務があたえられ、八月末には日本内地からの兵力の増援をうけて、戦闘序列による作戦軍に変身した。作戦軍としての名称は、北支那方面軍である。司令官は寺内寿一大将であり、指揮下には、第一・第二のナンバー軍のほか、直轄の師団や臨時航空兵団もおかれた。

戦線の拡大にともなって、北支事変や上海事変は、閣議によって支那事変と総称されることになり、十一月二十日には、大本営も開設された。なお、支那事変とか大東亜戦争の呼称を、日本の政略上の名称であったとして、使用を躊躇する向きがあるが、日本史を学ぶうえでは、時期をはっきりさせるためと、当時の法令などにも使われている関係で、これを使わずにすませることはできない。

事態の拡大にともなって上海派遣軍は、第十軍を加えて、戦闘序列による中支那方面軍に昇格した。司令官は松井大将である。松井大将は日本の敗戦後に、このときの戦闘で発生したいわゆる南京大虐殺の罪を問われて、占領軍による東京軍事裁判で死刑を宣告された。

この事件は南京の守備中国軍が、敗北時に民間人に変装して逃亡しているところを発見されて射殺されたものが、民間人として数えられているらしい。その他、戦闘中の戦死者まで虐殺にされており、発表された数字は過大だといわれている。

それはともかくとして、中支那方面軍は昭和十三年二月には中支那派遣軍と名称をあらため、下部組織の上海派遣軍や第十軍も解隊されたうえで、六個師団と一個旅団、それに一個飛行団で編成されることになった。戦闘序列として示された組織はこのように、作戦が一段落すると、変更されることがある。

この戦闘序列の変更後におこなわれたのが、火野葦平の小説「麦と兵隊」で有名な徐州会戦である。作戦は北支那方面軍と中支那派遣軍のそれぞれの一部、二十万人七個師団によっておこなわれた。対する中国軍は五十個師団という多数であったが、大部分が戦闘をさけて、戦場を離脱していった。

このような戦いをへて昭和十四年九月には、北支那方面軍と中支那派遣軍の上部組織として、支那派遣軍が編成された。総司令官は西尾寿造大将である。

このとき北支那方面軍はそのまま残されたが、中支那派遣軍は解隊されて、第十一・第十三・第二十一の三個軍が、総司令官の直属になった。しかし翌年には、第二十一軍と新編の第二十二軍で南支那方面軍を編成したので、支那派遣軍は、北支那・南支那の両方面軍と、直属の第十一・第十三軍で組織されることになった。だがそれもしばらくの間だけであり、南支那方面軍が大本営の直轄になって、支那派遣軍からはずされるなど、状況に応じてつねに組織が改められていた。

南支那方面軍が大本営直轄になったのは、大本営が南方作戦について考えはじめ、中国戦線は戦略持久の方針を打ち出そうとしたところ、支那事変の早期決着をはかろうとする派遣軍の西尾大将と意見が合わなくなったからだといわれている。西尾が南支那方面軍を蔣介石との決戦に投入するのを避けるために、かれの指揮下からはずしたのだという。

組織の変更は、このような理由によっても行なわれたのである。戦闘序列による組織を変更するのは、比較的容易であった。なお西尾はまもなく、畑俊六と総司令官を交替させられた。

明治初年のフランス式組織

明治新政府の陸軍は、フランス式制度を採用してはじまった。明治四年（一八七一年）に、治安維持を主目的にして全国四ヵ所におかれた鎮台は、フランス式で運用された。この鎮台兵にあてるために、明治六年から毎年約一万人ずつの徴兵がおこなわれている。現役期間は三年なので、在営兵員数は約三万人である。この時期には鎮台は、東京、仙台、名古屋、大阪、広島、熊本の六ヵ所になり、その下部組織の営所が十四ヵ所あった。東京と大阪の鎮台管内は三ヵ所、他は二ヵ所である。北海道には別に、士族などから募集された準軍人の屯田兵が、警備兵として北海道開拓使の指揮下に配置されていた。

このような兵士たちが、明治十年の西南の役で官軍として、西郷軍と戦ったのである。このとき最初は、東京、大阪の両鎮台と近衛から、大隊編成の約四千人が派遣され、現地で第一旅団と第二旅団に編成されて戦った。最終的には巡査隊の別働第三旅団（後に新撰旅団）と熊本鎮台の兵や屯田兵も加わったのであり、計十個旅団相当の兵力が動員されている。兵員数では、五万九千人であった。

征討総督に任命された有栖川宮熾仁親王は、これらの兵と海軍の艦船もふくめて指揮したのであり、総司令官というべき地位にあった。総督を補佐する参謀長というべき参軍には、先述のように陸軍関係が山県有朋中将、海軍関係に川村純義中将が任命された。山県は当時、陸軍卿で参議であり、川村は海軍大輔であった。その下には参謀も配置された。部隊は師団組織をとらず、少将の各旅団長が総督に直属していた。旅団の参謀長は中佐であり、その下に少佐の参謀がつくが、熊本鎮台では参謀長が薩摩出身の樺山資紀であり、参謀は長州出身の児玉源太郎であった。

樺山はのち少将のときに海軍に転じ、海軍大将に昇ったり、初代台湾総督をつとめたりした。児玉はやはり台湾総督や陸軍大臣をつとめたのちに、日露戦争時にみずから志願して、参謀次長や満州軍総参謀長をつとめたことで知られる。

旅団は平時の鎮台が戦時編成をとった場合の名称として予定されていたのであり、二個歩兵連隊にわずかの砲兵、工兵をつけたものであった。戦闘員は約三千人である。西郷軍にかこまれて籠城した熊本鎮台は、旅団編成にはしなかった。しかし、籠城した兵員数は旅団以上のものにふくれあがっていた。巡査など近在のものが加わっていたからである。

小倉の第十四連隊長心得乃木希典少佐は、籠城に加わることを、司令官の谷干城少将から命じられて、南下中に薩軍にさえぎられた。入城できたのは三百三十名ほどだけであった。

西南の役の教訓により、陸軍は組織についても改正を加えた。徴兵の員数をふやし、各鎮台を戦時には師団に編成しようとしたが、五割ほどの増員では、これは不可能であった。紙上の計画では戦時には、この師団を二個または三個集めて軍団を編成し、大将または中将が、軍団長として指揮をすることになっていた。

軍団長に予定されていたのは、東京の監軍本部に詰めていた東部、中部、西部の三人の監軍部長（明治十八年に監軍と改称）である。しかし、兵力の関係からかれらは、有事の師団長候補者にされ、平時は教育訓練などを監察する責任をもたされていた。

鎮台は、担当区域の警備や徴兵などの軍事行政の責任をもつ。そのため少将の司令官の補佐組織として、参謀、副官、伝令使、会計、軍医などの司令部組織が置かれ、ほかに後備軍司令部という後備兵を管理する組織や、病院、監獄なども置かれていた。

ドイツ式の師団発足から大戦まで

このような組織は、フランス式にドイツ式を加味し、日本的な事情で修正したものであったが、いくらか制度がととのってきた明治二十一年に、鎮台を廃止して、平時から師団を、最大の編成組織として全国に配置するようになった。この改正は、ドイツから陸軍大学校の教官として派遣されてきたメッケル参謀少佐の助言によるものである。

この時期には師団だけではなく、作戦とそれに関連する組織の制度と運用を、多くフランス式からドイツ式に変更している。その改正を検討したのが、当時、陸軍大学校長であった児玉源太郎大佐が委員長をつとめる委員会であった。

その後、ドイツ式の制度と運用で日露戦争を戦った日本陸軍は、みごとに勝利を得た。この戦争で満州軍総参謀長になった児玉の下で、参謀として作戦計画や後方の補給輸送計画をたてたりした者のなかには、メッケルの直接の教え子もいた。旅団長クラスにも教え子がいる。かれらは後に、陸軍大学校にメッケルの胸像をたてて、その功績をたたえた。

メッケルが基礎をすえた軍隊の組織制度、つまり平時には日本国内に師団をおき、師管という警備と防衛準備の区域をわりあて、戦時には師団を集めてその上の軍という組織を編成するという方式は、その後、前大戦発生のときまで変更されなかった。また師団は歩兵旅団二個と騎、砲、工、輜重の各部隊で編成され、戦時には輜重（輸送、補給）や病院、衛生関係を中心に、動員によって人員が二倍ちかくに膨張するという方式も、大きな変更はなかった。

大戦中の日本の師団は、戦時定員が二万人前後であったが、諸外国でもほぼ同様であり、現在でもそうである。ただし機甲師団や飛行師団など機械力にたよる部分が大きいものでは、一万人ぐらいのものもある。

師団長は、欧米では少将または准将が多いが、日本陸軍では中将の親補職であった。これは師団長が平時陸軍の最大組織の長であり、数県にまたがる管轄区域をもっていたことと関係があることは、前にも述べた。

師団長の下には、少将の旅団長が二人いた。師団は戦時には、独立した作戦をおこなうことができる戦略単位部隊になる。歩、騎、砲、工、輜重の戦闘員だけでなく、野戦病院や補給関係の組織をもっているからである。

ただし、支那事変中に兵力の不足を感じるようになってからは、このような機能の一部を省略したり簡易にしたりして、戦闘力の小さい治安用の師団を編成した。

現役兵で編成されている師団が海外に出征すると、そのあとのあいた営舎で、予備役兵や補充兵の訓練がはじまる。これが師団のかたちをとると留守師団と呼ばれるが、戦闘力は一般に小さい。これを治安用の師団に編成することもした。師団番号が三桁のものは、このような性質のものである。

また、旅団編成をやめて、三個歩兵連隊で歩兵団を編成し、抽出した一個連隊を集めて、新しく師団を編成することもした。師団は、一個歩兵団と砲、工兵などの部隊で編成されるが、とうぜん戦闘力は小さくなる。

ほかに独立歩兵大隊といういくらかの後方機能をもつ部隊五個に砲、工兵などを付属させた、混成旅団と呼ばれるものも編成された。このような戦闘力を小さくした戦略単位の組織の数をふやすことで、不足する兵力の辻つまを合わせていたのである。なお、歩兵団や混成旅団の長は少将であった。

前述した第○軍というナンバー軍は、本来は戦時の臨時のものであったが、昭和十五年には軍司令部令が制定されて、法的な根拠をもつものに変わった。司令部には参謀部以下最初に関東軍などについて述べたような各部が置かれ、戦時定員は四百名にも達した。

国内には師団の上部組織として、東部、中部、西部、北部の四つの軍司令部が置かれ、それまでの師団の任務の一部を吸収した。朝鮮軍と台湾軍はこのときから、軍司令部令による軍になった。両軍の規模は、かつての平時のものよりは大きくなっており、名実ともにととのったのである。

別に昭和十年には、国内に東部、中部、西部の防衛司令部が置かれていたが、これは防空

明治32年戦時編制

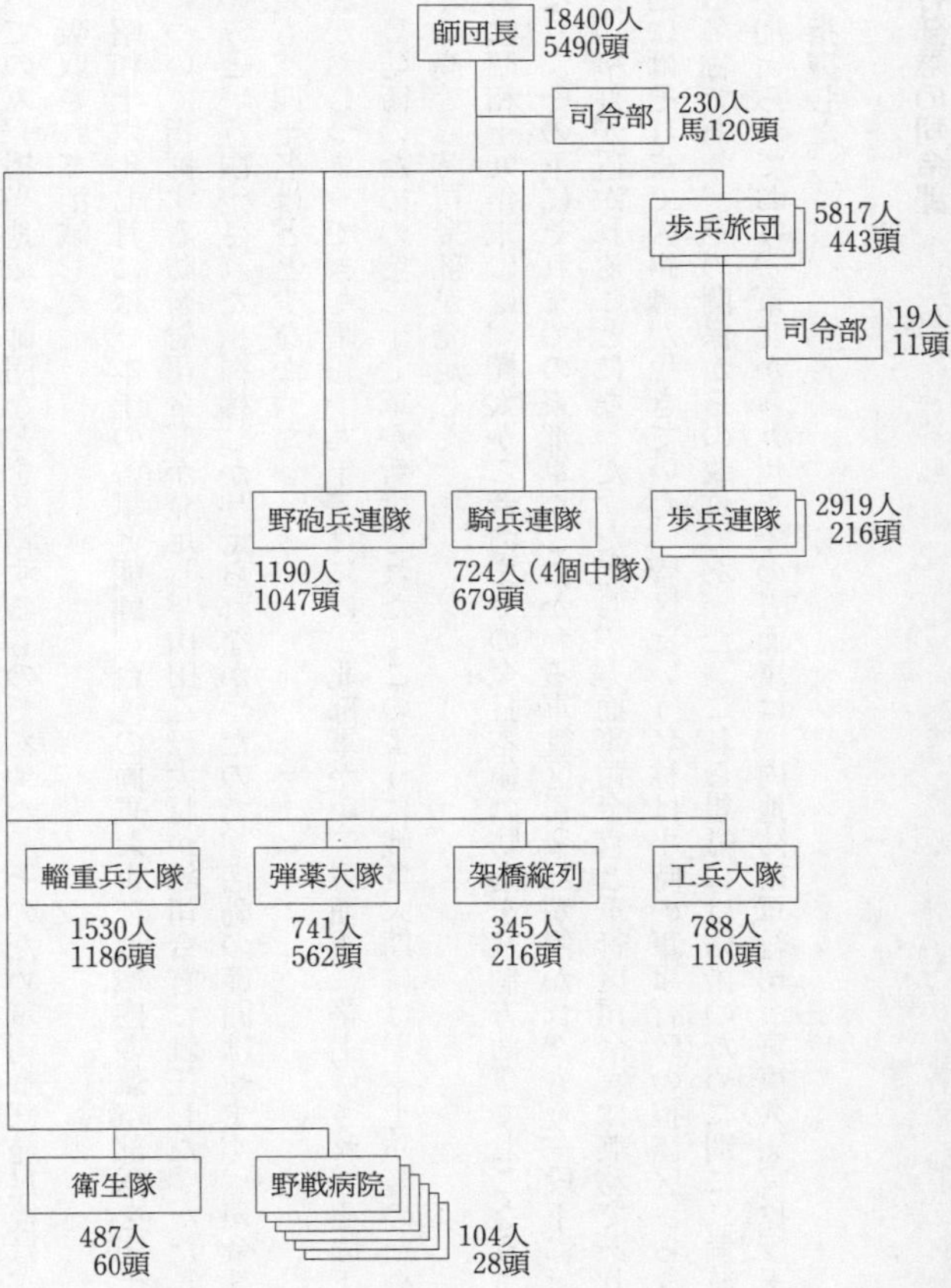
師団長
18400人
5490頭
司令部
230人
馬120頭
歩兵旅団
5817人
443頭
司令部
19人
11頭
野砲兵連隊
1190人
1047頭
騎兵連隊
724人（4個中隊）
679頭
歩兵連隊
2919人
216頭
輜重兵大隊
1530人
1186頭
弾薬大隊
741人
562頭
架橋縦列
345人
216頭
工兵大隊
788人
110頭
衛生隊
487人
60頭
野戦病院
104人
28頭

についてのみ、担当地域の師団などを統轄するものであった。そのため軍司令部発足後は、これに吸収されて消滅した。

また昭和十六年七月には、本土の各軍と朝鮮、台湾の両軍および地域内の航空部隊を国土防衛について指揮する防衛総司令部が発足し、山田乙三大将が総司令官に就任した。ただし、防衛のみという限定された指揮権しか与えられなかったので、活動の範囲はせまく、司令部の総員も、四十名ほどと少なかった。

戦局がおしつまってきた昭和十九年二月には、北部軍が第五方面軍に格上げされ、その下に、千島防衛のための第二十七軍が新設された。このように戦争末期には、本土防衛のために多くの高等臨時司令部が発足した。

さらに昭和十九年末には、樺太から台湾までの全日本領の防衛を八個方面軍でおこなうことになり、その下にそれまでの東部軍などにかわる軍管区司令部が置かれ、もう一段下には、師管区司令部が置かれることになった。ただし、方面軍司令官と軍管区司令官は兼務であり、実質的にはそれまでの組織が生きていた。管区という名称は平時の軍事行政の担当区からきている名称であり、その関係からの改称であった。これら組織には防衛のために別に二個航空軍が加えられており、東北から九州までの方面軍は、内地防衛軍総司令官東久邇宮《ひがしくに》稔彦《なるひこ》王が統一指揮した。

飛行部隊の司令部

昭和十九年には、B29による日本本土の爆撃がはじまった。そのため陸軍の飛行学校は教導飛行師団に改編され、空襲時には教官パイロットが迎撃の任務にあたった。

飛行部隊に師団や軍の名称があたえられたのは、大東亜戦争開戦翌年の昭和十七年である。大正十四年（一九二五年）にようやく飛行連隊の運用がはじまった航空兵科は、満州事変以後、急成長した。昭和十年に関東軍の中に飛行集団司令部（中・少将の司令官以下二十名）が置かれたのが、飛行部隊の高等司令部の最初である。この集団には、満州で活躍中の十八個飛行中隊（五個飛行連隊、戦闘中隊で十四機、重爆中隊で四機）と関係の地上部隊が所属していた。

このとき日本領内には別に、三個飛行団（団長少将、二または三個飛行連隊）が編成されている。昭和十一年には関東軍所属のものを除くこれら飛行部隊を指揮するため、東京に航空兵団司令部が置かれ、航空の草分けの徳川好敏中将が、兵団長に親補された。昭和十三年には航空兵団と飛行団の中間に飛行集団の組織が置かれた。のち飛行師団になったのは、この飛行集団である。

航空兵団司令部はのちに満州に進出したため、国内の飛行集団は上部組織を失ったが、昭和十七年に、航空兵団に代わる航空軍の組織が生まれた。航空軍はいくつも編成され、南方軍、関東軍、防衛総司令官などに分属した。

昭和二十年三月末には、本土決戦にそなえて航空総軍司令部が置かれ、南方を除くすべての飛行部隊を統一して運用することになった。航空関係の最後の大組織が発足したのである。

終戦へ

同じころ地上部隊は防衛総司令部を解散して第一・第二総軍司令部を新編し、その下で本土決戦をおこなうことになった。東北から九州にいたるまで、すべての部隊はその指揮下に入って、最後の決戦の準備をしたのである。

このように戦争末期には、そのときの状況に応じて作戦部隊の力を結集できるように組織の改廃がおこなわれている。これは戦闘序列の変更だけではなく、法令で新しく高等司令部を設置することによってもおこなわれた。

こうして昭和二十年八月十五日の終戦のときには、地上部隊は内地に総軍司令部二、関東軍など外地の総司令部三、方面軍司令部十七、軍管区司令部十、軍司令部および相当のもの四十三、地上師団百六十九、旅団二、独立混成旅団九十九にふくれあがり、航空関係も、航空総軍司令部一、航空軍司令部五、飛行師団九、戦闘飛行集団二、飛行団二十一になっていた。地上、航空を合わせた兵員数は、五百四十一万人である。

第八章　聯合艦隊の組織と人

開戦時の聯合艦隊

「三時十九分（ト）連送です」と、当直の航空参謀佐々木中佐が、山本聯合艦隊司令長官に報告する。司令部内には、ホッとした空気がひろがる。

ハワイ上空に到達した機動部隊の飛行機二百機の攻撃が、いよいよ始まろうとしていた。

しかし山本司令長官は、戦果よりもまず、アメリカ側に開戦の通告がおこなわれたかどうかのほうを気にしていた。政務を担当している藤井参謀に、「開戦通告は大丈夫だろうな」と、念を押すようにいったのは、この奇襲作戦をいいだしたのは自分であり、米駐在武官やロンドン軍縮会議のメンバーとしての、外交経験が深かったからであろう。

大東亜戦争というと、パールハーバーの奇襲がまっさきに頭にうかんでくる人が多いと思うが、昭和十六年十二月八日の朝、最初に戦火をまじえたのは、マレー半島上陸部隊であった。もっとも相手はイギリス軍である。

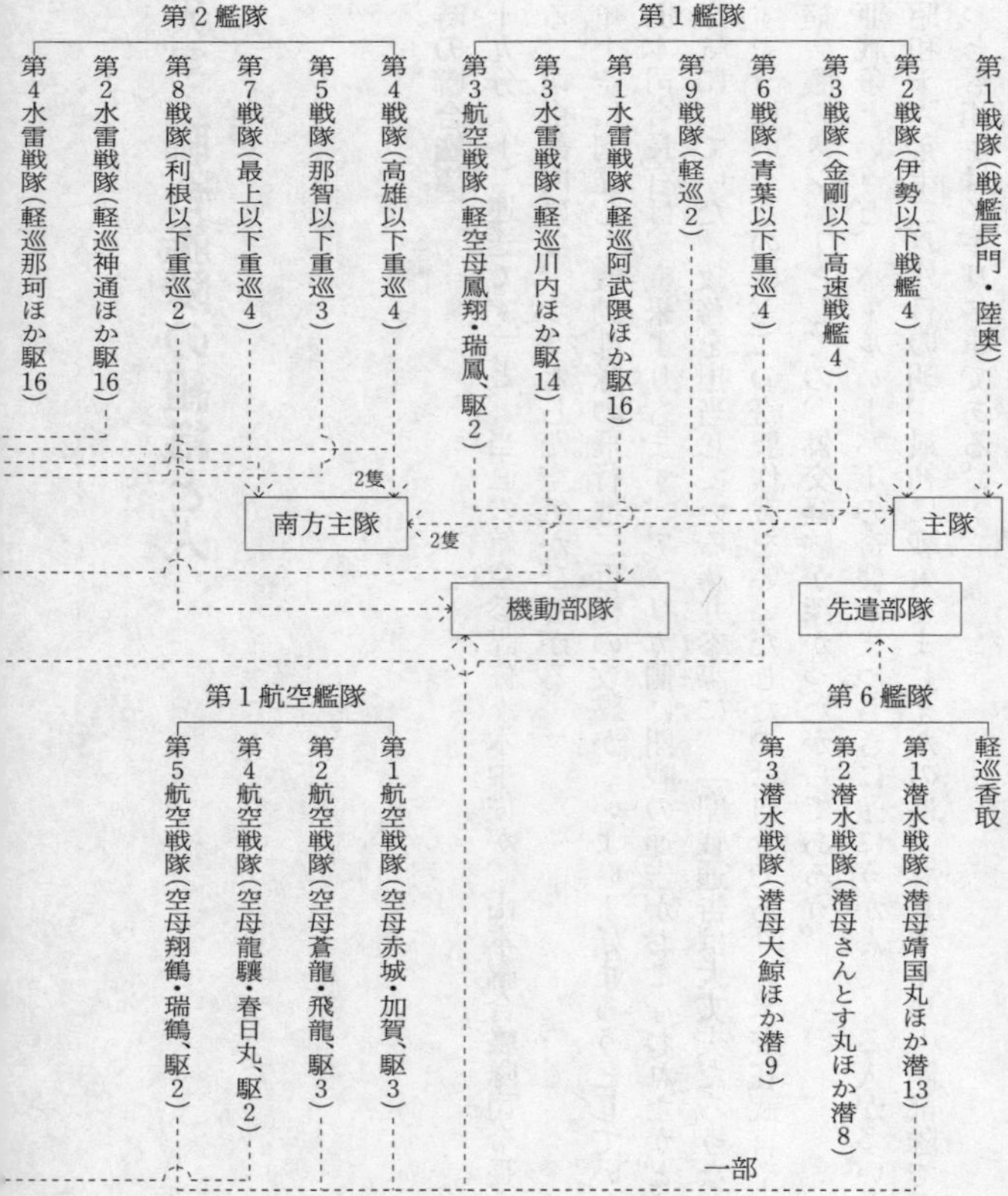

第1艦隊
第1戦隊（戦艦長門・陸奥）
第2戦隊（伊勢以下戦艦4）
第3戦隊（金剛以下高速戦艦4）
第6戦隊（青葉以下重巡4）
第9戦隊（軽巡2）
第1水雷戦隊（軽巡阿武隈ほか駆16）
第3水雷戦隊（軽巡川内ほか駆14）
第3航空戦隊（軽空母鳳翔・瑞鳳、駆2）
第2艦隊
第4戦隊（高雄以下重巡4）
第5戦隊（那智以下重巡3）
第7戦隊（最上以下重巡4）
第8戦隊（利根以下重巡2）
第2水雷戦隊（軽巡神通ほか駆16）
第4水雷戦隊（軽巡那珂ほか駆16）
2隻
2隻
南方主隊
主隊
機動部隊
先遣部隊
第1航空艦隊
第1航空戦隊（空母赤城・加賀、駆3）
第2航空戦隊（空母蒼龍・飛龍、駆3）
第4航空戦隊（空母龍驤・春日丸、駆2）
第5航空戦隊（空母翔鶴・瑞鶴、駆2）
第6艦隊
軽巡香取
第1潜水戦隊（潜母靖国丸ほか潜13）
第2潜水戦隊（潜母さんとす丸ほか潜8）
第3潜水戦隊（潜母大鯨ほか潜9）
一部

聯合艦隊開戦時の編制及び軍隊区分概見図

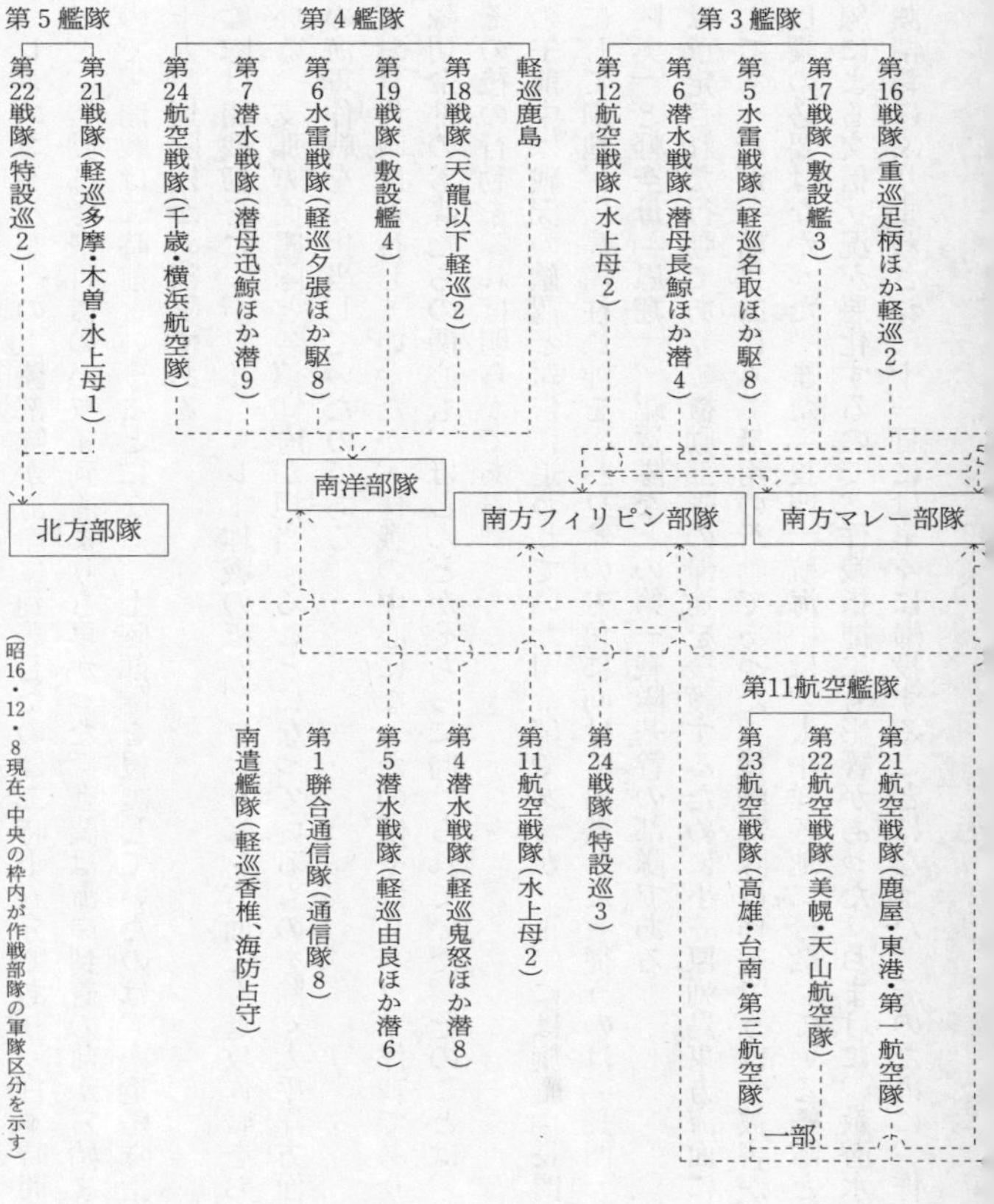

(昭16・12・8現在、中央の枠内が作戦部隊の軍隊区分を示す)

英領マレーのコタバルへの上陸部隊が海岸に到着したのは二時十五分であり、日本時間で一時間ほど、機動部隊飛行機のハワイ到着よりも早かった。戦闘は海岸到着の前から始まっているので、開戦は二時前ということになる。上陸部隊を援護していたのは、南遣艦隊指揮下の第十九駆逐隊ほかの部隊である。

聯合艦隊は開戦初日に、ハワイ、マレー作戦のほか、フィリピン方面でも進攻作戦をおこなっている。支那方面艦隊と各鎮守府が担当することになっているものを除く太平洋方面の、すべての海軍作戦を、担当していたのである。

計画どおり作戦は進行していったが、作戦の中心になったのはやはりハワイ作戦であり、聯合艦隊司令部の参謀たちの関心も、ほとんどがそちらに向けられていた。そのことは、司令部のその後の行動をみれば明らかである。

八日の午前中は戦況の確認と報告に追われていた司令部であるが、正午には旗艦「長門」を先頭にして泊地、広島湾柱島沖を、ハワイの方角に向けて出港した。従うのは「長門」の僚艦「陸奥」と軽空母「鳳翔」、駆逐隊などの第一戦隊基幹の部隊である。

これは予定された行動であり、機動部隊の帰途を援護するために小笠原列島東方海面に向かうものであったが、結果的にみて無用の行動であった。機動部隊は作戦でうけた被害が小さく、援護の必要はなかった。また「長門」航海中は、太平洋各地に分散している艦隊との短波無線による交信状況が悪化するので、作戦指揮にも影響があった。おまけに、敵潜水艦探知の誤情報にふりまわされ、十一日には早々に帰投することになった。そのために、作戦に参加したという実績をつくる恩賞めあての出動ではなかったのかと、批判されている。

それはともかくとして、司令部のこのような行動のほかに、機動部隊援護のために、横須賀鎮守府司令長官の指揮下にある航空隊の陸上攻撃機十二機も、一時的に聯合艦隊司令長官の指揮下に入って、作戦行動をしているが、大本営の指示があれば、そのようなことも可能であった。逆にいえば、聯合艦隊は、海軍最大の作戦部隊ではあったが、海軍の全作戦兵力を指揮下に置いていたわけではなく、作戦についての全権限をもたされていたわけでもない。

開戦時に聯合艦隊が指揮下に置いていた戦時編制の部隊は、表のように第一から第六までの艦隊と、空母の艦隊である第一航空艦隊、基地航空部隊の第十一航空艦隊および長官直轄のその他の部隊であった。断わっておくが、この本では「連合」とせずに「聯合」の字を使っている。「聯合艦隊」は固有名詞であり、その方が、イメージにふさわしいからである。

航空艦隊は、昭和十六年一月に艦隊の編成について規定している艦隊令が改正され、航空隊だけで艦隊を編成することができるようになってから、新設された部隊である。

航空隊は二以上の飛行隊をもち、各飛行隊は予備機を入れて大型機で十二機、小型機で十八機を保有しているので、基地航空隊は五十機前後の飛行機と、整備員をふくめて五百名以上の兵員で編成されるのが普通である。これは巡洋艦の兵員数にほぼ等しい。航空母艦では、飛行機数は基地航空隊よりも少な目であるが、兵員数は一千名以上にもなる。艦の航海運用を行なう人員が加わるからである。

第一航空艦隊が編成されるまでは、空母は二艦ずつの戦隊として、各艦隊に分属されていた。戦艦、巡洋艦の艦隊の補助戦力としてしか認識されていなかったからである。一九二一年と一九二三年に、米陸軍航空のミッチェル少将が爆撃で戦艦が沈むことを証明していたが、航空機の性能がまだそれほどではなかった時代に、爆撃や雷撃による空からの攻撃が、砲撃にとって代わるであろうことを主張するには勇気が必要であり、大艦巨砲思想は生きつづけていた。これは日本だけのことではない。第一航空艦隊が発足したという事実からみると、日本には航空の重要性の認識があったのであり、米海軍よりも日本海軍が遅れていたとはいえない。

日露戦争のときいらい、日本海軍は第一艦隊が主力戦艦、第二艦隊が快速巡洋艦という編制をとってきた。これは、戦略上の艦隊決戦思想と結びついている。前方に派遣した部隊で進攻してくる敵艦隊の兵力を攻撃して漸減し、最後に第一・第二艦隊の連繋作戦で艦隊決戦をいどもうというものである。空母機動部隊と潜水艦の第六艦隊先遣部隊は、伝統的な艦隊決戦思想にもとづいて編成され、ハワイ方面に派遣されたのである。

山本司令長官がどう考えていたかは別にして、海軍全体が艦隊決戦、大艦巨砲から抜け出していない状態で、編制もそのためのものになっているのであるから、これをまったく無視したかたちの作戦は成りたたない。旗艦「長門」以下が無用に見える出撃をしたのは、艦隊決戦思想とのつじつまを合わせるためであったとも考えられる。

しかし一方では、戦争の第一目標が南方資源の獲得であることを自覚した作戦も進めなければならない。そこで、日米艦隊決戦のさいに遊撃部隊として重要な役割をはたすはずであった第二艦隊は、艦隊決戦とは無関係に戦隊ごとに、マレーまたはフィリピン上陸作戦の支援に向けられてしまった。マレー部隊の指揮官は、南遣艦隊司令長官の小沢治三郎中将であり、フィリピン部隊の指揮官は、第三艦隊司令長官の高橋伊望中将である。

第二艦隊司令長官の近藤信竹中将は、聯合艦隊の副司令長官格であり、マレー、フィリピンをふくむ南方作戦全部を指揮した。実際は、台湾に近い馬公を根拠地とし、全般支援の名目で警戒のために出港したが、初動の特定の作戦に直接参加したわけではない。

第四艦隊は、日本の委任統治領であった南洋海域の警備のために編成されていた部隊である。もともとは水上機母艦と駆逐艦の弱小艦隊であったが、開戦時にはやや強化されていた。司令長官は井上成美中将であり、近藤中将の南方部隊との指揮関係はない。グアム、ウェーキ等の南洋諸島の攻略をおこない、トラック島に旗艦を浮かべた。

第五艦隊は大湊を根拠地として、小笠原から千島方面で行動する北方部隊としての任務をあたえられている。長官は、細萱戊四郎中将である。

このような開戦初動の態勢のなかで、主役をつとめたのが機動艦隊であり、第一航空艦隊司令長官の南雲忠一中将の指揮下にある六隻の航空母艦に、護衛の巡洋艦、駆逐艦を加えて編成された。これは作戦のための臨時の編成で、軍隊区分と呼ばれるものである。

清水光美中将が指揮する先遣部隊の潜水艦群のなかには、特殊潜航艇を搭載してパールハーバー攻撃をおこなった潜水艦五隻もふくまれていたが、戦果は思わしくなかった。旗艦「香取」は、マーシャル群島のクェゼリンに位置したが、当時の貧弱な通信能力では、作戦指揮も思うにまかせていない。

組織の確立

日本海軍の部隊編成法の基礎が定まったのは、明治時代も古いときのことである。明治十七年に艦隊編制例という関係規則が、初めて示されている。この規則では艦隊は、軍艦三隻以上で編成されるように定められていた。

艦隊は規模の大きさで大・中・小に区分され、司令長官にそれぞれ、大将、中将、少将がつけられる。また常備の艦隊だけではなく、臨時の艦隊を編成することもできるようになっていた。二艦隊以上を合わせて臨時に、聯合艦隊を編成することもできた。

このような編成法は、この時期に明文化されたとはいうものの、考え方は明治初年にイギリス海軍の制度を導入したときからあったのであり、欧米共通の方式であった。ヨーロッパでは、コロンブスの時代から砲戦による艦隊決戦がおこなわれているが、帆船時代中期までは、一艦隊（戦隊）十隻以上で編成することが多かったようである。決戦時には艦隊がいくつも集まって、聯合艦隊を編成している。

聯合艦隊は、敵味方がお互いに縦陣に並んで同方向に並航しながら、撃ち合いをしたのである。

ナポレオンの対英戦のときに起こった有名なトラファルガー海戦は、帆船時代も末期に近い一八〇五年のことである。このとき英地中海艦隊司令長官であったネルソン中将は、やや複雑な戦術でフランス・スペイン艦隊と対戦した。かれは二十七隻の英艦を二分して、一方は自分が直率し、もう一方は、次席指揮官のコリンウッドに指揮させた。二列縦隊で進む英艦隊は、同方向に一列縦隊で進むフランス・スペイン艦隊三十三隻に向けて斜めに突進し、ネルソンの縦隊がその前半部を、コリンウッドの縦隊が後半部を砲撃した。

この作戦が成功して英艦隊は仏艦隊に勝ち、ナポレオンのイギリス征覇の夢はやぶれたのであるが、この海戦がその後の蒸気船時代になってからの英海軍の、編成や戦術に影響したところは大きかった。

ネルソン時代以後の艦隊の最小単位はふつう、四、五隻である。各単位は少将または代将（大佐でありながら司令官の地位にある者）が、司令官として指揮をとる。これはのちに日本で、戦隊と呼ばれるようになった単位と同じだと考えてよかろう。浦賀に来航したペリーの艦隊も、ペリーが代将であり、艦隊規模も小さかったことを考えると、戦隊だと思ってよい。あるいは明治初年の日本の、小艦隊にあたるものだといってもよかろう。日本海軍が学んだのは、このような欧米の制度であった。

日清戦争直前の明治二十七年六月に定められた艦隊条例では、大将、中将が司令長官である艦隊には、その下に司令官をおくことができるようになっている。このとき日本でただ一つの艦隊であった常備艦隊の司令長官は、伊東祐亨《すけゆき》中将であったが、その下に司令官として坪井航三少将をおき、戦争中の臨時の編成の第一遊撃隊の指揮をとらせた。

日清間最初の衝突になった朝鮮豊島沖海戦を戦ったのは坪井の遊撃隊であり、坪井は艦隊決戦の黄海海戦では、ネルソンの次席指揮官コリンウッドと同じような役割を果たしている。

また開戦にあたって常備艦隊とは別に、国内警備用の西海艦隊が編成され、両艦隊で聯合艦隊が編成されたが、常備艦隊の司令部組織がそのまま、聯合艦隊の司令部組織を兼務している。西海艦隊司令長官は、相浦紀道少将であり、弱小予備の艦隊を率いて戦った。

黄海海戦では、清国の軍艦十隻の単横陣にたいして日本側は、第一遊撃隊を先頭にやや間隔をとった本隊を合わせて十隻縦隊が、敵艦隊の前面を横切りつつ砲撃を交わした。このような日本側の戦法は、帆船時代と変わりがない。日本側は舷側の速射砲の威力を発揮して、海戦は日本側の勝利に終わった。この海戦で、日本海軍の艦隊編成と戦術が確立したといってよい。

こうして日清戦争で聯合艦隊の作戦実績をつくり、基礎を確立した日本海軍は、明治三十七年二月にはじまる日露戦争の前に、ふたたび聯合艦隊を編成した。

第一・第二艦隊からなる聯合艦隊の司令長官は、東郷平八郎中将である。東郷は第一艦隊司令長官を兼務しており、戦争人事で長官に起用されたのである。かれは日清戦争時の「浪速」艦長としての慎重果断な行動を、評価されていた。

第一艦隊は戦艦中心の編成であるが、第二艦隊は装甲巡洋艦中心の編成であって、日清戦争時の第一遊撃隊に似て機動性が売りものの部隊である。第二艦隊は、作戦初期には黄海から日本海にわたって、各海域で露艦を追跡したが捕捉できずに、国民の非難をあびている。不運の司令長官は、上村彦之丞中将であった。

日露開戦時の日本艦隊の編成（明37．2．6）

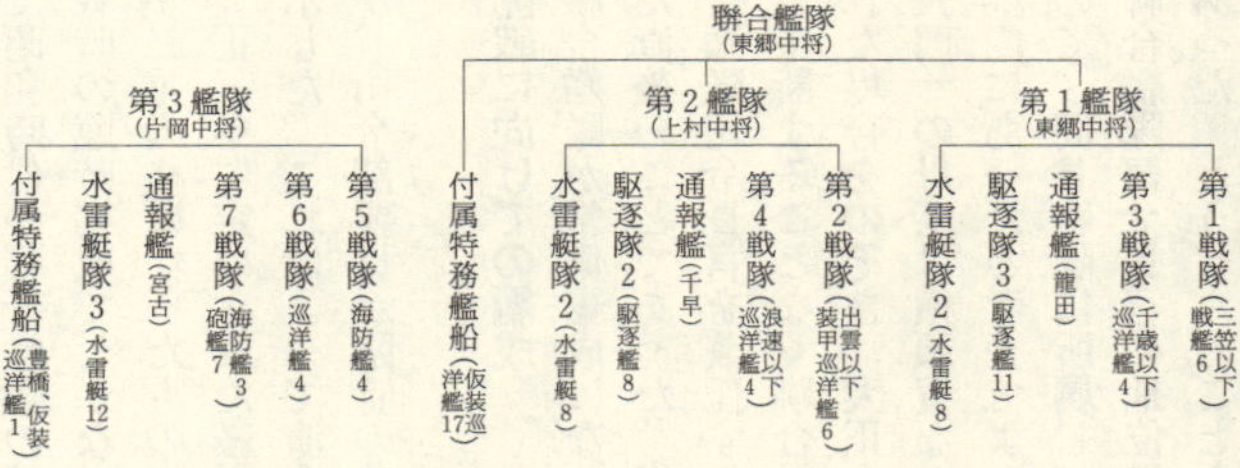

片岡七郎中将の第三艦隊は旧式艦隊であって、国内警備用の艦隊であることは、日清戦争時の西海艦隊と同じであった。この艦隊も日本海海戦時には聯合艦隊に加わって、ロシア艦隊後尾の輸送船などの攻撃で戦果をあげている。

このような聯合艦隊の日本海海戦大勝利については、いまさら書く必要はあるまい。明治三十八年五月二十七日の勝利の日は、その後、海軍記念日として、国民に記憶されていた。開戦後四ヵ月で大将に昇進していた東郷は、名実ともに立派に務めを果たした。

東郷は見習士官であった明治四年に選ばれてイギリスに留学し、商船で船乗りとしての修業をしたのち、明治十一年に海軍中尉に任官している。明治の海軍育ちといってよかろう。参謀長の加藤友三郎少将は明治十三年の海軍兵学校卒業であり、参謀の秋山真之中佐、飯田久恒少佐、清河純一大尉もみな、正式の海軍士官養成の課程をへている。

日本海海戦は明治の海軍育ちの人々によって戦われ、勝ったのである。聯合艦隊の作戦、戦略思想はかれらの手で基本が確立されたのであるが、同時にそれが大勝利と結びついて、最後まで昭和時代の聯合艦隊の行動を束縛するものになってしまった。

戦時の臨時編成でしかないこのような聯合艦隊は、司令長官も参謀も、第一艦隊司令部要員が二重人格になったものであり、その後は、大正四年まで編成されることがなかった。

大正三年に定められた艦隊令は、艦隊二以上で聯合艦隊を編成することがあることを明文で示した。これによって演習など特別のときだけ聯合艦隊が編成されるようになったのであるが、司令部要員が臨時の兼務であることは、日露戦争のときと変わりはなかった。

開戦に向けての編成

聯合艦隊が常備編成になったのは、大正十一年末からである。ワシントン軍縮がおこなわれた直後のことであった。当時、第一艦隊司令長官であった竹下勇中将が、十二月一日付で聯合艦隊司令長官を兼任することになり、以後は兼任ではあったが山本五十六中将のときまで、中断することなく聯合艦隊の編成がとられている。またその旗艦は、一時的に他にうつされた場合をのぞき、大正九年に竣工した大艦巨砲の象徴である戦艦「長門」であった。

「長門」の母港は横須賀なので、聯合艦隊の司令部は、出動している場合をのぞき、横須賀軍港内にあったと考えてよい。なお軍艦は、艦隊編成とは別に所属する母港が決められているので、同じ艦隊に所属しているからといって、同じ母港にいるとはかぎらない。

聯合艦隊司令長官の地位につくのは、原則として第一艦隊司令長官であり、中将の古参者であった。とうぜんのことながら、他の艦隊司令長官よりも古参の先任者であり、在任中に大将に昇進するのが、慣例になっていた。ただし米内光政（海兵二十九期）は、昭和十一年十二月一日の異動で司令長官に就任したものの、二ヵ月後に永野修身（海兵二十八期）とポストを入れ替わって、海軍大臣に就任している。そのため米内が大将に昇進したのは海軍大臣のときであり、逆に永野は、最初から大将の階級にある司令長官第一号になった。これは二・二六事件後の不安定な政情を反映したものであり、特別の状況である。

永野のつぎの司令長官は、山本五十六と海軍兵学校同期（三十二期）の吉田善吾であり、そのあとを継いだのが、山本であった。山本のほうが席次は吉田よりも上であり、これも異例の人事だといえる。吉田は一年九ヵ月の長官在任中を中将で過ごしただけではなく、そのあと一年間の海軍大臣在任中も、大将に昇進しなかった。結局、昭和十五年十一月に、山本とともに大将に昇進したものの、軍事参議官という閑職で休養している。情勢が緊迫してくると、人事にも異例が目につくようになるのである。

慣例の人事であれば山本は、長官就任後二年を経過した昭和十六年の夏には、鎮守府司令長官か軍事参議官に転じなければならない。しかし、このころ対米開戦の危機は迫っており、ハワイ作戦の準備をすすめていた山本は、責任上、その地位を放棄するわけにはいかなかった。そこで八月十一日付で第一艦隊司令長官の地位だけを、高須四郎中将（海兵三十五期）にゆずり、自分は聯合艦隊司令長官専任になったのである。

これで聯合艦隊司令部は初めて、独立の存在になった。だがおかげで、山本司令長官に従ってほぼ同時期に聯合艦隊兼第一艦隊首席参謀に就任した黒島亀人大佐（海兵四十四期）は、同期生が艦長として活躍しているのを横目でみながら、兼務がとけただけで同じ首席参謀の仕事をつづけなければならなかった。やはり山本に従って戦務参謀として作戦雑務を担当してきた渡辺安次中佐（海兵五十一期）も同じことである。

渡辺と同期の佐々木彰航空参謀、永田茂航海参謀、和田雄四郎通信参謀は、昭和十五年秋の参謀就任であるから、とくに問題はない。一期あとの水雷参謀有馬高泰中佐も同じである。開戦にそなえて、開戦直前に藤井茂政務参謀（海兵四十九期）が加わり、参謀長の宇垣纏少将（海兵四十期）も、八月に着任して、開戦準備をした。そのほか開戦直前に交替着任した司令部要員として、機関長の中村伍郎機関大佐、機関参謀の磯部太郎機関中佐、軍医長の今田以武夫軍医大佐、主計長の大松沢文平主計大佐がいる。かれらは艦隊ではとかく軽視されがちな立場にあったのであり、開戦直前の交替人事であったことが、それを示している。

航空戦力を重視し、空母機動部隊によるハワイ作戦を計画している山本にとって、戦艦の第一艦隊司令長官の職を高須中将にゆずったことは、よけいな荷物を下ろした気分であったろう。かれとしては、できれば機動部隊の指揮官になって、先頭に立ってハワイを攻撃したかったのではあるまいか。

先輩の米内を聯合艦隊司令長官に迎えて、自分はその下で第一艦隊司令長官専任になりたいと、山本が語ったといわれているが、そのことばの裏に、かれの機動部隊指揮官願望がかくされているのではないかと思う。開戦時の作戦区分で第一艦隊に全航空母艦を集めてしまえば、戦艦と空母を組み合わせた強力な機動部隊を編成することができるからである。

空母は、編成表上は第一航空艦隊というかたちで集中編成されはしたが、駆逐艦をともなっただけの、それ自体では防御力が小さい艦隊になっていた。新編されたのは、開戦の年、昭和十六年の四月である。大艦巨砲思想の反映か、その司令長官の格は、戦艦、巡洋艦の艦隊よりも低い。

山本のあとをついで第一艦隊司令長官になった高須中将は、昭和十三年十一月に中将に昇進しているが、第一航空艦隊の南雲忠一中将の昇進は、それよりも一年遅い。先任順序をうるさくいい、昇進が一日でも早いか、同時昇進であっても名簿上先に掲載されているほうが、指揮権のうえで優先的な地位にあることになっている海軍士官のあいだで、一年の昇進の差は大きい。

ハワイ作戦の機動部隊の編成にあたって、山本は、だれを指揮官にするかで悩んだであろう。第一艦隊と第一航空艦隊を合わせたかたちで機動部隊にするのか、それとも第二艦隊を空母群につけるのかがまず問題になる。その場合は、第一または第二艦隊司令長官が指揮官になり、第一航空艦隊はその下に入ることになるので、作戦が、空母の特性を無視したものになるおそれがある。山本が第一艦隊司令長官を希望した理由はここにある。

聯合艦隊司令部も機動部隊のなかに入ってしまえば、山本が直接指揮をするので、ハワイ作戦についての問題は解消するかもしれないが、南方作戦の指揮を放棄することになる。機動部隊は企図秘匿のために無線封止をしているので、同行したのでは、聯合艦隊司令部としての機能を果たすことができなくなるからである。

悩んだ末の結論でかつ、大艦巨砲主義との妥協の産物が、実際の作戦時の編成になり、「長門」出撃のような無用の行動になったのではあるまいか。有力者であっても独裁の暴君でないかぎり、組織のなかでの妥協が必要になってくる。日本の軍隊に、独裁者はいなかった。

斜陽のなかの努力

開戦後まもない昭和十七年二月十二日、聯合艦隊の旗艦は、「長門」から新造の巨大戦艦「大和」に移された。六月初旬のミッドウェー海戦のときには、「大和」は六隻の戦艦をひきいて、機動部隊のはるか後方から戦域に向かっている。

ミッドウェー海戦時の布陣も、やはり日本海軍伝統の定石どおりであり、戦艦群が最後に出現して、米艦隊と決戦をするかたちになっていた。最前方に潜水艦群を配置し、つぎに機動部隊を配置して出現する敵艦隊を漸減し、最後に戦艦が巡洋艦と連繫しつつ決戦をするという戦略である。

空母どうしの対戦に敗れた日本側は、これも定石どおり巡洋艦部隊に夜戦を命じたが、米空母の避退のため失敗した。相手が戦艦、巡洋艦群であれば突進してきたかもしれないが、空母中心の米機動部隊は、日本側が期待しているような行動はとらない。

参謀長宇垣少将の日記には、夜戦部隊の戦意のなさや夜戦中止命令に歯がみをしている心理が描かれているが、山本としては、空母の決戦で敗れたからには、もはやこれまでというのが、正直なところだったのであろう。聯合艦隊司令部内の意志統一さえ完全ではないのが、大艦巨砲思想から抜けだしていない当時の海軍であった。

こうして戦況がしだいに不利になってきたとき、聯合艦隊は南太平洋方面の状況に対応するため、司令部をトラック島に進めることになった。駆逐艦七隻と空母春日丸をともなって八月十七日、柱島の泊地を出港した旗艦「大和」は、八月二十八日に現地に到着したが、自慢の巨砲を発射する機会はなかった。

ガダルカナル島をめぐる攻防で活躍したのは、巡洋艦と駆逐艦の戦隊および基地航空の第十一航空艦隊（草鹿任一中将）であった。このころ、新設された第八艦隊と第十一航空艦隊がラバウルに司令部をおき、第二、第三、第四、第六各艦隊はトラックを根拠地にしていたので、聯合艦隊は一時期、トラック、ラバウル方面に引っ越したかの観を呈していたことがある。

なお第一航空艦隊は、作戦時には巡洋艦や駆逐艦をともなう機動部隊として運用されることがとうぜんのようになったので、昭和十七年七月十四日に、機動部隊としての機能をもつ第三艦隊に改編されていた。

戦艦「大和」型二番艦の「武蔵」は、「大和」の柱島出港直前に竣工していたが、乗組員の訓練を終えてトラック島に回航されてきたのは、昭和十八年一月二十二日である。このときから聯合艦隊の旗艦は、「武蔵」になったが、あとからできただけに設備がととのっていたからである。しかし、二隻の巨艦は空しく港内に繋留されているだけであり、大和ホテル、武蔵ホテルと悪口をいわれていた。

このころになると、さすがに大艦巨砲主義への反省も生まれていたのであり、「大和」型三番艦「信濃」は、途中から空母に設計が変更されていた。機動部隊に編成替えされた第三艦隊の司令長官が、航空運用に理解がある小沢治三郎中将にかわって三ヵ月後の昭和十九年三月一日には、戦艦、巡洋艦の部隊になっていた第二艦隊を第三艦隊に加えて、第一機動艦隊を編成している。

ようやく大艦巨砲思想から脱皮したといえようが、遅すぎた。山本聯合艦隊司令長官は、昭和十八年四月十八日に戦死し、かれの予言どおり、海軍の勢いは、その後、急速に下降線をたどっていった。

つぎの長官の古賀峯一大将は、米機動部隊によるトラック空襲の激化のため、昭和十九年二月十日に「武蔵」「大和」以下の戦艦群に内地帰還を命じ、司令部は陸にあがった。これは、パールハーバーで日本の機動部隊の空襲をうけて、旗艦を失った米太平洋艦隊の司令部が、そのままハワイの陸上に司令部を置いたのに似ている。米機動部隊に制海、制空権をうばわれた日本聯合艦隊は、第一機動艦隊を編成はしたものの、戦力としてはあまり期待がもてなかったのである。なんとか活動に期待をつなぐことができるのは、基地航空部隊だけであった。

そのような状況で、基地航空部隊の作戦指揮の便を考えて、トラックからフィリピン群島南端のダバオに司令部を移そうとした古賀司令長官以下の聯合艦隊司令部の一行は、暴風のため途中で消息を絶った。下り坂に向かうと、すべての結果が裏目になってしまう。昭和十九年三月三十一日のことであった。

あとをついだ豊田副武大将は、もう内地を離れるわけにはいかない。トラック、ラバウル方面の防衛は草鹿任一中将の南東方面艦隊にまかせ、またシンガポール、ボルネオ方面の作戦は南西方面艦隊司令長官の高須四郎大将にまかせて、本土防衛の観点からの作戦に専念するほかはなかった。

豊田司令長官は、昭和十九年五月三日、東京湾木更津沖の軽巡洋艦「大淀」に将旗を掲げたが、このころ国内では、B29や艦載機による空襲をうけることを予測して、防空組織が強化されつつあった。一ヵ月後にはB29の初空襲がおこなわれるのであり、もはや艦上に司令部を置くことができる状況ではなかった。

こうしているあいだに、いくらか搭乗員の養成が進んだ第一機動艦隊は、サイパン島占領をもくろんでいる米機動部隊にたいして、ア号作戦を開始した。しかし、六月中旬に対米機動部隊七割の兵力で戦ったマリアナ沖海戦は、日本側の完敗であった。このころ日本側は、兵力だけではなく、兵器の質、搭乗員の練度でもアメリカ側に劣っていたのであり、やむをえない。せっかく再建した日本の母艦兵力は、この一戦でほとんどが失われた。

十月末のマッカーサー大将レイテ上陸作戦のときは、聯合艦隊は空母だけは四隻を出動させることができたが、載せるべき飛行機もパイロットもいなかった。空母群はやむをえず、米機動部隊をひきつけるための囮として使われ、戦艦、巡洋艦群が空襲の間隙をぬって、米上陸輸送船団を攻撃する作戦がおこなわれた。

結果は囮作戦は成功したものの、輸送船の攻撃には失敗した。大艦巨砲主義の残滓があり、戦艦部隊が輸送船攻撃よりも米艦隊との決戦を求めたためであるといわれているが、明治いらいの伝統を変えることは容易ではないことがわかるであろう。

この一戦で空母を失って実体がなくなった第一機動艦隊は、十一月十五日に解隊された。戦艦、巡洋艦のほとんども海底に沈み、聯合艦隊は、事実上、壊滅したのである。

これに先立つ九月二十九日には、聯合艦隊司令部が軽巡「大淀」から、東京日吉の慶応大学敷地内の地下に移った。司令部要員八十名と、支援の下士官兵五百名を収容する立派なものである。工事にあたっては、できるだけ艦内に近い構造とし、参謀には一室を与えるように要求したというから、軍艦へのこだわりは、そうとうなものである。

最後の組織

終末が近い聯合艦隊に最後まで残された抵抗手段は、飛行機であった。作戦地域が日本本土に迫ってくるにつれて、航空艦隊の再編、新設がおこなわれた。昭和二十年三月上旬の本土海軍航空部隊は、第三、第五の両航空艦隊千四百機であったが、第五航空艦隊は、四月の沖縄特攻で消耗した。別に練習航空隊も第十航空艦隊として、実戦部隊に組みこまれていった。

沖縄戦の最中の四月二十五日に、聯合艦隊の上部組織として海軍総隊司令部が設置され、海軍の全部隊が、総司令長官の指揮をうけることになった。海上護衛総司令部、支那方面艦隊、各鎮守府、警備府など聯合艦隊とは別組織になっていたものも、指揮下に入っている。作戦海域も兵力も小さくなったのであるから、統一指揮をするほうが運用効率がよいのである。

もっともこれらの部隊は、すでに昭和二十年一月一日から聯合艦隊司令長官の指揮をうけることになっていたのであり、総隊を新設したのは、形式をととのえるためである。

五月二十九日には、小沢治三郎中将が聯合艦隊、海上護衛総司令部、海軍総隊の三つの長官職を兼務するかたちで発令され、終戦時まで指揮を継続した。

ただし本来は指揮下に入るべき、南東方面艦隊の草鹿任一長官と南西方面艦隊の大川内伝七長官は、遠隔地であることを理由にして、大本営直轄にされている。両将は小沢中将と海兵第三十七期の同期であるが、小沢よりも先任者だからである。

なお、井上成美も同じ三十七期のトップであり、昭和二十年五月十五日に大将に昇進した。最後の海軍大将と呼ばれることがある。このとき小沢も大将にという話があったのを、小沢が断わったと伝えられているが、海軍の人事の原則からいうと、草鹿と大川内を予備役に入れないかぎり、小沢がとびこして大将になることはありえない。

このような人事もふくめて、昭和の海軍の金科玉条になっていた伝統が、編成の面でも作戦運用の面でも、海軍の融通性をそこなったと考えられる場面は多い。山本権兵衛、東郷平八郎、加藤友三郎など明治時代の帝国海軍建設の功労者は、一方では、その後の海軍の発展に枠をはめてしまった責任者だという見方もできる。

組織は時代とともに変わり、発展する生き物である。その中で活動する人間も、その時代と状況に合うタイプというものがある。組織が融通性を保っていることは、大切である。

第九章　聯合艦隊司令長官とは何か

臨時兼務ではじまった長官職

聯合艦隊司令長官というと、読者がまず脳裏に思いえがくのは、山本五十六大将の純白の軍装姿であり、また日本海海戦に、「三笠」艦橋の東郷平八郎大将の絵姿であろう。その姿は人々の感情にうったえるものがあり、作戦の結果を思い合わせて人々は、聯合艦隊司令長官という地位は海軍最高のものであり、すべての作戦はその意のままにおこなわれたと、思い誤ってしまう。しかし現実には、そうではなかった。

前項で述べたように法令上、聯合艦隊（以下GFと書くことがある）が平時の常設組織として認められたのは、大正三年（一九一四年）末に艦隊令が制定されたときからである。実際に常設されたのは、大正十一年末からであった。

大正十三年に海軍大臣が示した聯合艦隊司令長官の平時業務は、「艦船部隊の行動配備」「聯合艦隊全般の演習」「行動に必要な物品、消耗品の準備」「聯合艦隊として統一すべき儀制、日課」などに関するものになっている。常設GFになっても、業務量が大きく増えたわけではない。第一艦隊司令長官としての業務を、いくらか拡大すればそれですんだのである。兼務で処理できる範囲のものであった。

しかし、昭和八年（一九三三年）末に就任した末次信正中将のときから、GF長官は兼務であることはそれまでどおりであったが、GF長官が第一艦隊司令長官を兼務するかたちになり、指揮下の艦船や航空機数も増加して、しだいに後の聯合艦隊司令長官のイメージに近いものになっていった。

対米開戦四ヵ月前の昭和十六年八月十一日、聯合艦隊司令部は艦隊司令部とは別組織になった。このときから、聯合艦隊司令長官用の旗艦も別になった。

このように聯合艦隊司令長官の地位が定まる前は、どうなっていたかというと、東郷聯合艦隊司令長官の時代は、戦時の臨時のポストでしかなかった。東郷は第一艦隊司令長官であり、臨時に聯合艦隊司令長官の職を兼ねたのである。日清戦争のときの聯合艦隊司令長官伊東祐亨中将も同様であって、本職は常備艦隊司令長官であった。

このように歴史的法的に見ると、聯合艦隊司令長官のポストは、一般の印象とは違ってそれほど大きな権限をもっている配置ではない。

二・二六事件のとき襲われた首相の岡田啓介海軍大将は、大正十三年末から聯合艦隊司令長官をつとめたことがある。かれはそのときのことを回想して、「そのころまでは聯合艦隊司令長官といっても、一般が英雄のように見る傾向はなかった」といっている。存在感が認められるようになったのは、山本五十六のときに独立した職になり、ハワイ攻略を計画し成功したからであろう。

司令長官の格はどのくらいか

聯合艦隊司令長官は、海軍中将または大将があてられる親補職である。つまり天皇が自ら親しく補任する重要な職であり、艦隊司令長官や陸軍の師団長もそうである。陸海軍大臣や軍令部総長、参謀総長、鎮守府司令長官も親補職であり、このことは天皇との関係を重視する当時にあっては、大切なことである。

軍人以外では大臣や検事総長も親補職だが、各省次官や帝国大学総長は、そうではない。次官は各省とも中将相当官だが、中将で親補職についている者は、それよりも席次が上だとされた。

山本五十六は海軍次官をつとめたあとで聯合艦隊兼第一艦隊の司令長官に親補されたのであり、その意味では順当な人事異動であった。戦争中の特別の場合をのぞき、海軍次官をつとめた者はその後、艦隊司令長官や鎮守府司令長官をつとめてから予備役に入っている。中には岡田啓介のように、聯合艦隊司令長官から横須賀鎮守府司令長官に転じ、さらに海軍大臣になった者もいる。

岡田とかわってGF長官になった加藤寛治中将は、第二艦隊司令長官から横須賀鎮守府司令長官をへての就任であった。

昭和八年にGF長官になった末次信正は、第二艦隊司令長官からの就任であり、在任中に大将に進級したうえで、横須賀鎮守府司令長官に転出した。末次と同時に大将になり、末次と同期でトップの中村良三は、同じころ呉鎮守府司令長官をつとめていた。横須賀軍港には、第一艦隊、第二艦隊の旗艦が停泊していることが多く、その鎮守府司令長官は重職である。呉軍港も横須賀についで重要である。

このような職の重要性と実際の長官補任の状況を追ってみると、その中でGF長官がどのていどに位置づけられていたかが見えてくる。大正十一年にGF長官が恒常的な配置になった当初は、この職はどちらかというと、兼務の第一艦隊司令長官としての格で、人事がおこなわれていたようである。そのため横須賀鎮守府司令長官よりは下だが、呉の長官よりは上か同格ぐらいの人物があてられている。佐世保の長官や第二艦隊の長官はもっと下である。

艦隊司令長官は軍事行政、つまり予算、人事、後方などの関係では、海軍大臣の指揮をうける。それも鎮守府を通して実務がおこなわれる場合が多い。また主任務の作戦、運用については、海軍軍令部長の計画に従う。海軍軍令部長が天皇に奏上して決裁されたものは、平時は、海軍大臣を経由して命令として艦隊に伝えられる。戦時には海軍大臣が介在せずに大本営海軍部（軍令部）から命令が伝えられる。

このような流れのなかで平時は、海軍大臣が海軍の最高実力者になるのは当然であり、海軍軍令部長がそれに次いだ。GF長官が横須賀鎮守府司令長官よりも格が低くなるのも、やむをえないことだろう。海軍の高級将官の人事は、このような流れのなかで決まる格を考慮したものになっていた。

GF長官の地位の向上

昭和七年二月に伏見宮博恭王が海軍軍令部長に就任し、その後八年間も在職したが、この時代に軍令関係の勢力が海軍省など軍政関係よりも強くなっていった。東郷元帥が昭和九年に没したあとは、王が海軍で一人だけの元帥であり、そのうえ皇族で年齢的にも長老である博恭王を抑えることは、だれにもできない。

海軍軍令部長の名称は、陸軍の参謀総長にたいして軍令部総長に改められ、それまで海軍大臣がもっていた権限の一部が移譲された。

軍令部総長と密接な関係にある聯合艦隊司令長官の地位も、これにひきずられるかたちで高くなっていったのであり、昭和十五年以後は、GF長官の格が、横須賀鎮守府司令長官とほぼ同格にまで高められている。一方では海軍大臣の地位が軍令部総長にたいして低められたので、GFと横須賀の両長官および海軍大臣が、人事上ほぼ同格のものとして扱われるようになった。

山本五十六は、昭和十四年八月末に中将の聯合艦隊司令長官兼第一艦隊司令長官として、和歌山沖に停泊中の旗艦「長門」に将旗をかかげたが、このとき海軍大臣には、山本の同期生でそれまでGF長官であった吉田善吾が、中将のまま就任した。

「長門」の母港である横須賀の鎮守府司令長官が、山本の同期生トップの塩沢幸一大将になったのは、翌昭和十五年九月であるが、二ヵ月後には、山本も吉田も大将に進級している。対米開戦前の重要な時期にほぼ同格の同期生三人が、海軍の主要三ポストに就いたのである。もっとも吉田は塩沢が横須賀鎮守府の長官になったときに大臣をやめているが、昭和十六年十月には、やはり山本と同期の嶋田繁太郎大将が大臣になり、山本GF長官と肩を並べた。

GF長官の業務

軍令部総長は昭和十六年四月に、博恭王から永野修身大将にバトンタッチされた。永野は山本より四期の先輩である。

GF司令長官は、軍令部総長から作戦についての指示をうける立場にある。ハワイ攻略作戦は山本の発案だといわれているが、作戦の基本を計画するのは軍令部なので、山本GF長官は自分の意見を通すために、聯合艦隊首席参謀黒島亀人大佐などの参謀を上京させて、軍令部の担当部員を説得させていた。

さらに昭和十六年九月には、海軍大学校で聯合艦隊主催のハワイ攻略作戦図上演習をおこない、軍令部の担当部課長や部員に見学させていた。つまり、根回しをしていたのである。ついで聯合艦隊参謀長の宇垣纒少将らを上京させて、軍令部にたいする最後の説得をおこない、ようやく軍令部関係者に作戦の実施を承知させた。開戦まで、三ヵ月もない時期であった。

このような行動の一方では、GF参謀などに一月ごろから作戦の研究をさせており、指揮下艦隊のそのための応用教練も、六月までには終わらせていた。聯合艦隊作戦計画は、このような状況をうけて八月には案ができあがっていたのである。

誤解してほしくないのは、このような作戦準備からみて、日本海軍は一年も前から開戦の決意をしていたのではないかと即断してしまうことである。このような準備は、万一、戦いになったときにどうするかを考えておこなうもので、アメリカも日本にたいする作戦準備を同様に進めていた。いつでも戦えるように訓練し、作戦計画をたてておくのは、GF司令長官以下各指揮官の平時の主要業務なのである。

ハワイ攻略作戦は山本の強引さから生まれたものであったが、このような準備と軍令部の了承の下に実行に移されたのであり、実行は、昭和十六年十二月一日の天皇の作戦命令大海令第九号、聯合艦隊司令長官にたいする作戦命令によっておこなわれた。

ただしこの命令は、海軍の全作戦にたいする基本的な命令であるので、ハワイ攻略作戦そのものを示す表現にはなっていない。細部は軍令部総長に指示させることになっており、軍令部総長は、十一月五日にGF長官にあてた指示で、「ハワイ所在敵艦隊の攻撃」任務を、他の方面での攻撃任務と併行して与えていた。

この指示をうけた聯合艦隊は、ハワイだけではなく、マレー半島上陸作戦をはじめとする南方の諸地域での作戦もおこなわねばならない。山本は南方での作戦は、第二艦隊司令長官近藤信竹中将に指揮をまかせた。山本にとって開戦当初の最大関心事はハワイ攻略であったからでもあるが、限られた司令部のメンバーで、すべての作戦を指導することには限界がある。

当時のGF司令部には、参謀長と首席参謀のほかに、作戦、戦務、航空、航海、通信、水雷、機関、渉外、補給の大・中佐参謀がいた。ほかに庶務、通信、暗号を担当する士官など数十名の司令部附が業務にあたっていたが、作戦がはじまってからは、広島に近い泊地で無線通信をたよりに状況を把握するのが精一杯であった。近藤中将は台湾に近い馬公を策源地にして、南方の必要な方面に支援のために出航している。

これに比べて日露戦争のときの東郷聯合艦隊司令長官の立場は、近藤長官以下のものであった。当時は三個艦隊二十万トン余で、主力艦は二十隻余でしかなかった。これならば、GF長官を先頭にした単縦陣による戦闘をすることが可能である。

しかし、二個航空艦隊を入れて八個艦隊百万トンの昭和の聯合艦隊が、同じような行動をすることは考えられない。兵員数でみても、東郷の二万人に足らない聯合艦隊と八万人の山本の聯合艦隊を、同じように考えることはできない。

昭和十六年の聯合艦隊司令長官の業務は、開戦前は文書と参謀の連絡調整によって全体の訓練演習と作戦準備を統制することであり、作戦命令を用意し、軍令部の指示をうけて指揮下艦隊に命令をあたえてからは、通信をたよりにして状況を把握し、通信によって最小限の作戦統制をするだけであった。

戦場が太平洋各地にまたがっているのに、一人しかいないGF長官が、速度が遅い旗艦に乗り、各地で指揮官先頭で戦うことなどは、夢でしかない。

GF司令部を第一艦隊から切りはなした昭和十六年の段階で、GF司令部は通信の便がよい陸上にあがるべきであったが、伝統がそれをさまたげ、昭和十九年九月になってからようやく、横浜に近い日吉の地下壕に、司令部を移した。

大戦終末期の権限拡大

対米作戦中の海軍の組織は、急速に拡大した。総兵員数が開戦時には三十三万人であったが、終戦時には百七十万人に達している。

戦争末期には主力艦のほとんどを失っていたが、航空部隊その他の地上部隊がふえたので、兵員数がふえ、組織も複雑になっていた。

このような部隊や艦船のすべてを、聯合艦隊司令長官が指揮していたわけではない。作戦部隊としては、聯合艦隊のほかに海上護衛総司令部の部隊や支那方面艦隊があり、各鎮守府も内戦部隊として、港湾や近海の防衛を担当していた。

日本が追いつめられ、戦闘が日本列島とその近海でおこなわれるようになると、このような多くの組織が、それぞれ独立して作戦をするかたちになっているのではぐあいが悪い。そこで前述のように、昭和二十年四月に全海軍の部隊の作戦を、一人の長官が指揮できるように、新しく海軍総司令長官を置くことにしたのである。

五月一日、海軍総司令長官に豊田副武GF長官の兼務が発令され、月末には小沢中将がかわったが、小沢は主力艦も空母も失ったGF長官として、最後の特攻作戦を指揮する立場に立たされた。なお、この時期には防衛のための陸海軍の統合運用がはじまっており、防空作戦の指揮の一部や陸上作戦は、陸軍側が統合しておこなうことになっていたので、その面でも小沢総司令長官の指揮権は制限されていた。しかし指揮をした兵員数という点では、山本GF長官以上であったといわねばなるまい。

聯合艦隊司令長官の地位は、一見はなばなしいが、実像はそうではない。法的歴史的な地位が海軍のトップではなかっただけではなく、実戦の場でも裏方的な存在であった。ハワイ攻略のときもミッドウェー海戦のときも、指揮官先頭で戦うことができる立場にはなかった。大艦巨砲の時代ではなくなっていることを見抜いていた山本五十六にとって、そのことは自明のことであったろう。かれは聯合艦隊司令部を第一艦隊から分離する案を出して、実現したのであるが、これはその認識があったからであろう。

できればそのときに、GF司令部を陸上にあげることができればよかったのだが、それはできなかった。そのためにハワイ攻略のときもミッドウェー海戦のときも、指揮官先頭の伝統を無視することができず、本隊とは無縁のはるか後方で、警戒支援のための出動をしてお茶をにごしている。出動して無線の交信をむずかしくし、状況の把握と指令に支障を生じたことは、作戦の不利に役立っただけである。

GF長官は軍政上は海軍大臣の指揮をうけ、作戦上は軍令部総長の指示をうける。指揮下艦隊の訓練演習についても、秋の演習のときのほかは、文書などによる間接的な指令をするだけである。もちろん旗艦は立派であり、地位相応の礼遇はうけるが、見かけが全てではない。

聯合艦隊司令長官は、山本五十六のように強引さを発揮すれば、それなりの成果をおさめうる重要な職であるが、万能の地位ではなかった。

第十章　陸海軍教育の制度と体系

教育は手本を示せ

「小沢候補生、昨夜の探照灯訓練のさい、目標を捕捉するうえで最も注意すべきは、何だと思ったか」と、高野五十六大尉の質問がとぶ。練習艦「宗谷」の朝の点検の時間であった。日露戦争中に海軍兵学校を卒業し、候補生の身で軍艦「日進」に乗り組み、日本海海戦に参加して負傷した体験をもつ高野大尉は、候補生には厳しかった。戦える士官を養成しようと思っていたからである。だが、のちに山本と名を改めて聯合艦隊司令長官になり、このときの候補生たちを指揮して太平洋で戦うことになろうとは思っていなかった。候補生たちは兵学校で五年後輩の、井上成美、草鹿任一、小沢治三郎など三十七期生であった。

候補生の教育が終わったのち、「宗谷」艦長鈴木貫太郎大佐は、候補生の教育指導にあった高野たちに、候補生教育について研究し意見をまとめるように命じた。これは艦長の、高野たちにたいする教育の一つである。

高野は半年間の近海、遠洋の航海練習を、候補生たちの兵学校での基礎教育のうえに立つ基礎実習の期間だととらえていた。そこで、この期間中に重視せねばならないのは、副直将校としての艦運用の実務や、汽艇、短艇指揮の実務だと考えて意見を述べた。当時は候補生たちの成績の評価をしやすい理論教育や、多くを期待しすぎる詰めこみ教育がおこなわれる傾向にあったので、その批判をしたのである。

高野は、過去に候補生たちが受けた教育と、将来受けるであろう教育を考えて、限られた半年間に何を教育すればよいのかを考察していた。最後は、「指導する者は、自分で手本を示すことが大切だ」ということばで締めくくっている。

海軍は明治三十年に、艦団部将校教育令を定めていた。ちょうど日清戦争と日露戦争の中間の時期で、高野が兵学校に入る前である。この教育令に、「上級将校は率先して実行し、下級将校の手本にならなければならない」という意味の条文がある。

教える者が手本を示すという考えは、高野の発案ではなく、当時の海軍にあった考えだが、忘れられがちになっていた。高野は、そのことに注意を促したのである。なお、鈴木艦長が高野たちに意見の提出を命じたのも、教育令にそのことについて定めてあったからである。海軍の教育は、明治の早い時期から規則化され、手順が定められていた。

上級者が下級者を指導するのは、陸軍でも同じである。将校、下士官は指揮官であると同時に教育者であるといわれ、明治二十二年に出された陸軍の監軍（後の教育総監）の訓令には、「将校は兵卒の教育訓練にあたり、ただ戦闘技法だけを教えるのではなく、義務心を高め、知能を伸ばし、身体を鍛えることが重要だ」と、説いてある。いわゆるペスタロッチ流の全人格教育を、めざしていたのである。その実行にあたっては、将校の率先垂範つまり、手本を示すことが重要だとされていた。

教育の区分

陸軍の教育は、学校教育と軍隊教育に大別される。前者は軍内部の学校での教育のことであって、陸軍幼年学校や陸軍士官学校など補充学校での教育と、歩兵学校など戦闘実施法を教える実施学校での教育に分かれる。

補充とは、軍人を教育養成して、連隊など軍隊と呼ばれている組織に供給することを意味する。補充学校の制度は、勅令という法形式で定められることが多く、実施学校は軍内部だけに通用する軍令という法形式によることが多いので、勅令学校とか軍令学校という俗称もある。

海軍では、学校の制度は勅令で規定しており、陸軍と考えがちがうが、これは海軍大臣が学校教育を管掌しているためであろう。陸軍では教育総監や航空総監などが、それぞれ関係の学校教育を管掌し、陸大は参謀総長が管掌するなど、教育行政が一本化されていない。

ついでにいうと、陸軍の学校では、将校の教官の下で補助をする下士官は助教であるが、海軍では、下士官は教員と呼ばれる。それぞれの戦闘様式や歴史のちがいが、同じような制度の表面をちがったものにしている。

陸軍の軍隊教育は、連隊、大隊、中隊など軍隊と呼ばれるところで日常的におこなわれるものであり、徴兵で営門をくぐった陸軍兵は、原則としてこの教育しか受けられなかった。戦闘技術について学校教育を受けることができるのは、下士官の候補者以上であった。軍隊教育を規制しているのが軍隊教育令である。初めて制定されたのは大正二年であるが、実際は明治二十年にその前身の軍隊教育順次教令が定められたのが始まりである。

これには、新しく入営した兵の一年間の教育順序や科目が、歩兵、騎兵などの兵科ごとに示されていた。明治二十年ごろはフランス式からドイツ式への切り替えがすすんだ時期であり、この教令はドイツ式であるが、それまでも生兵（新兵）概則や軍隊内務書による規整があり、無計画な教育がおこなわれていたわけではない。

軍隊教育の責任者は連隊長や独立して存在する大隊などの長であり、現場の責任者が中隊長である。新入営兵の教官は中、少尉であり、下士官が補佐した。兵は時代や兵科によってちがうが、二年から三年の現役兵としての在営期間中に、軍隊教育をうけて一人前になった。軍隊内務書に「兵営は家庭のようなものである」と記されているが、起居、教育のすべてが連隊という兵営でおこなわれたので、教える者、教えられる者、兄の地位にある者、弟の地位にある者がはっきりしており、このような表現がされたのであろう。

こうした教育のなかでよい成績を得た者は、退営時には上等兵（後に兵長）の階級章をつけ、応召時に下士官として勤務することができる証明書として、下士官勤務適任証を与えられていた。

海軍の教育も、学校教育と軍隊教育に大別できるが、後者は大正九年までは艦団隊教育と呼ばれた。この軍隊教育は、艦、海兵団、航空隊など隊の長が責任者であり、現場の責任者は大尉クラスの分隊長である。陸軍のように学校を補充学校と呼ぶことはなく、陸軍の実施学校にあたるものは、海軍では術科（じゅっか）学校と総称する。

ところで陸軍は飛行機操縦教育を飛行学校でおこなったが、海軍は術科学校ではなく練習航空隊の担当であったことが特色になっている。また、飛行機整備は海軍ではもともと機関科が担当していたので、航空兵が担当していた陸軍とは教育の流れがちがうが、海軍航空隊がその教育を担当することでは、操縦者教育の場合と同じである。

航空教育は危険がつきものであり、軍隊勤務の心構えで教育することが必要だと某大将がいったために、海軍航空の教育は航空隊でおこなうことになったという話があるが、そのような発言があったにしても、実際は歴史的ななりゆきでそうなったのだと考えられる。

陸軍航空は、工兵の一分野のようなかたちで始まっている。工兵は後述するように学校教育を重視する。そのため操縦教育を学校で実施するのは、当然だと考えられたと思われる。これにたいして初期の海軍航空は、艦隊とは切りはなせない水上機として発達した。海上行動に必要な運用教育は艦隊でという思想が海軍にある。砲術学校の始まりは、砲術練習艦であった。この思想が、航空教育を陸上の学校に渡すことを妨げたのではあるまいか。

海軍の術科学校は、海兵団や艦隊勤務を通じてつちかった海軍軍人の土台のうえに、新しいものや高度のものを付加する教育をおこなった。また下士官兵にとっては、試験によって選ばれて進む学校であり、進級のためのステップになった。学校に軍隊勤務とは感覚がちがうものがあったのは、事実であろう。

陸軍の実施学校には教育隊という戦闘実習のための隊があり、感覚的には術科学校よりも軍隊に近いところがある。また実施学校の課程に入ることが、進級に大きく影響するわけではない。同じ学校の名称をもっていても、陸軍と海軍では、なりたちも運用思想もちがっており、それが表面的な違いにもなっていた。

検閲・演習までの新兵教育

陸軍の教育はまず個人の教育からはじまり、戦闘員としての個人の動作ができるようになると、小隊、中隊、大隊、連隊と、しだいに大きい部隊の一員としての共同動作ができるように、段階的な教育がおこなわれる。

陸軍の新入営兵（初年兵、最初の六ヵ月を新兵と呼んだ時代もある）は、十二月または一月に営門をくぐり、最初の三ヵ月で中隊としての戦闘の初歩の段階に到達する。秋の演習時には、師団の一員としての行動ができるようになっている。平時は、一年間の教育を終了した段階で、一等兵に進級していたが、のちに進級が早められた。二年目になると、それまでの復習と慣熟であり、楽になる。

一年間は三期（大正時代四期）に区分され、各期の終わりや特別の場合に教育の進度を確認するための検閲がおこなわれた。検閲官は、連隊長以下の各隊長や師団長、砲兵監、工兵監など各兵監、命令をうけた将官などである。

秋の師団以上の演習が、教育の仕上げになる。演習にはほかに騎兵や砲兵など兵科ごとの特別各兵演習、防衛や通信など特別の目的を決めておこなう特種演習、司令部の指揮訓練のための司令部演習などがあった。なお、関特演と略称されている昭和十六年の対ソ連侵攻準備の動員は、特種演習である。

海軍の教育も、最初は個人の動作の教育からはじまる。徴兵として海軍に入る者は、一月に各鎮守府の海兵団練習部に入る。ここで受ける新兵の四ヵ月半の教育は、艦隊勤務に必要な基礎教育で、手旗や短艇の訓練もある。小銃射撃も欠かせない。後半の教育は兵科、機関科など科別の教育になる。衛生関係など特殊な科の教育で、後半はほかの場所で教育されるものもあった。

新兵は基礎教育が終わると、艦や隊に配置されて軍隊教育をうける。この教育は配置教育および補修教育であって、分隊長の責任で実施される。

配置教育とは、たとえば砲員に配置された水兵に、弾薬の取り扱いを教えたりするものをいう。補修教育とはそのほかに、手旗や艦の一般知識を実地に教え、海兵団の基礎教育の続きを教え補強するものだと考えればよかろう。

個人の動作ができるようになると次は、分隊ごとに実戦のときの共同動作ができるようにする教育の段階に入る。これは部署教練と呼ばれる。これをさらに進めて、艦としての共同動作ができるように訓練する。

志願兵の教育は、六月から海兵団ではじまるが、その後の流れは徴兵の場合と変わらない。ただ現役期間が五年（六年、八年の時代もある）であり、徴兵の三年よりも長いので、海兵団教育は一ヵ月長くなっている。昭和初年の陸軍の徴兵の現役期間は二年であったが、それより三年も長いので、十分に時間をかけて教育することができた。

陸軍は教育期間を短くして、戦時に多くの動員ができる予備兵をかかえておくことが必要であったが、艦艇の数で必要兵員数が決まる海軍では、量よりも質の方針で、教育に時間をかける精兵主義になった。

陸軍の検閲にあたるものを海軍では査閲といっているが、教育の進度は艦長や司令官が確認した。こうして教育された兵たちは、秋の演習が腕だめしの機会になった。海軍の演習は、基本演習、小演習、大演習に区分された。基本演習は艦隊や鎮守府内で行なうものであり、あとの二つは全海軍を対象にするが、一部が参加するか大部分が参加するかの違いがある。天皇陛下の統監のもとにおこなわれる陸海軍連合の大演習に参加することもあった。

演習の秋が終わると陸海軍とも、十二月から新しい教育年度がはじまる。

海軍では昭和の初めには十二月一日が、年一回の士官の進級の日になっていた。進級のあとには人事異動がつづく。艦艇がドック入りして冬期の整備がはじまるのも、この時期である。海軍兵学校の卒業時期が十一月末になっていた期間が長いのは、このような教育年度と関係がふかい。

陸海軍でちがう教育用語

ここで教育上の用語について説明しておこう。

陸海軍共通の用語に、学科、術科、精神教育がある。これは内容、形態によって教育を区分したものである。

学科とは、外国語や数学など普通学といわれているものと、軍事学（海兵では兵学）のうちの講義型式でおこなわれるものをいう。礼式や兵器について、室内で規則や名称などを教えるのは学科である。この教育のとき陸軍では、典範令と呼ばれている歩兵操典、射撃教範、作戦要務令など標準手順を示したものを、教科書のように使っている。海軍でも標準手順を示した操式や教範が使われた。

術科は軍事の実習であり、敬礼の教練もその一つである。軍務として教え練習することを教練という。戦闘教練はもちろん術科の一つである。学校教練とは、中学校や大学などで、教員として配属された将校が教育した教練科目のことをいう。

精神教育は、軍人精神を体得させるための教育で、軍人勅諭がその内容を示している。特別に時間をとって教育するだけではなく、点検や整列などのあらゆる機会をとらえて、教育がおこなわれた。

陸軍の初年兵が軍人勅諭を暗唱させられ、途中でつかえたために殴られたというような暗い話ばかりが伝わっているため、精神教育は悪だと思っている人が多いが、考え方としては悪くはない。無分別な人物が形式的におこなうようになったため、悪い面が強調され、表に出てきたのであろう。勅諭がいうように国民のために働き（忠）、人をだますことをせず約束を守り（信義）、礼儀正しく（礼節）、職務に熱心で（武勇）、質実（質素）な生活を公務員がしていれば、汚職が起こるはずがない。

軍隊教育令には、教育する側がつねに軍人勅諭の精神を頭において指導し、自分が模範にならなければならないと規定してあった。海軍の軍隊教育規則にもおなじような意味のことが記されており、軍人勅諭の精神を徹底させるために、艦長みずから勅諭を読み聞かせることが、日露戦争以前から義務づけられていた。

学科、術科、精神教育は、このように陸海軍ともに、教育の三本柱に位置づけられていたのである。これらの一部ではあるが、場合によってはやや異なったものとされているものに、海軍の体育がある。体操や銃剣術、柔道、剣道など武術と呼ばれているものをふくむ。海軍で重視されたのは水泳であり、相撲も盛んでプロの力士が指導したこともあった。

陸軍では運動を体育とはいわず、体操と呼び、一時期、盛んにおこなわれたバレーボールもその種目であった。器械体操はとくに重視されたので、肥満体の者が泣かされる種目であった。武術は明らかに術科の一つであるが、体操は教練をおぎなう科目になっていた。

明治時代には陸軍の下士官は、中学校の体操教員になる資格があった。軍の教育は当時の水準からみて、優れているとみられていたからである。なお世間で剣術が剣道と呼ばれるようになったのは大正中期であるが、陸軍では、軍刀術と呼ぶようになった。術科の一つとして、実戦的な方法でおこなわれたからである。

森有礼は初代文部大臣として、明治十九年に中学校などの体操科目の種目に、兵式体操つまり簡単な学校教練をとり入れた。これは森がアメリカやイギリスの教育にならったのであって、大正十四年からおこなわれた配属将校による学校教練は、その延長線上にあった。陸海軍ともに軍の教育は、学校の性格がちがうと学科と術科の割合がちがい、実施学校や術科学校では術科が多くなる。連隊や艦など軍隊では、術科中心の教育がおこなわれるのは当然だろう。

陸軍士官学校、海軍兵学校などの幹部軍人養成をおこなう学校では、学科のなかでも普通学が占める割合が大きい。とくに陸軍幼年学校では、術科は限られた範囲でしか教えられなかった。戦闘教練の時間は、学校教練をしている中学校よりも少なかったぐらいである。それにひきかえ普通学は中学校よりも程度が高く、陸軍教授の肩書きをもつ文官教官が教えた。中学校にくらべて特色があるのは、生徒全員が兵営のような環境で起居を共にし、生徒監と呼ばれた武官教官が、精神教育につとめたことである。

このような学校だけではなく軍隊でも、普通学の教育がおこなわれた。当時の徴兵には、小学校さえ卒業していない者がふくまれていた。簡単な計算ができないと、射撃にもさしつかえる。そのような理由から、兵に国語や算数を教えることは、公式に認められていた。

現役としての定年が近づき、予備役に入ることを予定されている下士官に、再就職のための普通学教育をすることもあった。

「兵営は学校である」といわれることがあるが、社会一般の教育水準が低い時代に軍隊が、教育水準の向上にはたした役割は大きい。低開発国で軍人が高い地位を占めがちなのは、武力を背景にしているからとだけはいえない。かつての日本もふくめて、軍人は社会のリーダーになりうる知識人としての半面をもっているので、それなりの扱いをされているのだといえよう。

平時の軍隊は、教育や演習が主任務であり、教育は術科だけにとどまらなかったので、一般知識も向上したのである。

ただし軍内での教育は、上からの一方通行になりがちである。上級者はつねに正しく、下から批判することは許されないという雰囲気がある。軍の秩序を守るためにはやむを得ないことであろうが、それが行きすぎると、教育という名目で、暴力による私的制裁が当然視されることになる。これが、昭和の軍隊教育が批判されている原因になっているといえよう。

つぎに、学校の課程の名称について述べておこう。

陸軍の実施学校には、甲、乙、丙、丁、戊、巳で区分された課程、つまりコースがある。海軍は普通はこれを教程といっているが、海軍大学校に明治からの伝統的な甲種学生の教程があったほかは、普通科学生とか生徒教程のような呼びかたをしている。

陸軍実施学校甲種学生の課程は、一般的には大尉クラスが中隊長に必要な戦術能力を磨くためのもので、期間は四、五ヵ月である。乙種学生の課程は陸士出身の中少尉が最初に入る課程であることが多く、半年前後の期間、歩兵、騎兵など兵科の専門教育をうける。経理学校など各部の学校についても同様である。

そのほか下士官学生を対象にした課程や、新しい技術を教える特別の課程などがあるが、丙種がどれと決まっているわけではない。学校によって名称がちがう。昭和十年代に新設されたコース名は、戦術学生のように内容がわかるものになっていることが多い。陸軍大学校のように、学生というと前からある三年制のコースのことをいい、新設の短期参謀養成コースを専科学生という例もある。

海軍の術科学校では、准士官以上を学生と呼び、下士官兵を練習生と呼んで、コースの名称にもこれを使った。大尉クラスが入るのが高等科学生、中少尉クラスが入るのは普通科学生である。下士官にも高等科練習生、普通科練習生の区分がある。古参の下士官が入る特修科練習生の教程もあった。これに対応する士官のコースは、少佐ぐらいになってから特別の研究をするための専攻科学生であろう。

このような名称は、練習航空隊の教育にもあてはまる。ほかに陸海軍ともに生徒の課程、教程がおかれているが、これは陸軍士官学校予科、海軍兵学校、陸軍の少年兵の一部など生徒と呼ばれていて階級がない者のためのコースである。生徒は給与、恩給、身分、兵役などで軍人とは別にあつかわれている准軍人である。

将校相当官の養成と教育

陸海軍ともに将校とは、兵科の少尉以上のことをいう。軍医や主計は将校相当官であって、養成の体系がちがっているので、まずこれから説明しよう。

軍医には、陸軍士官学校や海軍兵学校にあたる軍の学校はない。大学や専門学校で医師の資格をえた者から採用する。その後、陸軍は連隊、海軍は砲術学校などで短期間の体験的な軍事基礎の研修をへて、軍医学校で軍医に必要な軍隊医療などの科目を学ぶ。教育期間は陸軍が一年、海軍が半年であった。薬剤官や陸軍の獣医も、ほぼ同様の教育体系になっていた。獣医の学校は獣医学校である。

主計については、軍医と同じようなコースもあるが、生徒からの養成コースもあった。陸海軍それぞれに経理学校があり、その中に学生のコースのほかに生徒のコースが設けられていた。ただし陸軍の生徒のコースは明治三十八年にはじまったのち、大正十一年から昭和十年まで中断している。海軍は明治四十二年に生徒コースを設け、その後の中断はなかった。これらの生徒の養成数は毎年、陸軍で日華事変中が百名以内、海軍で三十名以内と少数であり、大学や高等商業から不足数をおぎなわねばならなかった。

一般に、これら学校の生徒からの養成教育の体系は、陸士、海兵出身者とほぼ同じだと考えてよく、大学など外部から採用した者の教育は、軍医の場合と同じだと考えてよい。

陸軍では陸士出身者が二ヵ月か三ヵ月かの見習士官としての勤務をへてから少尉に任官したように、軍医や主計の大学などからの採用者にも、同じ見習期間があった。しかし、昭和十七年に見習尉官の制度ができるまでの海軍では見習期間がなく、出身によって中尉または少尉相当の階級章をつけて、経理学校などで補修教育と呼ばれる短期間の教育をうけた。

このように外部から士官要員を採用するのは、陸軍の昭和十五年に設けられた技術部や、海軍に明治時代からある造船、造兵の部門でも同じである。なお、将校相当官要員の基礎教育期間は、平時の海軍では一、二ヵ月の短期であり、陸軍では平時から、将校相当官任官前の教育が長い傾向があって、一年志願兵（甲種幹部候補生の前身）のコースを修了した者からしか外部の主計要員を採用しなかった時代がある。

このような将校相当官の候補者を、大学生や高等専門学校生のうちに確保しておこうとする制度もあった。最近でいう青田買いである。これを依託学生の制度という。軍の募集に応じて採用された学生は軍の学生になった。そのため夏休みには、軍での研修が義務づけられ、代わりに下士官がうけている給与額と同じぐらいの手当を毎月もらうことができた。卒業後はただちに見習（陸軍）または中少尉相当官（海軍）としての教育をうけることになっていた。平時の造船官や軍医官には、この制度の出身者が多い。

兵科将校の養成と教育

将校相当官は採用後の最初の教育を修了したのちは、兵科将校の教育体系に似た教育体系のなかにおかれる。そこまですべてを説明するページの余裕はないので、兵科についてまとめた図で説明し、将校相当官については類推してもらうことにしよう。なお、海軍機関学校出身者は、最終的には海軍兵学校出身者と同じ兵科に区分され、学校も統合されたので、とりたてて説明はしない。統合前については、海兵出身者に準じて考えればよい。

教育にかぎらず、制度を短い文章で説明することはむずかしい。何度も改正されているからだ。ここではできるだけ昭和になってからのもので、戦時の特例が多い時期になる前のものをとりあげている。この図は日華事変直前のものである。

兵科の現役の将校、士官を養成するコースは、生徒を一般から試験で採用し養成するコースと、准士官以下から適任者を試験で採用して短期間の教育をし、少尉にするコースの二つが主なものになっていた。

陸軍の兵科将校のコースだけに幼年学校があり、これを卒業すると、原則として士官学校予科に入る。幼年学校、陸士予科、海兵の生徒コースに中学校から進むように表示してある部分は、それが資格として必要なわけではない。軍の学校は原則として、学歴を問わない。入試の程度が、「中学校四学年二学期修了程度」のように表示されるだけである。尋常小学校卒業の学歴で陸士に入った者もあり、文部省系の教育よりも開かれたところがあった。

陸士予科を終わると士官候補生になり、階級章をつけて上等兵、伍長、軍曹と進みながら、六ヵ月間の連隊での隊附教育をうけた。これはこの制度を日本にもちこんだドイツのメッケル少佐自身が体験した制度からきている。

これにたいして海軍では、海兵生徒の期間中は階級章はつけないが、下士官の上の待遇をあたえられ、卒業と同時に少尉候補生として准士官の上の身分をあたえられた。イギリス流の貴族的な身分差別の意識があったといえよう。

隊附教育を終わって陸軍士官学校の本科に帰ってきた士官候補生は、軍曹の階級章をつけ、指定された兵科の、小隊長に必要な学科や術科の教育をうけた。語学をのぞくと普通学の科

兵科将校養成・教育段階（昭和11年現在）

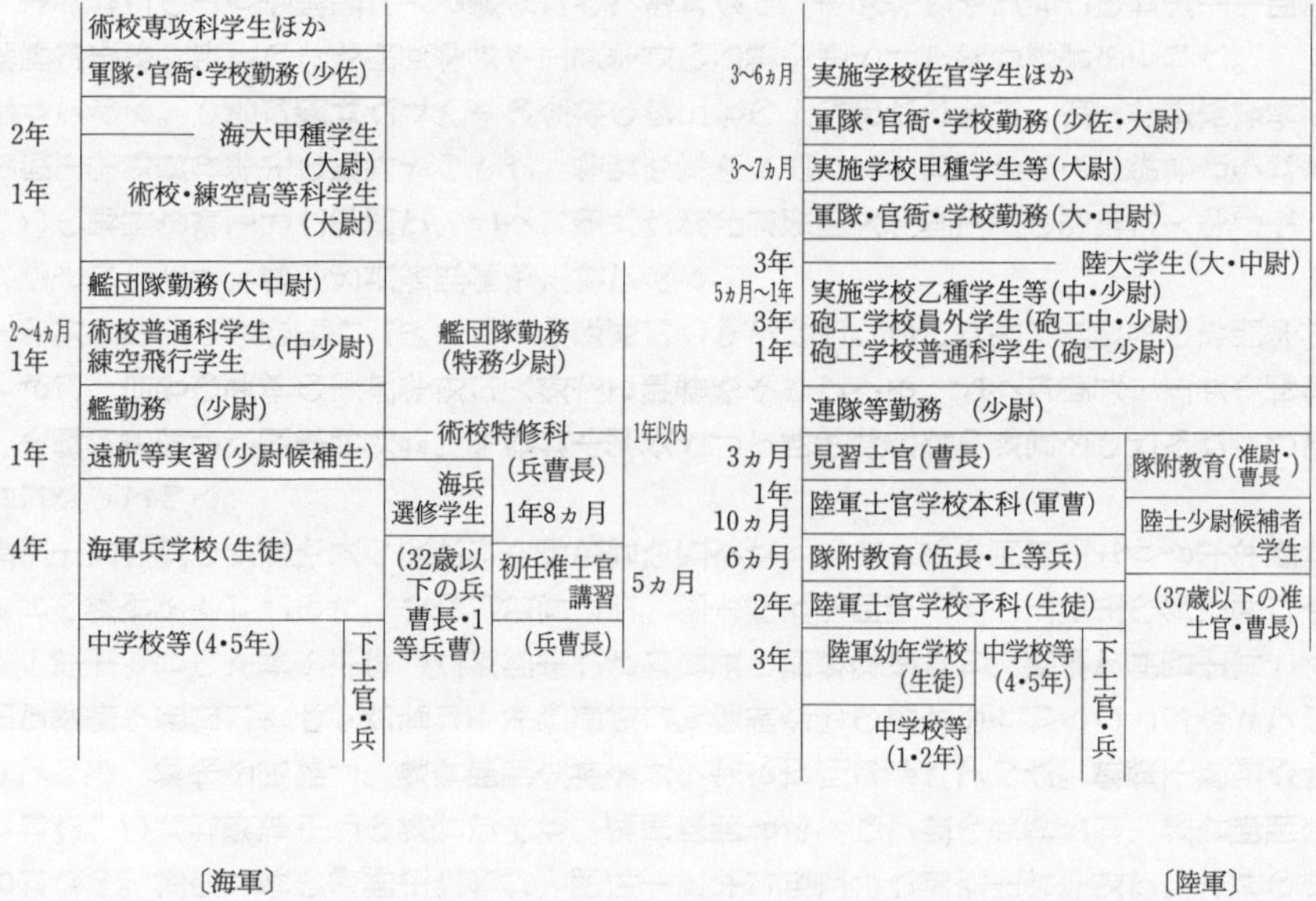

目はない。航空兵科の候補生だけは、昭和十三年に独立した航空士官学校で、本科の教育をうけた。これは操縦中心の教育であり、隊附期間もふくめて他の兵科とは、教育期間がちがっている。隊附を短縮し、教育期間全体を長くする方向になっていた。操縦不適性などの理由で整備や通信にまわった者は一年経過後に、整備などの教育をうけることになっていた。一年十ヵ月の本科を卒業した候補生たちは曹長の階級章をつけ、連隊で見習士官として三ヵ月の教育をうけたのち、少尉に任官した。陸士第五十四期・五十五期生の航空兵にかぎり、航空士官学校の教育が長い分だけ少尉任官が遅くなり、他兵科の同期生よりも半年遅れの任官になっている。

少尉に任官した陸軍将校は、平時は小隊長として初年兵教育の教官をつとめたりしているうちに、自分の兵科の実施学校に入校する順番がやってくる。とくに砲兵・工兵少尉は、砲工学校一年半の普通課程に入ることが義務になっていた。この課程は理数系の専門学校のようなものであり、数学と技術理論が主体である。

この課程を修了した段階で、とくに優れた数名は帝国大学理工系の学部に入学した。これを砲工学校員外学生の課程といった。学費が軍から出ることはもちろん、給与もそれまでどおりである。つぎに優れたレベルの全体の約三分の一にあたる者は、砲工学校高等科一年の課程に進み、残りの者が砲兵学校や工兵学校の乙種学生として実務教育をうけた。

歩兵はこのような課程に入る機会にめぐまれない。歩兵学校ができたのは大正十四年であり、体操や剣術を教える戸山学校にも入る資格があったが、全員が学校に入ったわけではない。このような状態は、日本だけではなく、学校教育が必要なのは砲・工兵だというのが、西欧陸軍の伝統的な考えであった。

騎兵を主体に、砲兵や輜重兵も入る騎兵学校は、馬術教育中心の学校だった。昭和七年のロスアンゼルス馬術選手として優勝した西竹一騎兵中尉は、騎兵学校で腕を磨いた。もともと男爵家の出であり、少年時代から馬術になじむ機会があったものが、騎兵になって天分をのばしたのであろう。かれは昭和二十年三月の硫黄島での戦闘で、中佐の戦車連隊長として戦死している。

なお、西は陸大を出ていない。そのためか、中佐昇進は同期生中の早い者より三年以上遅れている。重量挙げの三宅義信が東京オリンピックで優勝し、自衛隊で陸将補に進んだこととくらべてみると、今昔の感がする。

戦争末期には、騎兵はすべて馬をすてて、戦車に乗り換えていた。装甲車や軽戦車の捜索連隊で活躍した者は多い。このような転換のための教育を担当したのも騎兵学校である。十ヵ月の丙種学生の課程がその任務を果たした。ただ馬術教育が姿を消したわけではなく、近衛騎兵が存続するかぎり、教育も必要であった。

騎兵学校で戦車教育をするようになった昭和十一年には、千葉に陸軍戦車学校が創立されている。その前身は、戦車第二連隊練習部であった。このころから陸軍の学校で都心からはなれたところに設けられるものが増えている。また、練習部の名で軍隊付属の教育機関として編成されるものも増えた。戦車学校は歩兵などから戦車にうつった者の教育や、戦車の整備・通信教育を担当した。少年戦車兵の教育は、昭和十四年にこの戦車学校ではじまったが、昭和十六年に富士に独立の少年戦車兵学校を新設して任務をうつした。

実施学校にはほかに、砲兵、工兵、輜重兵のための通信学校や自動車学校、航空関係の各学校などがあり、戦時の必要性から新設されたものも多い。

実施学校の甲種学生については前にふれたが、これは長くて八ヵ月の教育をするのであり、新設校の同じコースは戦術学生と呼ばれている。大尉のときに入るこのコースは、陸軍大学校で戦術や参謀業務を学んだものには、必要がない課程である。

陸軍大学校は平時は三年の課程であり、毎年五十名前後を採用したので、ここを卒業して将官への道を進むことができたのは、陸士出身者の一割ばかりでしかなかった。

海軍の兵科将校の教育体系、つまり海兵出身者の少尉になってからの教育体系も、基本的には陸軍の体系に似ている。

遠洋航海などの実習期間を終わって新品少尉として各艦に配置された兵科将校は、少佐までは、学校と艦隊とを往復した。分隊士として航海や砲術に慣熟し、甲板士官として軍紀の維持にあたるなどしているうちに、術科学校普通科学生として四ヵ月の教育をうけることになる。このときに入る砲術学校、水雷学校などの別が、そのまま将来の進路になる。水雷を専攻した者は、巡洋艦や駆逐艦で勤務することになる。航空に進む者は霞ヶ浦練習航空隊の飛行学生になり、一年間の操縦教育をうけた。

飛行機整備の教育は横須賀練習航空隊の担当であるが、海兵出身者は整備士官にはならない。海軍機関学校出身者や整備関係下士官出身の特務士官が整備を担当した。この点は陸軍とはちがっている。また航空士官学校のようなものを設けずに、艦上勤務に慣れた段階で、初めて航空教育をはじめることにしていた点も陸軍とはちがう。海軍は航空分野を艦隊の運用から切りはなすことをせず、海上勤務の知識と経験なしに飛行機操縦者になることはできないと考えていた。

大尉になると次は、術科学校や練習航空隊の高等科学生の教程で一年間を過ごさねばならない。これは砲術長とか水雷長のような艦長の幕僚兼各部門の指揮官の勤務について学ぶコースであり、陸軍の甲種学生とはちがって、海兵出身の将校全員が入るコースであった。大尉から少佐の時期に、海軍大学校甲種学生の二年間のコースに入る者もいるが、これは試験選抜であって、平時は毎年二十名ほどである。しかし、このコースは陸大学生のコースほどには重視されず、将官昇進への切り札にはなっていなかった。

陸軍の参謀は統一された戦術的な方法と業務手順を身につけていることを要求され、学校教育によって養成されたが、海軍の参謀は、術科学校の高等科を修了していれば、十分だといわれた。海大甲種学生の教育内容は、特殊な参謀業務というよりは、国際関係や国際法をふくむ教養的色彩が強かった。そのため、戦時には教育中止の措置をとることになりやすかった。

このような海兵出身士官の教育にたいして、下士官出身の特務士官の教育は、限定されていた。陸軍は下士官出身の将校を陸士出身将校とおなじように活用しようとしたので、将校になってからの教育にも力を入れたが、海軍の場合は、特務士官という名称が示すように、下士官時代の職務についての特別責任者とでもいうべき存在なので、担当職務についての教育は必要がなかった。

そのため砲術、水雷、通信、航空などの特修科学生一年のコースで、准士官または特務少尉のときに、責任者に必要な教育をうければよかった。ただし、兵学校や機関学校などに設けられていた選修学生一年八ヵ月の教程で航海運用など生徒とおなじ科目を学んだ少数の者は、同校で生徒教育をうけた者とおなじ配置で勤務することができた。

選修学生は、海兵の場合で年間二、三十名が選抜されて学ぶことができるだけであり、生徒採用数にくらべて二割にもならない優れた少数者である。それでも配置上は尉官代用と呼ばれ、海兵生徒出身者とは差別された存在であって、術科学校の高等科に入ることはなかった。

下士官の養成と教育

兵の教育については前に述べたが、兵としての現役義務年限修了後も下士官として現役勤務をつづけることを志願する者は、試験選抜されて特別の教育をうけた。図は、兵から下士官に進み、准士官になるまでの昭和十一年ごろの教育の段階を示している。

陸軍では、入営後三ヵ月以上をへた者から下士官候補者を選抜した。選抜された者は、連

兵科下士官・兵の標準的教育段階（昭和11年現在）

〔海軍〕

期間	教育段階	階級
	准士官（兵曹長）勤務	
5ヵ月	初任准士官講習	（兵曹長）
	艦団隊勤務	（1等兵曹）
6〜10ヵ月	術科学校等の特修科練習生	
	艦団隊勤務	（1・2等兵曹）
6〜10ヵ月	術科学校等の高等科練習生	
	艦団隊勤務	（3等兵曹）
1ヵ月	初任下士官特別教育	（3等兵曹）
	艦団隊の特修兵として勤務	（1等兵）
6ヵ月〜1年	術科学校等の普通科練習生	
	艦団隊の勤務・教育訓練	（2・3等兵）
4ヵ月半	海兵団練習部　新兵（4等兵）	
	徴兵（20歳〜）	
5ヵ月半	海兵団練習部　新兵（4等兵）	
	志願兵（17歳〜）	

〔陸軍〕

期間	教育段階	階級
	准士官（特務曹長）勤務	
	軍隊勤務	（曹長・軍曹）
3〜8ヵ月	実施学校下士官学生	
	連隊勤務	（伍長）
	教導学校・実施学校の下士官候補者教育	（上等兵）
	連隊の下士官候補者教育	（1等兵）
1年	連隊勤務	（上等兵）（1等兵）
3ヵ月	3期　連隊教練・演習	
6ヵ月	2期　大隊教練以下	（2等兵）
3ヵ月	1期　中隊教練以下の連隊初年兵教育	
	徴兵（20歳〜、一部17歳〜）	

隊内で集められて特別の教育をされた。

さらに入営から一年後に、歩兵、騎兵、砲兵は熊本、豊橋、仙台などの教導学校に入り、それぞれの兵科の下士官になるための教育をうけた。内容は典範令による学科と術科が主である。他の兵科や各部の者は、実施学校などに設けられた下士官候補者隊に入り、おなじように教育された。

昭和十五年度の計画では、下士官候補者選抜数は、師団あたり歩兵で九十名、砲兵で四十名になっている。競争率は三、四十倍にもなり、狭い門であった。

教育が終わって下士官に任官する資格ができた候補者たちは、やがて伍長に進み各兵科の分隊長として服務した。その後、一部の者は実施学校の下士官学生として学ぶ機会をあたえられる。たとえば浦賀の重砲兵学校の丁種学生六ヵ月の過程で、観測や通信を学んだ。特別の技能を必要とする分野では、入校の機会があるが、歩兵はその機会が少ない。陸軍の歩兵教育は、所属の連隊内でおこなわれるのが普通だった。

海軍の下士官兵は、陸軍の場合よりも学校教育をうける機会が多い。新兵として海兵団で学んだのち二年ぐらいすると、各術科学校の普通科練習生のコースに入るための試験をうけることができる。有資格者の競争倍率は十倍以上である。

もっとも、このコースを出ると四年間の服役義務が生ずるので、全員が入校を希望するわけではなく、実質競争率は四、五倍と考えてよかろう。

半年以上も砲術、水雷、電信、機関、看護などを学び、特修兵のマークを左腕につけた修了者たちは、下士官への第一関門を突破したことになる。かれらにはいくらかの手当もつき、一般兵からはうらやましがられる存在になった。

マーク持ちといわれたかれらがその後、下士官の試験に合格して三等兵曹など下士官に任官すると、海兵団や防備隊で、初任下士官特別教育をうけなければならない。約一ヵ月のこのコースは、陸軍の下士官候補者の課程よりも短いが、普通科練習生の教育が、下士官候補者教育の意味をもっており、技術的なことは教育ずみだという考えからであろう。

海軍では下士官になってからも、術科学校などでの技術的な教育が待っている。それぞれの専門の知識技能を高めるために、高等科練習生や特修科練習生のコースに入ることが、進級のためには必要であった。

戦時はそれでも、高等科に入る機会がないままに年数がたち、古参ということで進級した下士官もいたが、高等科のマークがついていないために部下から軽くみられることがあった。陸軍よりも技術的な分野が多い海軍では、学校教育が重視されたのである。

航空下士官の養成

飛行機操縦下士官を養成することは、陸海軍ともに大正十年以前からおこなっている。基本的には他の兵科下士官の養成と変わらないが、航空兵力が増強されるにつれて、優秀な下士官を多数、養成する必要性が生じた。

そのための制度が、陸軍の少年航空兵と海軍の予科練習生の制度である。

海軍では昭和五年六月一日に、第一期予科練習生七十九名が横須賀海軍航空隊に入隊している。この教育は昭和十四年には霞ヶ浦航空隊の担当になり、翌年には土浦航空隊で最初の教育をするように改められた。

陸軍の第一期少年航空兵の要員として生徒百七十名（操縦・技術）が、所沢の陸軍航空学校に入校したのは、海軍よりも遅れて昭和九年二月一日であった。昭和十三年には、東京陸軍航空学校（東京村山、昭和十八年少年飛行学校）で最初の一年の基礎教育をするように改められた。

この二つの養成体系は、図のとおりである。どちらも優秀な下士官を養成するのには功があり、予科練第一期生の志願倍率は七十四倍であったというから、相当のものである。

陸軍がこのような志願者を生徒として採用し、海軍が四等航空兵として採用したのは、徴兵以外は生徒として採用する陸軍と、もともと志願兵の制度がある海軍の、制度上のちがいからであろう。陸軍には古くから銃器、火器の整備下士官を養成する工科学校生徒の制度があった。

少年航空兵（のち少年飛行兵）や予科練習生（のち甲、乙、丙に区分）の教育は、最初の段階は普通学をふくめた基礎教育であるが、操縦教育の段階では、部内からの下士官養成教育とおなじように術科主体のものになる。また下士官になってからは、一般の下士官と同じである。

航空少年下士官教育の細部は、「航空の発展と要員教育」の項を参照していただきたい。

航空下士官養成の少年兵の教育段階

〔海軍飛行予科練習生〕
昭和12年の甲種発足直前

期間	教育段階	階級	期間
	航空隊・艦隊勤務	(3等航空兵曹)	
	延長教育	(1等航空兵)	6ヵ月
	飛行練習生教程 操縦・偵察別教育	(1等航空兵)	8ヵ月
2ヵ月	適性検査		
2ヵ月	艦務実習	(2等航空兵)	1年2ヵ月
	予科練習生教程	(3等航空兵)	11ヵ月
		(4等航空兵)	3ヵ月
	(15〜17歳)		

〔陸軍少年航空兵〕
昭和14年現在

期間	教育段階		期間
	航空部隊勤務 (航空兵伍長)		
2ヵ月	飛行戦隊等隊附教育 (航空兵上等兵)	航空部隊隊附教育 (航空兵上等兵)	
4ヵ月	分科戦技 (航空兵上等兵)		
1年	熊谷飛行学校 (操縦生徒) 基礎操縦	航空整備学校 水戸飛行学校 (整備・通信生徒)	2年
1年	熊谷飛行学校 (操縦生徒) 準備教育		
1年	東京陸軍飛行学校(生徒)		
	(14〜16歳)		

予備員の養成

最後に、戦時動員源になる予備員を養成することを目的にした教育について述べる。

陸軍の幹部候補生の教育や海軍の予備学生の教育がもっとも重要であるが、海軍の二年現役士官や陸軍の軍医候補生も、二年間の現役後は予備役に入るので、やはり予備員養成の制度である。

明治二十二年に発足した陸軍の一年志願兵の制度は、昭和二年に幹部候補生の制度になり、昭和八年には甲種と乙種に区分されるようになった。

昭和十五年ごろの制度では、中学校などで学校教練をうけて幹部候補生としての資格をもっている者が、初年兵として入営後に採用試験をうける。入営二ヵ月あまりで採用されると一等兵に進級し、連隊内で集合教育をうける。入営半年後に、それまでの成績で将校要員の甲種と下士官要員の乙種に区分された。このときは上等兵になっている。

甲種幹部候補生に指定された者は、この段階では伍長の階級章をつけて昭和十三年以後に新設された予備士官学校に入り、小隊長要員として七ヵ月（本来は十一ヵ月）の教育をうけた。最初に盛岡に設置され、豊橋、久留米などに数をふやしたこの学校は、主として歩兵教育を実施した。やがて砲兵や輜重兵の一部の教育もするようになったが、歩兵以外の各兵科や各部の甲種幹部候補生教育は、実施学校などに設けられた幹部候補生隊でおこなわれた。

乙種幹部候補生の教育は、そのまま連隊でおこなわれ、上等兵、伍長をへて入営二年後に、一部は軍曹に昇進して現役期間を終わった。

学校教育が終わった甲種幹部候補生は曹長に進級し、見習士官として連隊で勤務をした。入営から二年後には少尉になって予備役に編入されるが、戦時中は、そのまま召集されて予備役の少尉として第一線で戦っている。

予備役の者は原則として将校として実施学校で学ぶことはない。ただ昭和十四年からは、志願すれば永続服役の現役に転換することもできた。ただし改めて陸士などの、一年間の特別志願将校課程に入らねばならない。

日華事変後は将校の半数以上が予備役将校になってしまったので、その養成教育にも力が入れられ、予備士官学校の制度や特別志願将校の学校教育制度が設けられたが、平時の陸軍の予備員養成教育は、連隊でおこなうようになっており、幹部候補生養成も例外ではなかった。

海軍の予備学生の制度はよく知られているが、もともとは高等商船学校出身者全員を、艦艇の予備将校として養成していた制度からはじまっている。高等商船の生徒は在学中から海軍の生徒扱いをうけており、船員としての教育のほかに海軍砲術学校の教育をうけていた。同じように地方の商船学校出身者は、教育をうけて予備下士官になっている。

このような制度を、昭和九年に飛行機操縦予備将校の養成に拡大し、昭和十七年には全兵科に適用した。大学や専門学校を出た者は、のちには在学中の者までが、兵科の予備学生に採用されている。

予備学生の教育期間は、規則上は一年半であるが、実際は短縮されている。一年半の教育のうち最初の半年間は砲術学校（飛行専修者は土浦で二ヵ月）で海軍士官としての基礎教育をうける期間であり、その後、飛行、陸戦、気象、通信などの専門分野別に、術科学校などで学ぶことになっていた。教育の細部は「航空の発展と要員教育」の項にある。教育が終わると予備の少尉に任官し、第一線に立ったことでは、陸軍の場合と同じである。予備員は召集された身分であるので、士官としての術科学校入校には制限がある。

これにくらべて兵科ではなく軍医や主計、技術の士官である二年現役士官は、二年がすぎても志願すれば、そのまま現役士官としての身分を保持できた。これは士官としての入校については、特別の制限をうけないことを意味する。

かれらは、採用されたのちに最初にうける基礎教育期間が三、四ヵ月であって、予備学生よりも短かったが、昭和十七年に見習尉官の制度ができてからは、経理学校などで見習尉官として五ヵ月の基礎教育をうけることになった。

予備員養成にはほかに、陸軍では二年現役の軍医候補生や技術候補生があり、曹長の段階からはじまる特別操縦見習士官、伍長からはじまる同じような系列の地上教育をうける兵科特別幹部候補生などの制度があるが、その教育の細部は、拙著『学徒兵と婦人兵ものしり物語』を参照いただきたい。これまでに説明した各制度を合わせた臨時のものだと思ってもらえばよい。

海軍にもほかに戦時中に創設された特別の制度があるが、やはり苦しまぎれの一時的なもので、平時の制度に特例を設けたものになっていた。

陸海軍とも戦時中は組織が膨脹して人員が不足したため、大量の新しい人員を採用し、必要最小限度の教育をして第一線に送り出さねばならなかった。平時に計画していた予備員だけでは不足したのである。とくに海軍の少数精鋭主義教育は破綻し、アメリカの大量規格品養成方式に負けたといえる面がある。

第十一章　航空の発足と空軍独立問題

航空のはじまりは気球から

「あれは、何でェ」

「雲が下りてくる。いや雲にしてはおかしい」

東京湾の漁師たちが、浜辺で騒いでいる。雲と見えたものはしだいに高度を下げて海岸に落ち、風にあおられてころがりだした。

「どうも袋のようだべ。雷さまの風袋か」

「つかまえろ」

みんなで追いかけて、棒でなぐりつける。中のガスが抜けた気球は、くしゃくしゃになった。これが日本で軍用につくられた初めての航空機である。航空機には、飛行機のほか、飛行船も気球もふくまれる。

明治十年の西南の役《えき》のとき、西郷軍の状況を偵察するために、工部大学、陸軍士官学校、海軍兵学校の三ヵ所で気球が試作されたが、実用にはならなかった。しかし研究はつづけられ、日露戦争のとき、旅順攻略中の乃木軍に配属されて偵察や弾着観測に使われたのが、実戦参加の最初であった。

それから五年後の明治四十二年（一九〇九年）に、臨時軍用気球研究会が、陸海軍合同の組織として設立された。会長は陸軍の長岡外史中将だが、監督者は、陸軍大臣と海軍大臣である。田中館愛橘博士や井口在屋博士など、理論面の研究を担当する学者も、軍外部から参加していた。

委員は陸海軍の軍人や技師たちだが、副会長とでもいうべき幹事は陸軍の井上仁郎工兵大佐であり、その下に海軍の山屋他人大佐以下が名をつらねていた。陸軍がいいだし、海軍は陸軍の申し出をうけて参加した組織ではあったが、バランスを欠いた人事が、のちに海軍に不満をもたらした。

会名は気球研究会になっているが、ほんとうの目的は、飛行機の研究である。予算をつけてもらう都合上、このような名前になっていたのであり、その予算も陸軍側につけられているので、海軍委員としては、その点でも不満をもたざるをえない。

陸軍側の委員には、徳川好敏工兵大尉など、砲兵、工兵将校が多く、海軍側の委員には、造兵中技士（中尉相当）奈良原三次など、技術関係と機関関係が多い。最初の活動は気球の製造からはじまり、つづいて飛行機の設計製造がはじまった。陸軍の日野熊蔵歩兵大尉と海軍の奈良原中技士がそれぞれ設計した飛行機を、新宿の戸山ヶ原で試験してみたが、どうしても離陸しない。

結局、飛行機を自力で開発することはあきらめ、委員たちはヨーロッパに出張して製造法と飛行技術を学び、飛行機を購入して帰国した。フランスで買い入れたファルマン式とグラデー式飛行機を使って、日本で初めて公開飛行をしたのは、明治四十三年の暮れであり、場所は代々木の練兵場であった。現在の明治神宮のあたりである。

飛行のための活動と併行して委員会は、飛行場造りもはじめていた。埼玉県所沢の茶畑を買い入れて、まず二十三万八千坪の最小限の広さをもつ飛行場を造り、根拠地を中野からここに移した。ここが陸軍航空の発祥の地になり、現在その一画には、航空記念公園や航空発祥記念館が設けられている。

現在は住宅地として高い値段がついている土地も、当時は茶畑にしかならない田舎であり、長岡会長たちは、農民たちに悟られないように軍服を着ずに、買い入れ前の現地視察をしている。軍が買い入れるという噂がたち、土地の価格がつりあげられるのを恐れたからである。気球の研究をするという名目でつくられた組織には、広い土地を買うだけの予算はあたえられていなかった。

所沢飛行場で初めて飛行機が飛んだのは、明治四十四年四月五日であった。機種はファルマン、操縦者は徳川大尉である。

このころ、研究会の海軍側委員金子養三大尉は、海軍大学校で一年間、選科学生として「空中飛行気球及飛行機」について研究していた。かれは明治四十四年五月に海軍大学校を修了し、引きつづいて渡仏して飛行学校で操縦を学んだ。かれの先輩委員である相原四郎大尉と小浜方彦機関大尉も選科学生として航空関係の研究をしており、海軍は、研究会の委員を、実務的な研究よりも外国資料の調査など、航空の準備的な研究にふりむけていた。しかしその中で、金子の次期の選科学生兼研究委員になった中島知久平機関中尉は、所沢でイ号飛行気球の開発にもあたり、明治四十四年十月に、陸軍の伊藤工兵中尉についで、同気球を操縦している。

海軍は陸軍にさそわれて航空の研究をはじめたようなものだが、研究しているうちに、その有用性に気づいたようである。艦上で気球をあげて偵察や射弾観測をすることは、外国でおこなわれていた。実際には戦闘中に気球をあげることはむりだったが、飛行船なら航続距離も長いので、そのような目的で使用できると考えたのである。

陸軍も大正二年（一九一三年）にドイツから飛行船を買い入れたが、雄飛号と命名した一隻だけで終わったのにたいして、海軍は大正十一年に横須賀航空隊内に航空船隊をおいて、その教育をはじめた。翌年、霞ヶ浦に場所をうつし、その隻数もふえたが、昭和七年限りで廃止された。航空船を飛行船に改めたのは昭和三年である。飛行機の発達とともに、鈍重で爆発事故がたえなかった飛行船は、役割を失った。

海軍はまた、水上機にも目を向けた。明治四十五年六月に、アメリカのアットウォーターがカーチス式水上機を持って来日し、芝浦～横浜間の連絡飛行をしてみせた。海軍高官も多数、これを見学していたが、そのとき選科学生であった河野三吉大尉はこれを見て、その操縦を学びたいと、海軍大学校長に請願している。その請願書の中でかれは、所沢での研究会の活動は陸軍中心であって、海軍は海軍にふさわしい水上機で、陸軍とは別に航空を学ぶべきだと強調している。

このようなことも契機になり海軍は、明治四十五年六月に、海軍航空術研究委員会を発足させた。これはそれまでの気球研究会とは別の、海軍だけの組織であるが、委員の多くは二つの委員をかけもちしていた。海軍は実質的には、気球研究会から抜けたのである。委員長には、気球研究会の専任委員であった山路一善大佐が就任した。

河野大尉は委員の一人になり、請願していたように、水上機について学ぶために渡米した。山田忠治大尉と中島機関大尉も同行した。中島は飛行艇の製造、整備を学ぶ命令をうけていたのだが、そのために必要だという理由をつけて、操縦も習得した。

こうしているうちに横須賀の追浜に、水上機の格納庫や、「すべり」と呼ばれる水上機を海上に押しだしたり引きあげたりする場所もつくられた。大正元年（一九一二年）十一月にはここで、フランスから帰ってきた金子大尉とアメリカから帰った河野大尉が、初飛行をした。

臨時軍用気球研究会はこのころ、陸軍の航空についての教育訓練の場所のようになっていたが、大正四年（一九一五年）に陸軍航空大隊が編成されたので、任務の多くがそちらに移った。さらに大正八年には陸軍航空部が発足し、行政的な業務はそちらにひきつがれて役割をおえ、翌年、組織は解散した。海軍航空術研究委員会も、大正五年に横須賀海軍航空隊が発足したので、そちらに任務をひきつがせて役割をおえた。

またしても仏英に学んだ航空

このような推移をたどった航空の委員会組織は、大正三年に第一次大戦の青島攻略に参加した。今では、日本がイギリスと連合して、中国遼東半島にあったドイツ軍基地を攻略したことを知っている人のほうが少なくなっている。まして陸海軍の飛行機が、ここで初陣を果たしたことを知っている人は少ない。

日清戦争のとき日本は露独仏の三国干渉をうけ、講和条約で得た遼東半島を清国に返還した。しかしドイツはその後、対岸山東半島の青島付近を租借して要塞を設け、ロシアは遼東半島から満州にかけて権益を得た。イギリスも山東半島の威海衛を租借した。日本は日露戦争の結果、ロシアを満州から追いだして、その権益をひきつぎ、この付近は大国の勢力争いの場になっていた。このような中で、勢力争いの一環として、青島攻略がおこなわれた。

日本の航空はヨチヨチ歩きではあったが、陸海軍ともに、委員会を臨時の部隊に編成して、作戦に参加させた。陸軍は気球研究会委員の有川鷹一工兵中佐が航空隊長になり、徳川大尉以下八名の操縦将校と三名の偵察将校が出陣した。飛行機はファルマン四機とニューポール一機、それに気球である。

海軍は運送船若宮丸を改造して水上機母艦とし、指揮官が山綱太郎中佐、飛行隊長格が山内四郎中佐、飛行将校は十三名であった。飛行機はファルマン四機である。

陸海軍機とも主任務は偵察であったが、にわかづくりの砲弾利用爆弾で、爆撃もしている。落下傘つきでフワフワと落ちていく爆弾での攻撃成果はなかったが、敵に心理的な威迫をあたえることはできたようだ。それにしても、たった一機のドイツ軍ルンプラー機に追いつくことができずに、ふり回されていたのは、惨めだった。

第一次大戦で日本軍が、このような初歩的な航空運用の体験しかしなかったのに対してヨーロッパでは、本格的な航空作戦がおこなわれた。大戦の間に機体も戦術も発達し、日本はそれを学ばねばならなかった。最初に手をつけたのは陸軍である。

大正八年の初めに、新しい航空を教えるためにフランスから、フォール砲兵大佐以下五十七人が来日した。かれらはこの年いっぱいかけて、操縦を岐阜県の各務原で、飛行機製造を所沢で、その他の技術、戦技を静岡県の浜松に近い新居と三方ヶ原や千葉県の下志津で教えた。

日本陸軍の学生は四十五人であるが、海軍の学生もいくらかこれに加わり、別に、初代航空本部長になった工兵出身の井上幾太郎少将など、練習委員として参加した者も多かった。このような人々が、その後の陸軍航空の中核になったのである。

フォール教育団は、戦闘、偵察、爆撃、機体、発動機、気球といったあらゆる部門の教育をおこなった。しかし学生たちは、日本人特有の、実技よりも理論を重視する癖を発揮したために、かれらの目にはそれが異様にうつったらしい。この癖は今さらのことではなく、幕末に勝海舟たちがオランダ人から海軍術の教育をうけたときも、オランダ人教官たちは同じ所見をもったのである。

このフォール教育団の教育に参加した横須賀航空隊の海軍軍人たちは、新居でのファルマン水上機による射撃訓練に参加したことで、海軍も外国人による航空教育をうける必要性があることを悟った。海軍の師は、明治いらいイギリス海軍である。イギリスに教育団の派遣を打診するいっぽうで、最初の航空母艦「鳳翔」の建造もはじめていたので、その運用法もイギリスから学ぶ準備をはじめた。

こうして大正十年（一九二一年）にイギリスから、センピル予備役空軍大佐を長とする三十名の教官たちがやってきた。当時イギリスの軍パイロットは空軍として統合されていたので、センピルの階級名は空軍大佐だが、海軍航空のエキスパートである。かれらは霞ヶ浦飛行場を教育場所にした。陸上機や飛行艇など多くの機体を持ってきていたので、水上と陸上の両飛行場を使用できる霞ヶ浦は、教育には望ましい場所であった。

ここに集まって教育をうけたのは、海軍士官六十八名、下士官兵約四百名であった。かれらはその後、海軍航空の中核になった。教官団の来日は陸軍より二年遅かったが、その後の発達は、陸軍にくらべて劣ってはいなかった。

霞ヶ浦が海軍航空の発展に寄与した功績は大きい。「今日も飛ぶ飛ぶ霞ヶ浦にゃ……」と唱われた予科練習生の教育だけではなく、前大戦初期の航空関係者で、ここで学生（准士官以上）または練習生（下士官兵）として過ごした日をもっていない者は、いないといってよかろう。その教育の発端が、センピル教育団による教育であった。

陸軍から働きかけた空軍独立の主張

こうして別々の道を歩んでいた陸海軍の航空が、同じ航空どうしで協力する必要があると感じることがないわけではなかった。とくに第一次大戦のヨーロッパの戦場では、防空のために陸海軍航空が共同作戦をすることがあった。ドイツのツェッペリン飛行船によるロンドン爆撃をうけたイギリスは、一九一八年（大正七年）に、共同作戦を一歩進めて、航空を統合して空軍として独立させていた。しかし防空のためには空軍独立が望ましいにしても、空母からの離着艦のような特別の技術を必要とする飛行機の運用には、その専門の搭乗員であることが望ましい。イギリスは一九三七年（昭和十二年）に、艦隊専門の搭乗員と航空機の制度を復活させた。

イタリアは海軍が地中海海軍といってもよい存在なので、イギリスのような問題は起こらない。陸上の基地から発着する航空機が艦艇を支援できるからである。そのためもあって、一九二五年（大正十四年）に、空軍を独立させた。

フランスでは一九一七年（大正六年）に、海軍航空が陸軍に吸収されたかたちになったが、その後ふたたび分離したり、一部を統合したりという変遷をへて、一九三四年（昭和九年）に、完全な三軍制になった。

このようなヨーロッパの事情を知った陸軍航空の責任者井上幾太郎は、空軍の独立を考えはじめていた。しかしフォール大佐は、航空機は地上部隊に協力すべき存在であり、空軍独立は協力に悪い影響を与えるので、独立すべきではないと助言した。

日本海軍もまた、気球研究会から分かれたときいらい、海軍航空はあくまで、艦隊の行動に従属すべきものだと考えていたので、井上の考えは、まだ個人的な考えの枠を出ることはなかった。

しかし海軍でも航空の爆撃能力など、艦隊とは別に威力を発揮できることが一般に認められるようになると、艦隊の付属物であることを望まない空気が生まれてきた。とくに第一次大戦後にアメリカのミッチェル陸軍航空総監が、戦利品のドイツ戦艦を陸海軍機の爆撃で沈める実験をし、日本でも大正十五年から同じような実験がおこなわれて航空の威力が確かめられてから、そのような声はしだいに大きくなっていった。

井上が最初に空軍独立、陸海軍航空の合併をいいだしたのは大正七年であるが、このときはまだ、時機がきているとはいえなかった。しかし井上は大正九年、同郷山口県の先輩、田中義一陸相を説いて、海軍大臣加藤友三郎に、研究の申し入れをしてもらった。加藤は航空の合併には乗り気ではなかったが、運用上の共通の問題を協議する必要があることは認め、年末に、陸海軍航空協定委員会が発足した。

委員長は海軍次官の井手謙治中将であり、委員には陸海軍省の各軍務局長と関係課長、参謀本部と海軍軍令部の少将、大佐および陸軍航空部、海軍艦政本部などの大佐以上が名をつらねている。

委員会は大正十二年まで会議をかさねたが、空軍独立、陸海軍航空の合併については陸軍の委員のなかにも時期尚早の意見が多く、まして海軍の委員のなかで賛成するものはいなかった。しかし航空機の生産、飛行場・燃料などの利用、航空教育、要員の召集などについてはある程度の合意ができたのであり、むだな会議にはならなかった。

なおこのとき、任務分担のうえで海上にあるものの攻撃や防護は海軍、陸上にあるものは陸軍、中間にあるものは状況に応ずるという基本合意ができているが、これが対米戦のときにも生きている。本土防空は鎮守府など海軍関係施設をのぞき、原則として陸軍が担当した。その範囲内で陸軍が、海軍機を統制することもしている。ただし現実には陸海軍が重複して電波警戒機を設置するなど、完全にむだをはぶく体制にはなっていなかった。

井上が理想とする空軍独立は実現できなかったが、それでもかれの努力は、陸軍内で航空兵科が独立するという結果をもたらした。大正十四年の宇垣軍縮のときに、それまで工兵、砲兵、歩兵などの寄り合い世帯であった航空が、空色（淡紺青）の識別色をもつ航空兵科として統一された。それまで歩兵の緋色、砲兵の黄色など、軍服の襟の色がマチマチであった航空部隊が、空色だけになったことで団結を強めた。

組織の面でも陸軍航空部が陸軍航空本部に昇格し、大隊編制の航空部隊も連隊編制へと、大きくなった。飛行連隊の数はまもなく八個にふえ、総計二十六個中隊で編成された。ほかに気球二個中隊も近衛師団に配置されて、航空の一画をしめていたが、のちにこれは砲兵科のものになった。

飛行連隊は将校五、六十人、総員で七百五十人ぐらいの規模である。中隊が二～四個で編成された。中隊あたりの機数は、戦闘機で十二機、偵察機で九機であった。

ほかに飛行学校が、所沢、下志津、明野（三重県）に設けられた。このときの編制がもとになって、満州事変以後の大編制に膨脹していくのである。

海軍航空隊の発展と教育

青島での実戦体験をへて、海軍の航空隊建設は軌道に乗り、大正五年四月一日には、横須賀海軍航空隊が、日本海軍最初の航空隊として発足した。その任務は、「将校、機関将校に航空術に関する事項を教授し、かつその改良進歩をはかる」ことであった。

全国の主要軍港にも作戦任務をもつ海軍航空隊を置く計画になっていたが、とりあえず最も重要な軍港である東京湾入口の横須賀に、最初の航空隊を置いたのである。内容的にはこの航空隊は、航空術研究委員会の後身と考えてよい。

ここで学ぶ航空術学生は将校、機関将校であり、教育期間は一年であった。第一期生の教育開始は六月一日であり、さらに六月下旬には、下士官操縦者二名の養成教育もはじめられた。

将校学生（のち飛行学生）というのは、海軍兵学校出身者であり、飛行機操縦を中心に、その理論や運用を学ぶ。基本操縦の飛行時間は、はじめは十数時間だったようである。操縦以外の科目は航空学、機体、発動機、兵器や戦略、戦術などであった。

機関将校学生（のち整備学生）は海軍機関学校出身者であり、航空学、機体、発動機、兵器などの理論と整備技術を学んだ。操縦初歩の教育もうけている。戦争がたけなわになり、操縦者の養成で多忙になるまでは、他の分野の者にも操縦を覚えさせたり、体験飛行をさせたりするのが、海軍航空隊の教育方針であった。また操縦者などの航空関係者に、艦艇の運用についての知識技能をもとめるのも海軍の特色である。海軍兵学校出身者が航空関係にはいるのは中、少尉時代であって、艦上勤務の経験をしてからであった。後述の飛行予科練習生も、規則上は乗艦実習が義務づけられており、当初は実習をしている。

横須賀海軍航空隊には二個飛行機隊が置かれ、練習用と実務用に分かれていた。各飛行機隊には分隊二つが置かれ、教官として士官の分隊士や下士官教員が配置されていた。各飛行機隊の飛行機は十数機であり、練習機による基本操縦訓練がおわると、実務の訓練に入った。整備教育は機関科が担当し、機体、発動機、その他の器材の別に担当する分隊が定められていた。

航空隊全体の責任者は大佐の司令であり、その下に飛行機隊長や機関長が、各部門の責任者として配置されていた。その下で会社でいうと課長役をつとめるのが、少佐・大尉の分隊長である。

飛行機隊はのちに、飛行科になったり、飛行隊になったりしているが、実体にそれほど大きな変化はない。機関科も整備科と改められたり、通信科が独立したりした。そのほかにも管理部門の科や航空船隊、気球隊が置かれたりした。気球隊はのちに、鎮守府の防備隊の所属になった。

航空隊というのは、五百名から八百名ぐらいという員数的に、また内部の組織や機能的にも、戦艦や巡洋艦などに対比できる存在であった。

大正九年十一月一日には新しく佐世保航空隊（長崎県）が水上偵察機隊として開隊し、大正十一年十一月一日には霞ヶ浦（茨城県）に、一ヵ月後には大村（長崎県）に航空隊が新設され、海軍航空はようやく、発展の時代を迎えた。とくに霞ヶ浦海軍航空隊はその後、横須賀とならぶ海軍航空の教育のメッカになった。

霞ヶ浦や横須賀での航空の基本的な教育には、操縦者の養成教育のほかに、偵察、航法などの機上作業をおこなう者を養成する教育と、整備関係者を養成する教育がある。

士官は初期には操縦者と偵察者を分けて養成したが、昭和五年からは、操縦者にも偵察、航法、通信などの技術をもたせることにして、教育が統合された。しかし、下士官兵については、最後まで、操縦員と偵察員の区別を残した。大戦中の予備学生についても同様に区別をしていた。海軍機は洋上を飛ぶために、航法や通信を専門的におこなう偵察員を後席に乗せて飛ぶ飛行機が多い。偵察員は爆弾の投下や旋回機銃の射撃も担当する。偵察員の制度は、海軍機の特性と、教育の効率を考えてのことであった。

整備の下士官兵は、大きく分けて機体の整備員と機銃や爆弾などの兵器の整備員に分けられていた。ただ教育のときは、機体、機関、写真、兵器など、さらに細分された専門別教育をうけた。これにたいして士官の整備学生は、区分なしにすべての教育をうけている。指揮官は全体のことを知る必要があるからだ。

海軍航空隊編成（昭和5年現在）

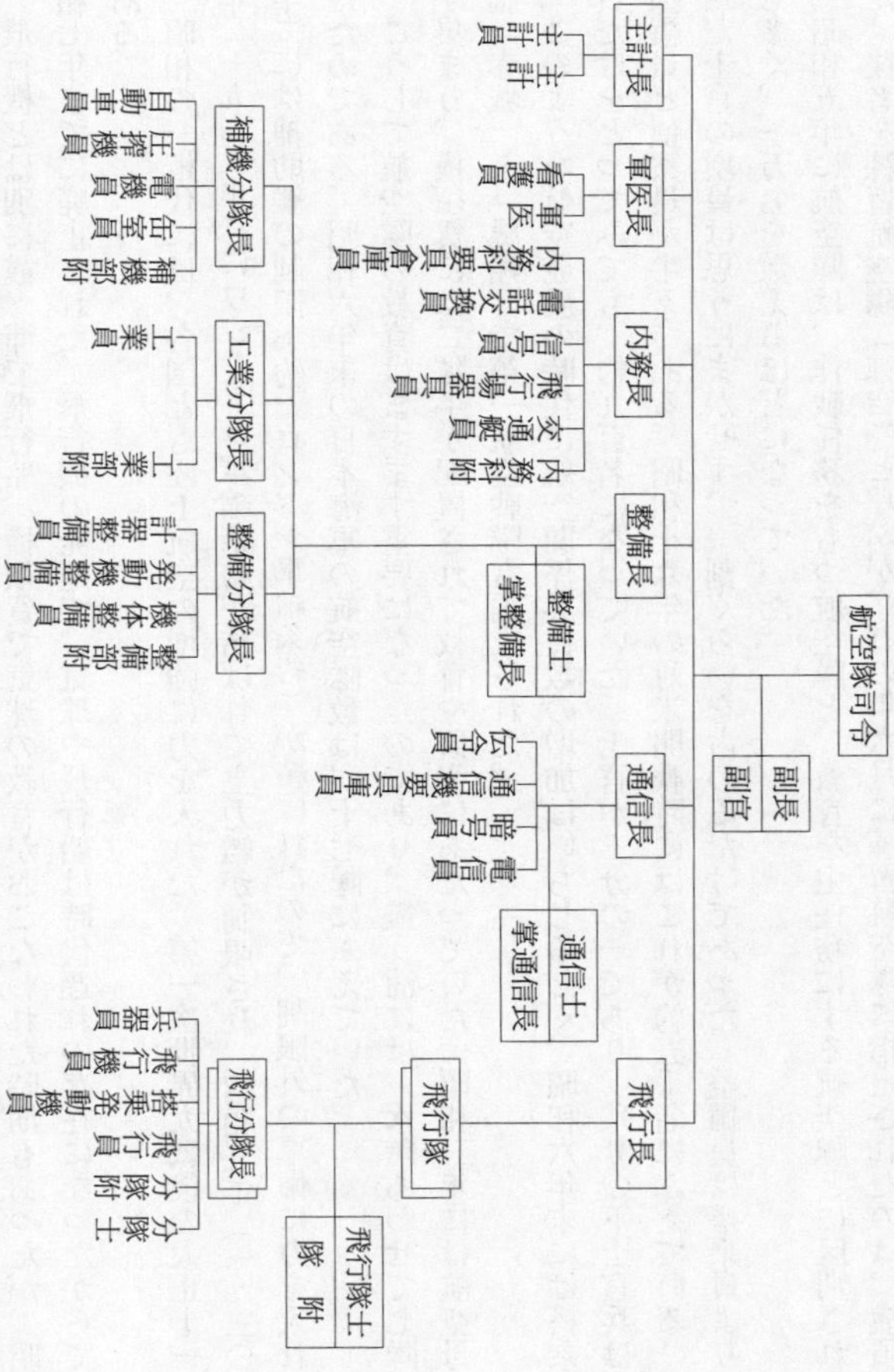

飛行機とは別に霞ヶ浦で飛行船、横須賀で気球の教育がおこなわれた時期もあったが、昭和七年までに廃止された。飛行機の発達で、気球や飛行船は時代遅れの存在になったからである。

昭和の一桁代には、各国とも陸上航空の増強に力を入れた。第一次世界大戦後の大正十一年（一九二二年）にワシントン軍縮条約が結ばれて主力艦が制限され、昭和五年（一九三〇年）には補助艦の制限条約（ロンドン軍縮条約）が結ばれたので、制限外の軍備に力を入れたためである。昭和六年末の日本海軍の航空隊数は、十七隊にふえていた。

こうして航空隊の教育はますます重要になったのであり、霞ヶ浦には、水陸あわせて七隊が集まり、横須賀には二隊半が配置されて教育や研究にあたっていた。昭和三年には航空母艦「赤城」と「鳳翔」で第一航空戦隊も編成された。

このような航空発展の時代に航空関係兵員数の増加はいちじるしく、昭和六年末には搭乗員だけをとってみても、約九百名になっていた。士官が三分の一であり、残りの下士官兵は、操縦員と偵察員が半々である。昭和十六年の対米開戦時にはこれが約五千名にふえている。ただ士官の増員は思うにまかせず、一割ぐらいを占めるだけであった。整備員は搭乗員よりも多く、一万名を数えるほどになっていた。

昭和五年に航空隊は、作戦任務をもつ航空隊と、教育を主任務にする航空隊とに区別された。後者を練習航空隊（練空）と呼ぶが、この年六月に練習航空隊に指定されたのは、横須賀と霞ヶ浦の両航空隊だけであった。

海軍の艦艇関係の技術教育は、砲術学校などの術科学校でおこなわれる。航空関係の同じような教育を航空隊ですることにしたのには、それまでの歴史がからんでいるが、操縦教育は天候の関係などで学校のようにきちんとした時間割をきめてするわけにはいかないことも関係している。陸軍では飛行学校で教育をしていたが、戦争末期には、学校の操縦者に防空戦闘任務を付加し、部隊に編成替えをした。海軍練習航空隊は部隊なので、同じようなことをしたときに、編成替えの問題は起こらなかった。

練習航空隊は、昭和十三年に鈴鹿（三重県）、鹿島（茨城県）など四隊が加わるまでは、横須賀と霞ヶ浦の二隊だけであった。それまでに始まった予科練習生の教育や航空予備学生の教育は、この二隊が担当した。

前者は昭和五年に横須賀で教育がはじまり、昭和十二年に飛行予科練習生と改称されて甲種、乙種に区分されてからまもなく、霞ヶ浦をへて土浦にうつった。

航空予備学生は昭和十六年以後の海軍予備学生の前身であり、昭和九年に最初の操縦者要員六名が、横須賀に入隊した。これは戦時に召集される予備の士官養成課程であり、昭和十三年からは、整備科予備士官の養成もはじめられた。

昭和九年当時の練習航空隊の教育の一覧表を示しておくので、細部はこれを参照していただきたい。なお表の普通科練習生に入る前の整備関係新兵教育は、海兵団の担当である。

士官は、少尉か中尉のときに最初の学生の課程に入る。大尉時代には高等科に入って学び、飛行長など上の配置につくための準備をする。艦艇勤務者だと砲術学校などの課程で同じよ

海軍練習航空隊の教育（昭和９年現在）

区分	課程区分	採用対象	内容	期間	航空隊
学生（士官）	高等科学生	大尉	各専攻職上級	一年	横須賀
	飛行学生	中・少尉	操縦・偵察の基本	一年	霞ヶ浦
	整備学生	中・少尉	飛行機・航空兵器の整備基本	一年	霞ヶ浦
	特修科学生	佐尉官	特別技術、専攻外技術	四ヵ月	横須賀
	専攻科学生	少佐・大尉	指定技術研究	一年以内	霞ヶ浦
	航空予備学生	専門学校卒以上	基礎教育	二ヵ月	横須賀
			操縦・偵察の基本	十ヵ月	霞ヶ浦
練習生（下士官・兵）	予科練習生	十五〜十七歳男子	基礎教育	二年十一ヵ月	横須賀
	飛行練習生	予科練修了者	操縦基本	一年以内	霞ヶ浦
	同右	同右	偵察基本	一年以内	横須賀
	操縦練習生	下級下士官・兵	操縦基本	五ヵ月	霞ヶ浦
	偵察練習生	下級下士官・兵	偵察基本	四ヵ月	横須賀
	特修科航空術練習生	下士官	攻撃・偵察・空戦のどれか	六ヵ月以内	横須賀
	高等科航空兵器術練習生	中級下士官	攻撃兵器または写真兵器上級	八ヵ月以内	横須賀
	普通科航空兵器術練習生	上級兵	攻撃兵器または写真兵器	八ヵ月以内	横須賀
	高等科整備術練習生	中級下士官	飛行機整備上級	六ヵ月	霞ヶ浦
	普通科整備術練習生	上級兵	飛行機整備	九ヵ月	横須賀

うに学ぶのであり、教育体系としては、どちらも同じになっている。

専攻科というのは指名されて特定の研究をするための課程であり、明治時代に気球研究会のメンバーであった士官たちが海大の選科で研究をしたことを思いだしてほしい。航空関係以外の者が特別に航空技術を学ぶような場合は、特修科に入った。機種変更のときも同じである。

予科練習生は飛行訓練に入る前の教養課程のようなもので、基礎教育をうける。適性などによって操縦または偵察に区分され、飛行訓練がはじまると、飛行練習生と呼ばれる。

表の操縦練習生と偵察練習生は、予科練習生のように海軍外から採用するのではなく、海軍内から採用する。昭和十五年には、丙種飛行予科練習生として採用されるように改められ、のちに特別乙種飛行予科練習生に吸収された。

再度の空軍独立問題

「陸海軍の航空を合併して一体にいたしますと、有事のさいはもちろん、技術的にも経済的にも有利だと考えますが、陸海軍はそれぞれどのようにお考えか」

昭和十一年度の帝国議会貴族院予算委員会で、予備役陸軍中将浅田良逸男爵が質問をした。まず米内海軍大臣が答える。

「陸海軍で共通にできるものは、共通にすべきだと考えております。空中戦闘と爆撃については、その対象として考えてもよろしいかと思います。しかし偵察や触接など、それぞれの軍に特質があるものにつきましては、問題があります。ヨーロッパでも海軍には海軍専属の航空隊があります。このようなことを考えますと、陸海軍の航空をただちに合併して、大空軍を組織することは難しいといわざるをえません」

「それでは陸軍では、陸海軍航空の合併について研究しておられるのか」

杉山元《はじめ》陸軍大臣が答える。杉山は陸大卒業後まもない時期に、空中偵察術の三ヵ月の教育をうけており、航空の出身である。

「陸軍内部では空軍の編成についての意見が出てきておりますが、まだまとまったものになってはおりません。しかし海軍大臣も申しておりますように、陸海軍それぞれの固有の作戦に協力する航空兵力を、それぞれが持っていることは必要でありまして、もし空軍を編成するのであれば、そのような部門のものを除いたもので、陸海軍どちらのためにも使える予備的なものにすべきだと考えております」

米内も杉山も、航空すべてを空軍に統一してしまうことには反対である。しかし、このような質問が議会で出てくるのにはわけがあった。

一九三五年（昭和十年）、ドイツではヒトラーが再軍備を宣言し、独立空軍を発足させた。前にも述べたように、その他の欧州諸国でも空軍が独立しつつある。日本の航空も、これらの国にくらべて弱体とはいえない航空兵力が、陸海軍それぞれで育ちつつあった。

陸軍航空は昭和十一年末までに、飛行十五個連隊、五十二個中隊に増強される計画になっていた。実用機はすでに約六百機にふえ、学校も、熊谷と浜松の飛行学校が追加新設され、航空技術学校が所沢に編成されていた。さらに昭和十二年十月から所沢で、航空士官学校の前身の陸軍士官学校分校の教育もはじめられる計画があった。

航空兵科が勢力を拡大している状況のなかで、航空の将校たちは、歩兵に頭を抑えられていることが耐え難い。予算も人事も、歩兵優先になりがちだからである。

同じ悩みは、海軍の飛行将校たちにもあった。海軍航空は、空母三隻、実用機三百機をもつ勢力に発展していたが、鉄砲屋と呼ばれる戦艦、重巡洋艦の関係者と張り合うことはできなかった。海軍の航空関係者は、山本五十六中将などを中心にして、航空兵力が大艦巨砲にとってかわる可能性を宣伝していたが、海軍全体の雰囲気はまだ、それを受け入れるほどには進んでいなかった。

そのような情勢のなかで昭和十一年五月に、陸大教官兼海大教官の青木喬陸軍航空兵少佐と、海大教官兼陸大教官の加来止男海軍中佐が、共同研究のかたちで独立空軍建設についての意見書を、それぞれの大学校長に提出した。青木はのちに第八飛行団長になり、加来は空母「飛龍」の艦長としてミッドウェー海戦で戦死するが、どちらも航空のエリートである。

しかしこの意見は、海軍では握りつぶされて反応がなかった。翌年、海軍航空本部の教育部長であった大西瀧治郎大佐が、空軍の独立をふくむ基地航空重視論を部内に配布したところ、やはり怪文書として闇に葬られたのであり、それが海軍の雰囲気であった。

だが陸軍は、青木少佐の意見を握りつぶしはしなかった。エリートの意見が尊重される体質があるのと、参謀本部作戦課長石原莞爾大佐や航空本部第一課長の菅原道《みち》大《お》大佐など、同じ意見をもつエリートが上部にいたためでもある。

おかげで青木は、その年の十月に独伊航空視察団の一員に加えられ、独立空軍の実状を見てくる機会を得た。団長はドイツ駐在武官の大島浩少将だが、実務上の責任者は菅原大佐であった。

視察団は報告書で、独立空軍の必要性を強く訴えた。しかし、肝心の海軍側がまったく話に乗ってこなかったので、前に進みようがない。どうしてもというのなら、戦略爆撃に使われる大型機を海軍に所属させ、本土防空は陸軍が行なうことにするというのが、大西をふくむ海軍側の回答であった。

昭和十五年末にはさらに、陸軍航空総監山下奉文中将を団長とする独伊軍事視察団が派遣され、航空についてはやはり報告書で独立の必要性を述べている。しかし山下は、帰国後、十分の報告をする暇もなく満州に転出したので、空軍独立論が実行に移されることはなかった。

その後まもなく対米戦がはじまると、海軍航空の活躍がめだつのと裏腹に、陸海軍航空の合併論はどこかに飛んでしまい、戦争末期に本土防空や航空特別攻撃が問題になるまでは、陸軍からもそのような意見は出なくなった。

空軍独立は別として戦争の進行とともに陸海軍とも、航空の比重が高くなったのは事実である。それが時代の流れであった。しかし当時陸軍でいわれていたように、「航空優先」ではあっても、「航空絶対」にならなかったのは、軍備の性質上そうだろう。

戦争は、相手の国土を占領し、支配することで終わる。艦隊で沿岸を封鎖したり、戦略爆撃で相手の国内を焼け野原にしても、それだけでは不十分であり、占領行政を通じて相手を屈服させることが必要になる。

最後に相手の意志を変えさせるのは、地上兵力である。物資や人が、防勢作戦のために優先的に航空に配当されたのは事実だが、航空が絶対的な力をもっているので優先されたのだと考えては誤りだろう。戦争末期には防勢的な戦闘機や特攻機に人員資材を配当することはしたが、攻勢的な大型爆撃機の生産は中止している。

そういう目で、当時の航空優先の状況を見てみよう。昭和二十年に陸軍士官学校を卒業した第五十八期生は、約二千三百名のうち、航空兵種にあてられた者は半数強であった。海軍兵学校でも、昭和十八年九月と翌年三月に卒業した第七十二・七十三期生約千五百名は、やはり半数が航空の要員であった。

それほどまでにしても、航空関係の下級指揮官不足はいちじるしく、昭和十八年に採用した海軍予備学生・予備生徒約二万二千人弱の半数が、飛行機搭乗員にあてられた。

海軍は軍艦を失って最後には、航空特攻で敵艦船を攻撃するほかはなかったのだが、陸軍も、上陸前の敵陸軍兵を海上で攻撃するために、第六航空軍を連合艦隊の指揮下に入れて沖縄付近での航空特攻をおこなったのである。

特攻機だけではなく、陸軍重爆撃機隊の一部を海軍側の指揮下で、艦船攻撃に参加させている。第六航空軍司令官は菅原道大中将であり、その参謀副長が青木少将であった。

陸軍機による特別攻撃は、千百六機、千三百四十七名で、海軍機によるものは、千二百二十八機、二千五百二十五名であった。海軍機は後席に偵察員を乗せたものが多いので、機数にくらべて人員が多くなっている。

勝敗の決は航空戦力

日本では空軍独立は実現しなかったが、航空戦力が戦争の結果に大きな影響をあたえたことは確かである。その意味では航空優先の施策が必要であったが、空軍が独立していたら、戦争の結果をもっとましなものにしたかどうかを考えてみると、そうとはいいきれない。

アメリカは大戦中の陸軍航空部隊、それも戦略爆撃機部隊の活動を評価して、一九四七年（昭和二十二年）にこれを空軍として独立させ、三軍をたばねる国防省と統合幕僚本部を発足させた。しかし、空母機や洋上哨戒機は海軍のものであり、上陸作戦をおこなう海兵隊にも、それを直接支援する海兵隊航空部隊を付属させている。陸軍を直接支援するのは空軍の役目であったが、現在では、陸軍のヘリコプター部隊の支援役割が大きくなっている。

空軍は戦略爆撃機や弾道ミサイルによる戦略的な任務が中心になり、本土防空さえ、弾道ミサイルとセットになった組織として運用されるようになった。空軍の行きつく先がこのようなものだとすると、大戦当時に日本空軍が独立していたとしても、戦略的な軍備をおこない、戦略的に運用することができたかどうかは疑わしい。せいぜい本土防空に役立ったぐらいのものであろう。当時の低い生産力しかもたない日本では、航空は空軍として独立させると、かえって効率が低下したとも考えられる。

現在のアメリカでは、陸海空軍省はそれぞれ、軍の人事、編制、装備兵器などについての行政面の責任は負っているが、作戦についての実行責任は負っていない。作戦は大統領の下に国防長官や統合幕僚長が加わっている国家安全保障会議で大きな方針が検討され、統合幕僚本部を通じて統合軍がおこなうことが多い。

世界的に見ても兵器の発達により、陸海空という活動の場によって作戦を区分することは、非現実的になってきている。これは湾岸戦争のことを考えてみるとわかるだろう。イラク軍にたいする多国籍軍の攻撃はまず、空軍機と空母機が戦略的な重要目標である指揮警戒通信網を攻撃することからはじまり、その後、陸海軍に海兵隊も加わって、協同して敵地上軍を攻撃した。全体の作戦は統合されており、各軍の作戦を分離することはできない。

自衛隊は日本とその周辺での防衛行動を任務としており、米軍とはやや活動形態がちがう。そうでありながら航空自衛隊を独立させたのであり、その意味を旧陸海軍の空軍独立論をひきあいにしながら考えてみるとおもしろい。

航空自衛隊は本土防空を主任務とし、陸海部隊の行動を支援する任務ももっている。陸上自衛隊は戦闘ヘリコプター部隊をもち、海上自衛隊は洋上哨戒機部隊をもっているので、航空自衛隊のこれらにたいする支援は、上空の防空、強力な敵艦や戦車への攻撃が主任務になる。

このような独立航空部隊の任務形態は、かつて米内海相が帝国議会で答弁したような、共通一般的なものである。それで不十分な部分は、たとえば海上自衛隊がイージス艦を装備して、艦上ミサイルによる防空能力を高め、陸上自衛隊が地対艦ミサイルを装備して、敵の上陸支援艦船を攻撃する能力をもつことで補おうとしている。

独立空軍としての航空自衛隊の役割は、このような状況によっても変わっていく。決して固定的なものではない。現在の方式だけにこだわっていると、大艦巨砲とおなじ轍を踏むことになるだろう。陸海空の分別とそれぞれの利害関係から、そのあり方を考えることは、もちろんあってはならないことである。

第十二章　航空の発展と要員教育

満州事変と陸軍航空の活躍

昭和六年九月十九日の深夜二時過ぎ、平壌の飛行第六連隊長長嶺亀助大佐の官舎に、週番司令から電話が入った。

「ただいま第二十師団参謀長からの、朝鮮軍命令の伝達がありました。『奉天付近で日支両軍が戦闘中である。飛行第六連隊はできるだけすみやかに戦闘、偵察各一個中隊の兵力を、奉天飛行場に応急出動させよ。出動部隊は奉天飛行場到着後、作戦に関して関東軍司令官の区処を受けるものとする』以上です」

長嶺連隊長はただちに連隊の非常呼集を下令し、出師準備に入った。連隊をあげての努力のおかげで、六時ごろには八八式偵察機二機の出動準備ができ、小林孝知大尉指揮、広田一夫少尉操縦の長機に中村中尉と橋本曹長の二番機が追随して、平壌を離陸していった。

つづいて翌日には、乙式一型偵察機四機と、甲式四型戦闘機八機も離陸した。整備員も先遣の五名は輸送機で奉天入りし、神崎清中尉以下二十五名が、鉄道に資材をのせて奉天飛行場に展開した。輸送機は民間機を臨時雇傭したものであり、鉄道輸送も国境で一時停止させられはしたが、二十日朝には奉天に到着したのであって、訓練の成果が素早い行動になって表われていた。

最初、連隊には、奉天での戦闘状況について、詳しい情報は入っていなかった。小林大尉は空中から飛行場の様子を詳しく偵察し、安全だと見極めてから着陸している。

そのころ陸軍中央部は、戦闘の発生と朝鮮軍への増援要請について、当事者の関東軍から報告をうけたが、まだ対策を決めかねているところであった。とりあえずは戦闘の拡大をふせぐために、朝鮮からの歩兵旅団の増援は、満州への入口の新義州で足留めさせた。しかし、航空部隊はその対象になっていなかったので、奉天に移動することができたのである。

関東軍は航空部隊をもたない。少数の飛行機の移動は、それまでの経緯もあって国際的に問題になる可能性はないし、偵察のためには必要だと、中央部でも考えたのであろう。飛行機にたいする認識は、その程度のものであった。

出だしは好調であった長嶺大佐の飛行連隊は、その後の活動に悩むことになった。中央は事変不拡大の方針なので、戦闘用の燃料弾薬や資材を補給してくれない。航空部隊をもたない関東軍には、その準備があろうはずがなかった。

飛行機は、地上で支援する組織と資材、燃料弾薬の補給なしには動けない。補給量は、一人あたりにすると歩兵の十倍以上にもなる。飛行機一機の一回の出撃には、当時の飛行機でドラム缶に半分くらいの燃料が必要である。エンジンが良くないので、潤滑油もその十分の一ぐらいを消費する。整備組織とは別に、そのような補給をおこなう組織も必要だったが、何もないのが満州であった。

満州の張学良軍は、飛行機約七十機をもっていた。フランス製が多いが、輸入したばかりの日本製もあった。かれらは飛行機は輸入したものの、使用法を日本軍から学んでいるしまつで、まだ使いこなすまでにはなっていなかった。長嶺大佐の部隊は、その飛行機の一部を押収して、部品を整備用に転用したりしている。

それでもこのような努力と関東軍の協力のおかげで、事態は少しずつ改善された。まもなく陸軍中央部は関東軍の行動を追認したので、補給もおこなわれるようになった。

最初の二個中隊と整備員三十名の組織に、偵察二個中隊、軽爆一個中隊と本部がくわえられ、別に材料廠(百名弱)も加えられて、関東軍飛行隊が編成され、ようやく本格的な航空活動がはじまった。増加された偵察中隊は九州太刀洗の飛行第四連隊のものであり、軽爆中隊は、浜松の飛行第七連隊のものであった。

長嶺大佐は初期には、平壌の飛行第六連隊長のまま関東軍飛行隊長を兼務していた。実戦の指揮をしながら、遠くはなれた平時体制の平壌の連隊を指揮することは、飛行機という移動手段をもっているとしても容易ではない。長嶺はそれを立派にやってのけた。

奉天にはまもなく奉天西飛行場が新設され、飛行隊はここを根拠地にした。昭和七年三月には、飛行隊はさらに増強されて、三個大隊の九個中隊編成になった。偵察、戦闘、爆撃がそれぞれ三個中隊ずつである。また補給などの後方支援組織として、関東軍に関東軍野戦航空廠が置かれたのであり、このような組織の運用を通じて、航空部隊の運用法は飛躍的に発達した。のちに石原莞爾大佐が参謀本部で航空の重要性を説くのには、このとき関東軍作戦主任として飛行機の効用を認識したからである。

こうして大きくなった関東軍飛行隊長には、長嶺にかわって大江亮一少将が着任した。初動の任務をはたした長嶺大佐は平壌に帰り、少将に昇任して所沢飛行学校幹事（副校長のようなもの）に転じた。

かれは沖縄出身で初めての陸軍将官になった。海軍には漢那憲和少将という先輩がいたが、もともと軍学校や大学への進学者が少ない沖縄では、少将という地位は、目がくらむような高い地位であった。かれは陸軍大学校出であるが、満州事変での活躍も、昇進に力を貸している。

空地分離の用法

陸軍航空部隊は、満州事変を契機に拡大をはじめた。飛行連隊の数がふえたので、それまでのように各地の師団長の下に飛行連隊長が置かれるかたちではなく、航空部隊を地上の師団とは別に編成するかたちをとるようになった。その系統図は、「陸軍の組織のあれこれ」のところで示しておいたので、そちらを参照してほしい。航空兵団（関東軍は飛行集団）の下部組織として飛行団を置き、少将の飛行団長の下に飛行連隊を置いたのである。

しかし、大陸での航空活動と飛行中隊数の増加が、航空部隊の組織を、さらに運用が容易なものに変えた。陸軍航空は、昭和十二年から昭和十七年の間に百四十二個中隊に増強する計画が動きだしたところで、昭和十三年六月に、空地分離の編成を実行にうつした。

これはそれまでの飛行連隊を分割して、支援組織と飛行組織を別の系統のものにしようというのである。各飛行場には、整備や警備を担当する飛行場大隊を置き、補給関係の航空分廠をいくつかの飛行場を担当する航空廠、同支廠系列の組織として設置した。いくつかの飛行場大隊を指揮する航空地区司令官も配置された。

飛行組織については、戦隊を連隊にかえて組織し、戦隊長は飛行中隊だけを指揮することになった。内地の防空関係部隊では、飛行組織が飛行場を移動しながら戦うことはほとんどなかったので、戦隊はある飛行場に固定的なものとされ、戦隊長は飛行場大隊も指揮したが、大陸ではそうではなく、戦隊は飛行場間を機動しながら戦うこととされた。

このような航空の運用原則を示したものに、昭和十二年十一月に陸軍航空本部から軍事極秘として発行された「航空部隊用法」という教範がある。

これは飛行集団とその下の飛行団の運用について示したもので、陸軍航空が地上師団とは別の独立した大組織として航空撃滅戦をおこなうことを明らかにしている。昭和三年制定の「統帥綱領」の、航空版的な意味をもつものであった。

この教範には、地上作戦への協力や政戦略的な爆撃についても述べられてはいるが、柱になっているのは、航空撃滅戦であった。航空部隊の独立的な存在意義が航空撃滅戦に求められているという点からみると、海軍の、大型機基地航空部隊による敵艦の攻撃や政戦略的な爆撃を重視する航空主兵論とは、違うものがある。やはり攻勢作戦のなかで、陸海軍航空の統一をはかろうとする空軍独立論には、むりがあったというべきだろう。「航空部隊用法」が述べているような運用と編成は、大陸での陸軍の戦闘経験のなかから生まれてきたものである。空母または基地に固定されていた海軍機が、そのような経験を積むのは、対米戦がはじまってからであり、海軍の空地分離はそれだけ遅れて、昭和十九年七月になってからであった。

海軍で陸軍の飛行戦隊にあたるものは、甲航空隊である。航空地区司令官に相当するのが乙航空隊の司令であった。乙航空隊は、台湾航空隊とか九州航空隊のような地名になっている。ただし昭和十七年十月以前の鹿屋航空隊など地名を冠したものは、そこに所属している正規航空隊である。海軍航空隊（甲）はこの昭和十七年の時点から、番号で呼ばれるようになっていた。乙航空隊については、昭和十九年の空地分離後に地名呼称を復活したのである。

海軍も基地航空隊の数がふえるにつれて二個航空隊以上で連合航空隊を編成する制度をつくり、昭和十六年一月には、第十一航空艦隊として各地の航空隊を編合し、基地航空部隊の大組織をつくった。昭和十八年以後、さらに八個の航空艦隊を新設している。

これにたいして空母部隊は、昭和三年に「赤城」と「鳳翔」で第一航空戦隊を編成したのが初めてで、前大戦中は初期には八隻で第一航空艦隊を編成していた。真珠湾攻略の機動部隊は、このなかの六隻で編成された。

その後ミッドウェーでの空母喪失をうけて昭和十七年七月に、空母部隊は第三艦隊として護衛部隊を加えて機動部隊化され、さらに昭和十九年三月には第一機動艦隊にかたちを変えた。この機動艦隊は、空母部隊の第三艦隊と、その護衛部隊として「大和」や「武蔵」を加えた第二艦隊で編成されていた。しかし、昭和十九年十月のフィリピン沖海戦で敗れて、実体を失い解隊されていたのである。

第三艦隊編成のときから、海軍は敵戦艦群を航空攻撃の目標にするのではなく、陸軍と同じように航空撃滅戦を重視するようになったが、基地航空の空地分離推進にも、このような考え方が影響したと考える。空母に護衛をつけること自体が、陸軍の飛行場大隊と同じように、防御を担当する部隊を別に編成して実施させることを意味していた。

航空自衛隊も発足後しばらくの間は、空地分離的な組織になっていた。しかし防空を主とし、基地間の移動が少ない関係で、その後、航空団司令の下に一つの基地で、飛行隊、整備補給群、基地業務群が統一運用されるかたちに改めた。かつて内地では、陸軍航空の戦隊長が、飛行場大隊もあわせて指揮したのと同じようにである。組織は固定的に考えるのではなく、そのときの状況に合わせて早めに変更していくべきものであろう。

陸軍飛行機搭乗員

「山下生徒、第五号機操縦。場周離着陸」

大声で報告する山下に、助教の野中曹長が、

「ヨーシ、自信をもって飛んでこい」と励ます。

やがて山下が乗った初級練習機が、上下の翼のあいだに吹流しをなびかせながら、ヨッコラショという風情で離陸する。後席には助教は乗っていないので、いつもよりは気が楽だ。しかし地上では野中曹長だけでなく、同期生たちが飛行ぶりを見ている。それに直線距離が短い飛行場場周経路をまわって、離着陸をくり返すので、気が抜けなかった。

ここは熊谷陸軍飛行学校である。操縦教育がはじまってから一ヵ月ほどたっており、飛行時間も十数時間になっていた。しかし単独飛行をするものは、まだそれほど多くはない。単独飛行の許可がおりないものは、水戸の航空通信学校で通信や機上射撃を学び、戦技担当に転換しなければならないので、みな真剣であった。

かれらは十五歳のとき、いわゆる少年航空兵として東京村山の陸軍航空学校に入り、一年間の基礎教育をうけた後、身体検査や適正検査をうけて、操縦、整備、通信に区分された。その後は熊谷（操縦）、所沢（整備）、水戸（通信）の各学校に入校して、専門の教育訓練をうける。期間は二年間だが、専門教育開始一年後には、上等兵の襟章をつけて、正式に少年飛行兵と呼ばれる身になった。

陸軍航空学校は、昭和十五年に陸軍飛行学校と名称を改め、東京だけではなく、滋賀県大津と大分にも開校した。昭和九年に入校した第一期生は三十倍の倍率で百七十名の採用であったが、最後には四倍の倍率になり、一年間に一校で二千六百名を採用した。

熊谷で最初の年の基本的な教育訓練が終わって、二年目にはじまる操縦実技教育は、三ヵ月の初等教育にひきつづいて、より高度な中等、上等の教育になる。全体を基本操縦課程と呼ぶ。こうして熊谷での二年間の課程を修了した者は、偵察、戦闘、爆撃の分科ごとにそれぞれの学校に入り、戦技を四ヵ月間学ぶ。そこが終わるといよいよ戦隊での隊附教育である。二ヵ月後には教育を終わって伍長に任官した。隊附は兵長の下士官候補者としての実務教育である。

整備や通信に区分された者は、所沢か水戸での二年間の学校教育が終わると、部隊に配置された。下士官候補者としての隊附教育をうけるのであり、六ヵ月後には伍長に任官した。当時のアメリカでは操縦者の七割が大学卒の学歴の将校であったが、日本では陸海軍とも、高等小学校卒（尋常小学校卒業後二年）か、中学校の三、四年修了程度の下士官が主力になっていた。高等教育をうけるのは、同世代男子の五パーセントぐらいの時代なのでやむをえない。

つぎに、航空兵科の将校の養成について述べておこう。

陸軍の航空兵科が独立した大正十四年に、陸軍士官学校予科の生徒であった第四十期生から二十四名が航空兵科に指定されたのが、航空兵科将校養成の始まりであったといってよい。その後も毎年各期から、総員の七〜九パーセント、二十数名が、航空兵科に指定された。

しかし当時は本科在校中に操縦実技教育をうけることはなく、卒業後、少尉に任官してから、飛行学校に行っていた。所沢で基本操縦九ヵ月の教育をうけ、その後、偵察、戦闘、爆撃の各学校で四ヵ月の戦技教育をうけたのである。

市ヶ谷台の士官学校本科にある航空らしい器材は飛行機用エンジンだけであり、それも運転をすると騒音苦情がくるというありさまなので、やはり航空だけは本科を別の場所にうつして、操縦教育をすべきだという意見がでてきた。

そこで昭和十二年予科修了の第五十期生航空兵科の士官候補生は、所沢にできた士官学校分校で教育をうけることになった。この分校がやがて近くの豊岡（埼玉県入間市）に移転し、航空士官学校になって航空兵科将校のメッカのようになった。現在の航空自衛隊入間基地がそこである。航空以外の本科生はこのとき、神奈川県座間に移転した新校舎で学んでいる。

豊岡では、下士官出身の航空兵科少尉候補者も学んでいる。

最初所沢に入校し、すぐに豊岡に移転した第五十二期航空兵科士官候補生の員数は、整備関係十名をふくむ百三十名であった。同じころに入校した少尉候補者は、百名である。しかし、当時の航空の増勢のなかで、これだけの員数では不足であった。

不足をおぎなうため、幹部候補生からも航空兵科将校を採用し、操縦、整備、通信のあらゆる分野に配当した。民間機の操縦免状をもつ者からは操縦候補生を採用して、予備役操縦将校を養成した。

さらに昭和十八年の学徒出陣のときには、大学・高専の学生を予備役操縦将校にするための、特別操縦見習士官の制度もできた。これは海軍が海軍予備学生の制度によって学生出身の飛行科予備士官を養成していたのに対抗するためであった。

海軍予備学生は採用と同時に、下士官の上の階級をあたえられる。それにくらべて陸軍の幹部候補生は、二年間かけて兵士・下士官の階級を体験してから少尉に任官するので、学生に人気がなかった。それを改めたのが特別操縦見習士官の制度であり、採用時に曹長の見習士官になり、一年半後に少尉に任官することになった。かれらは第一期生だけで二千六百名以上が採用されていて、熊谷、太刀洗、仙台など各地の飛行学校に分かれて入り、操縦将校の不足を埋めた。採用競争率は六倍であった。

このような将校養成のための操縦教育は、基本的には航空士官学校出や少年飛行兵の場合と変わらない。ただし戦況の切迫と燃料不足のため、十分な教育訓練ができないままに短期間で学校教育をおえて、前線に送りださねばならないことが多かった。飛行時間わずか百数十時間の特別操縦見習士官出身将校が、航空特攻の指揮官として少年飛行兵出身の伍長とともに、沖縄の敵艦船に突入していった例は多い。

海軍航空の士官・予備士官の教育

日本海軍は、全操縦者の十五パーセントぐらいを士官にしたいと思っていた。しかしそのためには、海軍兵学校生徒の半数以上を、操縦者にせねばならなくなる。戦争末期にはそうせざるをえなくなったが、飛行機よりも軍艦を重視していた戦前に、そのような人事施策をすることは不可能だった。

全操縦者の八パーセントを士官にするのがやっとだったが、そのなかには予科練出身の特務士官や大学、専門学校出身の予備士官もふくまれていた。ただ、艦艇乗組員の士官が、下士官出身の特務士官や高等商船学校出の予備士官までふくめて六パーセントぐらいであったのにくらべて、士官の割合は多かった。

前述のように、日本で士官の割合をアメリカ並みにすることは不可能であったが、それでも対米戦開始後の急激な航空軍備拡張のなかで、なんとかして士官の割合を減らさないように努力がはらわれた。それが海軍予備学生の、大量採用であった。

昭和十七年の予備学生採用数は、飛行科二百三十九名、整備科二百五十六名である。学生生徒を戦場に動員する施策がとられた昭和十八年には、飛行科八千百八十二名、整備科千四百六十九名が採用された。

かれらは土浦航空隊（霞ヶ浦の近く）や三重航空隊で、海軍士官一般に必要な基礎教育を四ヵ月（文科系）または二ヵ月（理工系）のあいだ受けたのちに、専門の練習航空隊の門をくぐった。かれらは、操縦、偵察、飛行機整備に大別され、さらに戦闘機、艦上攻撃機、水上偵察機など、機種別の教育をうけた。

海軍兵学校や海軍機関学校出の飛行学生、整備学生の教育は、土浦航空隊での課程を終わったのちの海軍予備学生出身者とあまり変わらない。ただし操縦、偵察に区分することなく、統合された教育をするのが建て前なので、それだけ期間が長くなる。整備関係も同様であった。海軍機関学校出身者は、艦艇の機関、装備、兵器の整備や航空機整備を担当するのが本来だが、一部は操縦者になっている。

操縦者の教育は、四ヵ月間の練習機の課程（教程という。規則上は七ヵ月）からはじまる。操縦だけではなく、航空工学の要点や機体の構造、整備に関係することなども教育される。この課程が終わると、四ヵ月（規則上は五ヵ月）間の実用機の課程に入る。この段階では、戦闘機や攻撃機など、旧式ではあっても実用機を使う。それぞれの機種の戦闘法、戦術、航法、気象などを体得するのである。

海軍予備学生は、予備学生に採用されてから一年後に、予備員としての少尉に任官したのであり、実用機の課程を終わると、第一線の航空隊や艦隊に配置された。

予備学生のうちで操縦適性がなく偵察に区分された者は、土浦や三重から偵察専門の航空隊に移動し、最初の四ヵ月間に、射撃、爆撃、偵察法、航法、通信法、気象などの理論を学んだ。つぎに実用機で四ヵ月間の機上訓練をうけるのだが、全体の期間が短縮され、操縦者よりも早く第一線に出た。

操縦や偵察の教育期間中に不適性と判断されて、飛行要務にまわされた者もいる。これは地上で飛行についての管理的な事務をするのが主な任務であり、教育期間は二ヵ月に満たない短期であった。

海軍兵学校出の士官は、操縦不適性であっても軍艦乗組員として服務できるが、海軍予備学生にはそのような素養がないので、特別の活用法を考えたのが、飛行要務であった。

操縦の練習機課程を担当したのは、霞ヶ浦のほか、筑波、谷田部、北浦（水上機）など、霞ヶ浦周辺の練習航空隊が多い。偵察の課程は鈴鹿（三重県）や大井（静岡県）、飛行要務の課程は三重、鹿児島などの練習航空隊が担当した。

整備関係は古くから横須賀で教育がおこなわれていたが、予備学生たちは、飛行機整備のものは横須賀航空隊隣接の追浜航空隊と神奈川県の第二相模野航空隊で教育された。兵器整備のものは、横須賀である。教育期間は予備学生としての基礎教育の期間もふくめて、同一場所で一年になっていたが、実際はもう少し短縮されたようである。海軍機関学校出身の整備学生は、飛行、兵器の区分をされずに、横須賀で一年の教育をうけており、予備学生たちは整備部門でも速成教育をうけたのである。

飛行予科練習生の教育

昭和五年にはじまった予科練習生の制度は、海軍外部から航空関係の下士官候補者を採用する制度であった。下士官兵を操縦練習生や偵察練習生に採用する制度はあったが、ある程度の学力があり、飛行適性がある者を部内だけから集めるのには限度があった。

そこで高等小学校卒業程度の学力がある者を一般から募集して、学力試験と身体検査、適性検査をして採用し、予科練習生の名称でまず、三年近くの基礎教育をした。

当時は尋常小学校六年間の教育さえ、満足にうけられない者がいたのであり、高等小学校を卒業してから四年間師範学校で勉強すれば、小学校の教員になることができたことを考えると、予科練習生に採用された者の社会的地位は高かったといわねばなるまい。採用時の年齢は十五歳から十七歳であった。

昭和十二年になると、中学校上級学年の学力をもつ者を対象にして、一般から募集する甲種飛行予科練習生の制度がはじまった。採用時の年齢は十六歳から二十歳である。これは下士官任官後の進級を早くして、尉官級の特務士官を養成することに目的があった。このとき、それまでの予科練習生は乙種飛行予科練習生と名称を変えた。

さらに昭和十五年には、下士官兵を操縦練習生や偵察練習生に採用する制度をあらためて、対象は下士官兵であるが、採用後は丙種飛行予科練習生として教育する制度が発足した。

その後、甲種予科練の採用年齢が戦局の悪化とともに低下し、学力試験の内容も中学校二年修了程度にまで下がったので、乙種との区別がむずかしくなった。丙種と乙種の区別にも問題が生じたので制度の手直しがあったが、そのような手直しの前の飛行予科練習生の教育期間は、甲種が一年半、乙種が二年半、丙種が六ヵ月であった。実際の教育期間は、三ヵ月から半年の短縮になっている。

この教育期間には適性飛行をのぞき、飛行訓練はおこなわれない。初期には土浦航空隊が教育を担当していたが、その後、三重、鹿児島、岩国などの練習航空隊が開設され、教育を担当するようになった。岩国は丙種の教育をおこなった。

教育科目は、配当時間の長短は別にして、甲、乙、丙ともに共通するものが多い。軍事学とよばれるものは、航海、砲術、通信、航空などを教室で勉強する。普通学とよばれる数学、理化学、国語などもある。乙種は普通学が半分であるが、甲種と丙種では普通学の時間は少ない。ほかに精神教育や陸戦訓練、体操、水泳、武技などの時間もあった。

かれらは採用時には学力検査のほかに、厳格な身体検査と簡単な適性検査に合格していなければならない。これは前述の飛行科予備学生や海軍兵学校出の飛行学生にも共通する採用条件である。

身体検査では、視力、聴力、握力、背筋力、肺活量、呼吸停止力、触感などがしらべられる。適性検査では平衡感覚をしらべるために、目隠しをして歩かせたり、回転椅子に座らせてぐるぐる回してから立たせてみたりした。

飛行予科練習生の期間中には、あらためて精密な適性検査と練習機に同乗させて操縦適性をしらべる検査がある。この結果で、操縦者になるのか偵察員になるのかが決まる。

地上演習機とよぶ簡単な飛行機シミュレーターで操縦適性をしらべたり、心理的な検査や人相の検査がおこなわれたこともある。

中には偵察員にもなれずに、整備にまわされる者もあった。それでも予科練をはずされて一般兵になった者よりはましだった。丙種は機上で整備や射撃を担当する要員にまわされることが多く、相模野航空隊で六ヵ月の整備教育をうけるのが普通だったが、甲種や乙種で、このような教育をうけた者もあった。

飛行予科練習生の課程をおえ、飛行練習生（操縦または偵察）になってからの教育は、予備学生の場合とほとんど変わらない。赤トンボによる練習機訓練や実用機による戦闘訓練などをおこなった。

かれらは丙種をのぞき、普通はこの飛行練習生の期間に下士官に任官するのであり、若い下士官として、第一線で戦ったのである。

海軍練習航空隊

前に述べたように練習航空隊は、艦艇乗組員の術科学校に相応する。名称は航空隊であるが、実質的には当節の専門学校のような教育内容をもっていた。

飛行予科練習生の教育や飛行関係海軍予備学生の基礎教育を担当した航空隊は、準海軍兵学校といってもよいような面さえもっていた。数学、理化学など普通学の教育もおこない、身心の鍛練やカッター漕法、手旗など、海軍兵に必要な基礎訓練も実施したからである。

ただこれらの練習航空隊は、法令上は学校ではなく航空隊だったので、戦局が悪化してからは、海軍大臣の処置によって戦闘任務をあたえるのに問題がなかった。

そのため、多くの練習航空隊が、教育任務を解除されて聯合艦隊の一部に組みこまれ、本土防空のために戦った。

昭和十九年九月に入ると、飛行訓練にあてる燃料が不足し、万を超える飛行予科練習生出身の飛行練習生は、飛ぶこともままならなくなった。かれらは飛行訓練をうける代わりに水上・水中の特別攻撃隊要員に転じ、有名な人間魚雷回天や、特殊潜航艇海竜、水上特攻艇震洋などの要員としての訓練をうけるようになった。

アカトンボでようやく飛べるようになった者が、沖縄の航空特攻に参加した例もある。特攻隊要員になったのは予科練出身者だけではなく、予備学生なども同じであった。

相模野航空隊など飛行機や航空兵器の整備教育を担当していた練習航空隊では、教育が継続された。十七歳以上と、比較的年齢が高い者や、海軍内部からの志願者を採用した特別乙種飛行予科練習生は、整備員に指定される者が多かった。新しく操縦者を養成する余裕はなくなったが、特攻機を整備する必要はあったからである。なかには通信員としての教育をうけた者もある。

予科練すなわち飛行機乗りというイメージは、戦争末期には完全にくずれていた。海がない奈良や、かつては少女歌劇の場であった宝塚劇場の建物のなかにまで、予科練教育の航空隊が置かれるようになっていた。練習航空隊は飛行機とは縁がないものになり、本土決戦の陸戦訓練に追われる場所になっていった。

第十三章　技術関係制度の歴史

日本の軍技術のあけぼの

「パーン」「パーン」と乾いた音がひびく。ここは陸軍戸山学校の射場である。射撃をしているのは、小銃開発の第一人者、村田経芳少佐である。

明治の初めから現在の東京都新宿区にあった戸山学校は、射撃や体操の学校であった。開校当時は周りを畑や林にかこまれており、射場を設けるのに問題はなかった。

軍の学校には研究部門がおかれているのがふつうであり、小銃研究をしている村田が、ここで射撃をするのはいつものことであった。かれはヨーロッパで各国の小銃を研究し、製造工場を見学するなどして帰国したのち、日本人の体格に合う小銃を設計した。

村田が設計した銃は村田銃と呼ばれ、明治十三年に制式化された。同郷薩摩の大山巌が、陸軍卿になったばかりのときであった。砲兵出身でフランスやスイスで砲術を学んだ大山は、射撃には特に関心があった。

フランス陸軍はナポレオンいらいの伝統で、砲兵と工兵を重視していた。フランス式ではじまった明治の陸軍が、砲兵出身の大山や村田を重用したのには、このようなフランスの事情も影響しているだろう。初期の陸軍卿山県有朋も、奇兵隊時代に下関で砲台を指揮して英仏などの連合艦隊と戦った経験をもっており、かれも銃砲の開発装備には力を入れていた。

砲兵将校や工兵将校は、戦闘のときも、砲台や要塞の建築のときも、数式をつかって弾道や破壊力などの計算をする。そのため明治初期のフランス式陸軍士官学校では、砲、工兵の教育は歩兵の三年間の教育よりも二年間だけ、教育期間が長かった。

明治二十一年に士官学校の教育はドイツ式になったが、その後も砲、工兵の教育に時間をかけることは同じであった。砲、工兵の生徒は歩兵と同時に卒業はするが、その後、少尉時代に、陸軍砲工学校で基礎的理数教育をうけ、さらに砲兵学校や工兵学校で実務の教育訓練をうけてから、部隊の指揮官になった。

歩兵将校が陸軍士官学校の教育をうけただけで一人前だと見られていたのにくらべると、二年以上も長い教育が求められていた。しかし、そのおかげで砲、工兵の将校は、戦闘者であると同時に技術者としての能力を身につけていたのである。明治の陸軍の技術は、かれら砲、工兵将校からはじまった。

将校だけではなく、砲、工兵の下士も下級技術者としての技術を身につけていた。とくに砲兵科には、火工、木工、銃工などを階級名称に冠した下士が存在するが、かれらは砲兵工廠生徒学舎、のちの陸軍工科学校で専門の教育をうけた技術者であった。一般の教育レベルが低い当時は、軍内で特別に、下級技術者を養成する必要性があった。能力がある者を少年時代に生徒として採用し、教育したのである。

陸軍がドイツ式になってからも、砲兵を技術者として養成したのは、初期のフランス式の影響が残ったことと、大山がその後も日清戦争のときまで十数年にわたって陸軍大臣であったことが影響していたからだと思われる。

それでは海軍はどうであったか。初期海軍の戦闘力の中心は軍艦であり、搭載されている大砲であった。日本海軍が国内で初めて建造した軍艦は、明治八年に横須賀造船所で進水した清輝《せいき》艦である。しかし艦砲は外国製であり、国内で砲身を鍛造できるようになったのは、日清戦争が終わってからであった。

砲弾や火薬は、大砲よりは製造がやさしい。明治維新後、これらの製造は東京、大阪の陸軍工廠でおこなわれており、海軍のものも陸軍が製造していた。明治十四年度に東京砲兵工廠が製造した弾薬は、一千万発を超えた。

初期の海軍は陸軍の補助的な色彩がつよく、陸軍少将の樺山資紀が海軍大輔になったり、陸軍中将の西郷従道が海軍大臣になったりしてもふしぎではない状態であったが、それでも造艦技術者の養成だけは、早くからはじめていた。海軍が造船学生の教育を東大の前身である開成学校に依託したのは、明治九年であり、明治十七年には海軍が言いだして、東大造船学科が開設された。ここの卒業生は主として、海軍の造船技術者として採用された。明治十八年には武官技術者の制度もできて、かれらは武官として採用されている。

別に現場の技術者として、海軍機関学校出身の機関官も、機関科指揮官としてだけではなく、造船などの現場でも働いた。また機関官の部下の下士、兵卒として、のちの工機学校、初期の横須賀造船所で、木工、鍛冶、機関工の教育をうけた者も配置された。

横須賀造船所は、のちに横須賀海軍工廠になったが、幕府時代にフランス式の造船用製鉄所として開設されたのがはじまりである。その後身であるだけに、そこで働く技術者もさまざまであった。文官の技師あり、武官の技術士官や機関官ありで、下士官兵卒で技術的なことをしている者も多かった。しかし中心になったのは、技術士官であった。

海軍技術士官の草分けは、赤松則良中将である。かれは幕末に榎本武揚などと一緒にオランダに派遣されて、造船学を学んだ。帰国後、明治の海軍に用いられてからは、横須賀造船所長や海軍省主船局長をつとめた。

このように海軍の技術部門は造船の技術士官や機関官の手ではじまったのであり、純粋の技術士官が重用されたことでは、陸軍とはいくらか違っていた。

工業のはじまりは軍工場

前大戦末期に陸軍が自営していた兵器生産工場は、主として造兵廠と航空工廠所属のものであった。造兵廠は銃砲、弾薬の生産工場が主体であり、民間工場との生産割合は、ほぼ半々であった。航空工廠は、航空機用の武器や器材と航空機を製造したが、武器はともかくとして、航空機は九十七パーセントが、民間軍需工場の製造であった。これは海軍の第一技術廠担当の航空機製造についても、同様であった。

これに対して海軍の艦艇は四割が、艦砲は七割が海軍工廠で製造されている。航空機と大砲、艦艇でこのように違っているのは、歴史的な理由からであろう。陸海軍とも明治時代から自営の工場で生産してきたものは、前大戦中も、自営工場生産率が大きかった。これに対して航空機や戦車など、近代兵器と呼ばれ昭和になってから生産が盛んになったものは、民間工場への依存度が大きかった。

民間産業が未発達の明治時代には、軍は、必要な兵器、弾薬を自分で生産せねばならなかった。これは軍だけのことではない。製糸工場でさえ官業としてはじめられたことはよく知られており、重工業は、国が官業としてはじめるか、政府が財閥を育てて、それにはじめさせるしか、方法がなかった。釜石や八幡の製鉄事業は官業としてはじめられており、製鉄原料や軍艦用に必要な石炭の採掘も、官業または財閥の運営ではじめられている。

大事業には大資本が必要であり、財閥を育てて、民間の大工場を経営するにたる資本を蓄積させることにつとめたのは政府であった。その結果、大正時代になると財閥経営の大工場がふえ、官業のはたす役割は、小さくなっていった。大正時代以後にはじめられた航空機工業に、民間の比重が高いのは当然であろう。

日本の重工業を育てるための牽引車として、明治時代には大きな役割をはたした軍の工場は、大正期以後は、それ以上に発達する必要がなかった。民間では採算性などの面から生産することが不適当なものを、軍の工場が製造したのであり、自動車や被服など、民間と共通するものを生産する工場は、軍の自営工場としては発展することがなかった。

この種のものを陸軍内で製造、修理した機関として、製絨所《じゆう》（軍服生地製造、大戦中に製絨廠）、被服廠、糧秣廠（人馬の食糧）、衛生材料廠、需品廠（日用品、大戦中に発足）などがあったが、製絨所をのぞき各廠が製造したものは少ない。それよりもこれら各廠は、購入、貯蔵の補給機能に重点があった。民間から購入できるものは、民間の生産にたよるのが、軍の方針であった。

砲兵、工兵ではじまる陸軍の技術

それでは明治時代の陸軍の兵器工場と関連技術の状況はどうであったか。砲兵工廠での弾薬生産は、東京と大阪の二ヵ所ではじまった。東京本廠では小銃弾、大阪支廠では砲弾を主として生産した。明治十年の西南の役のときには、最大で小銃弾を一日に二万発生産した記録がある。それでも弾丸は不足したのであり、外国から千七百万発を輸入して補っている。

このとき実際に官軍が使用した小銃弾数は、七ヵ月間に三千五百万発であり、西郷軍の五百万発を、はるかに上回った。これだけの補給ができたので、官軍は勝ったといえよう。

この戦役のおかげで軍は、兵器弾薬を平時から生産貯蔵しておくことの大切さをさとったのであり、そのための施設の拡充に力を入れた。製造したものを輸送し、第一線に届けるための組織や制度の改変充実にも手を打った。

戦役当時の陸軍の大砲は、青銅製四斤野山砲と臼砲など六十門だけであったが、それでも弾丸は七万発を使っており、大砲、弾丸ともに、製造設備を拡充する必要性が認められた。明治十二年に、大阪の砲兵支廠は砲兵工廠に格上げされて東京の工廠と同格になったが、これは前述の砲兵充実の施策の表われだといえる。

このとき全国に三つの砲兵方面がおかれ、小銃、大砲と弾薬などを貯蔵、購入、補給することを担当するようになった。このような任務をはたすためには、貯蔵中に整備する能力や、部隊に補給したのちに破損したため返却されたものを修理する能力をそなえていることが必要である。購入時の検査もしなければならない。前述の火工兵や銃工兵は、砲兵隊での修理を担当したほか、砲兵方面でも修理や検査のために活躍した。

砲兵の重要性は、下関で攘夷戦の経験がある山県有朋も主張していた。東京湾など重要な場所に海岸砲台を設けて、侵入する敵艦を砲撃しようというのである。かれが陸軍卿であった明治八年に、初めて砲台建設についてまとまった上申文書を提出しており、明治十四年の参謀本部長時代には、大山巌陸軍卿と連名で、具体的な建設計画を上申した。

海岸砲台でかためた地域を当時は要塞と呼んだが、この建設に加わったのは砲兵将校と工兵将校であった。かれらはいっぽうではここに、対艦射撃用の、大口径砲をそなえつける準備をしなければならない。口径八センチ余の古い四斤野砲ではどうにもならない。別に一般用の野砲も、もう少し射程が長いものを多数、装備する必要性がいわれていた。当時は小銃も、明治維新の戦いのときに各藩が用いた型式がバラバラの古いものであり、早く制式を統一し、日本人の体格に合うものを量産する必要があった。

砲兵工廠はこのような必要性に応じて小銃や大砲の量産をはじめたのであり、忙しくなった。東京工廠では村田銃が、年間七千梃以上も製造され、大阪工廠ではイタリアから技術を導入した七センチ圧縮青銅砲が、つぎつぎに製造された。

この青銅砲は、四斤野砲よりは射程が千メートル長くて約五千メートルである。鋼製の大砲を製造する技術力も鋼鉄もなかった日本に、この砲の導入をすすめたのは、フランスのブリューネ砲兵少佐であった。かれは幕末に仏陸軍教師団の一員として来日し、箱館の五稜郭に榎本武揚とともに立てこもった経験をもっている知日派であった。

ブリューネの助言を入れて、イタリアの大砲製造技術を学ぶために太田徳三郎砲兵大尉がイタリアに派遣され、帰国後の明治十五年から大阪工廠で、圧縮青銅砲の生産がおこなわれた。

また明治十七年には、イタリアのポンペオ・グリロ造兵少佐が来日し、大砲の製造を指導した。かれは鋳鉄製の二十八センチ榴弾砲の製造も指導し、明治二十年には東京湾入口の観音崎砲台に据えつけている。この材料の鋳鉄はイタリアから取り寄せたのであり、当時の日本では鋼はおろか鋳鉄でさえ、大砲製造に適したものは生産されていなかった。日本刀の原料になる砂鉄は量に限りがあり、技術的にもこれで大砲をつくることはできなかった。

大砲だけではなく、観音崎砲台の建設にもやはり外国人の手を借りており、明治十六年にオランダから、ワンスケランベック工兵大尉が来日している。日本の要塞砲台の建設はこれが初めてであり、一度は洋式技術を導入しておくことが必要であった。日本側は東京湾陸軍臨時建築署が工事を担当した。ワンスケランベックは日本全体の要塞の建設についても意見を述べており、参謀本部長山県中将は、内務大臣に転じた直後の明治十九年に臨時砲台建築部長を兼ねて、ワンスケランベックの意見のとおりに、全国の要塞砲台の建設に乗りだした。

このようにして砲兵、工兵を中心にした日本陸軍の技術部門は、やはり他の部門と同じように西欧の技術を導入し、西洋人技術者の手を借りることで、基礎が据えられた。なお、その後の日露戦争は、戦術面ではドイツのメッケル参謀少佐の教えに従って戦われたが、ポンペオ鋳造の二十八センチ榴弾砲も、旅順攻略のときに活躍した。西欧の流儀を身につけた軍人と、西洋人の指導でつくった兵器が、大敵ロシアを破ったのである。

ところで、要塞建設など技術的な問題がからむ施策は、その面からも十分に検討してから実行に移さなければならない。そのために設けられたのが、砲兵会議や工兵会議であった。明治三十六年、つまり日露戦争の前年には、この両会議が合体して陸軍技術審査部に発展したが、この部は会議体であると同時に、研究調査機関でもあった。

部長は教育総監部の砲兵監や工兵監など、砲兵少将または工兵少将がつとめた。会議体の議長は同部の部長であり、陸軍大臣の諮問に応じて審議をした。研究調査機関としては、無線通信の試験をしたりしている。陸軍としての組織的な研究体制ができていない当時は、工廠や学校で個人が考案したものを、さらに調査研究しながら制式化していくこのような機関が必要であった。

陸軍技術審査部は第一次世界大戦後の大正八年に、陸軍技術会議と陸軍技術本部に分かれ、

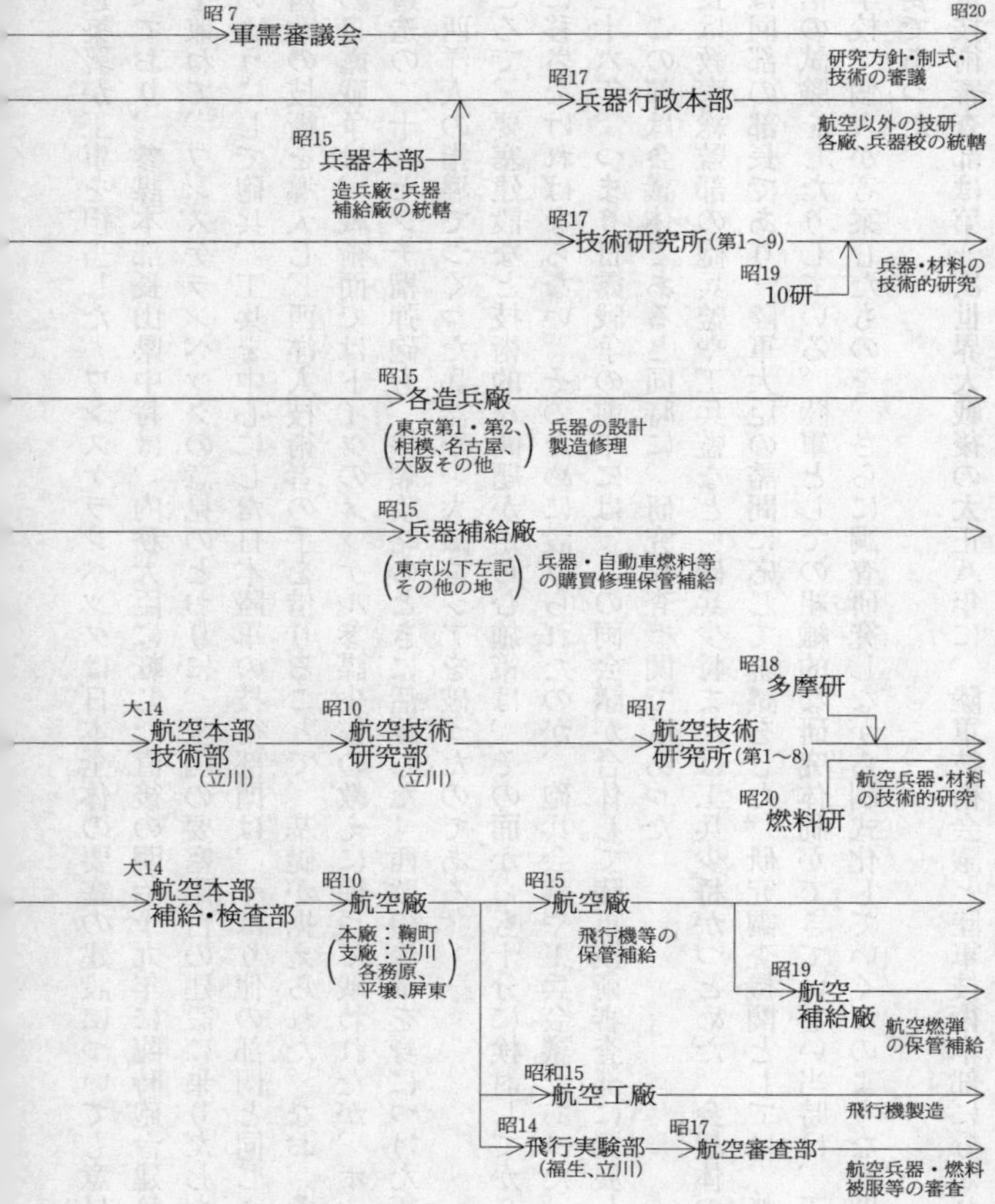
昭7
軍需審議会
昭20
研究方針・制式・
技術の審議
昭17
兵器行政本部
昭15
兵器本部
造兵廠・兵器
補給廠の統轄
航空以外の技研
各廠、兵器校の統轄
昭17
技術研究所(第1～9)
昭19
10研
兵器・材料の
技術的研究
昭15
各造兵廠
(東京第1・第2、
相模、名古屋、
大阪その他)
兵器の設計
製造修理
昭15
兵器補給廠
(東京以下左記
その他の地)
兵器・自動車燃料等
の購買修理保管補給
昭18
多摩研
大14
航空本部
技術部
(立川)
昭10
航空技術
研究部
(立川)
昭17
航空技術
研究所(第1～8)
航空兵器・材料
の技術的研究
昭20
燃料研
大14
航空本部
補給・検査部
昭10
航空廠
本廠：鞠町
支廠：立川
各務原、
平壌、屏東
昭15
航空廠
飛行機等の
保管補給
昭19
航空
補給廠
航空燃弾
の保管補給
昭和15
航空工廠
飛行機製造
昭14
飛行実験部
(福生、立川)
昭17
航空審査部
航空兵器・燃料
被服等の審査

陸軍技術関係各部門の発展

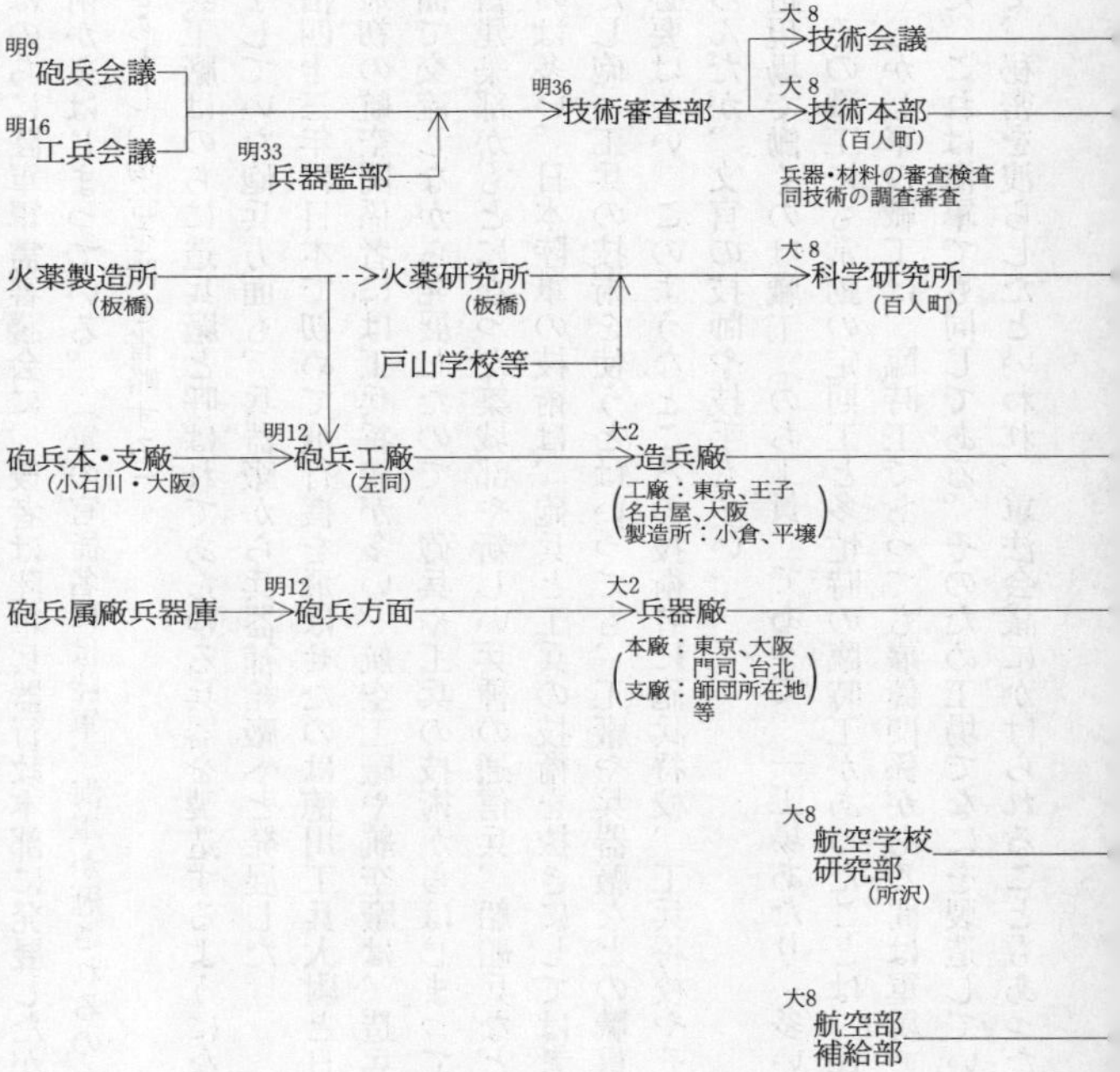

前者はのちに陸軍軍需審議会に、後者は陸軍兵器行政本部に発展したが、もとは砲兵と工兵の技術からはじまっている。（軍の官衙名には陸軍、海軍が冠されるのがふつうだが、以下特にまぎらわしい場合を除き省略する）

砲兵工廠はのちに造兵廠と呼ばれてあらゆる兵器を製造するようになり、鉄砲弾薬の貯蔵補給をしていた砲兵方面も、兵器廠から兵器補給廠へと発展した。

明治四十三年に日本で初めて飛行機を飛ばせたのは徳川工兵大尉と日野歩兵大尉であったが、最初の航空関係者には工兵将校が多い。航空工廠や航空廠は、造兵廠や兵器廠と人員や制度面で交流しながら発展したので、砲兵や工兵の技術からはじまっているといえよう。臨時砲台建築部がもとになった築城部や新しい兵種の通信兵、船舶兵など工兵技術から発展したものは多い。日本陸軍の技術は、砲兵と工兵の技術を抜きにしては考えられない。

ただし砲・工兵の技術を使うとはいっても、工廠や兵器廠などの職員は、身分上は軍人である必要はない。このようなところの技術者に砲兵将校、工兵将校やその下士官が多いのはもちろんだが、文官の技師や技手も多い。

製造現場で働くのは職工（のち工員）であって、一工場あたり、多いところでは千名を超えた。その職工にも常勤の定期工と多忙時の臨時工があったことは、民間の工場と同じであった。しかし軍の職工は、臨時工であっても雇傭関係がある間は軍属であり、軍刑法を適用された。これは海軍でも同じである。そのため工場でなにを製造しているかを家族に話しただけで、秘密を洩らしたといわれ、軍法会議にかけられることもあった。

造船ではじまる海軍技術

このような陸軍造兵廠に対応するのが、海軍工廠である。陸軍造兵廠も初期には陸軍砲兵工廠と呼ばれていたので、名称に共通するものがあったが、長い歴史の間に少しずつ名前も実体も変わっていった。

明治五年に海軍省が陸軍省とともに兵部省から分離したとき、その主船局の管轄に入ったのが、横須賀海軍造船所と小野浜海軍造船所（呉鎮守府所管、神戸）であった。

ついで明治十七年に横須賀鎮守府が発足したとき、横須賀造船所は鎮守府の管轄になった。さらに明治二十二年には呉鎮守府も発足し、小野浜造船所がその管轄になった。このときには、それぞれ鎮守府造船部の組織になっており、技術関係ではほかに兵器部や建築部が鎮守府におかれていたが、海軍の技術は、何といっても造船が中心であった。

兵器部は陸軍の兵器廠に対応するもので、大砲、水雷などの兵器の保管補給、試験を担当した。建築部は、建築物の保存修理や港湾施設の建設維持を担当した。のちには飛行場建設も業務のうちに入っている。陸軍ではこのような業務は主計または工兵の担当になっていて、主として軍人がおこなったのにたいして、海軍では文官が中心になっていた。

海軍の技術部門は、造船を中心にして兵器、建築、それに燃料が加わり、昭和になってからは航空関係が分離して発達した。

なお鎮守府司令長官は、担当する海域地域の後方関係と軍艦支援の責任者としての性格が

海軍技術関係各部門の発展

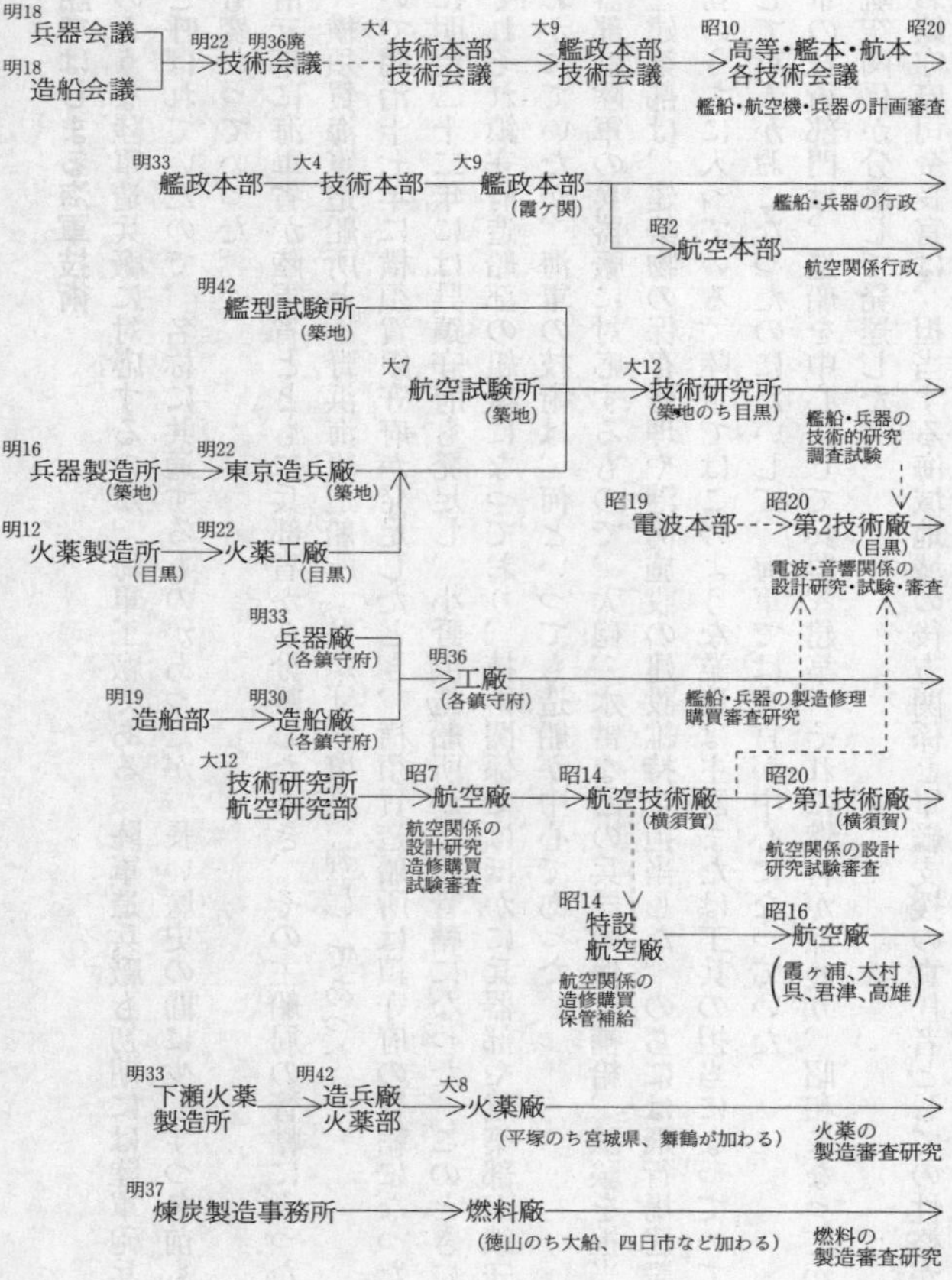

呉海軍工廠の組織（昭和9年）

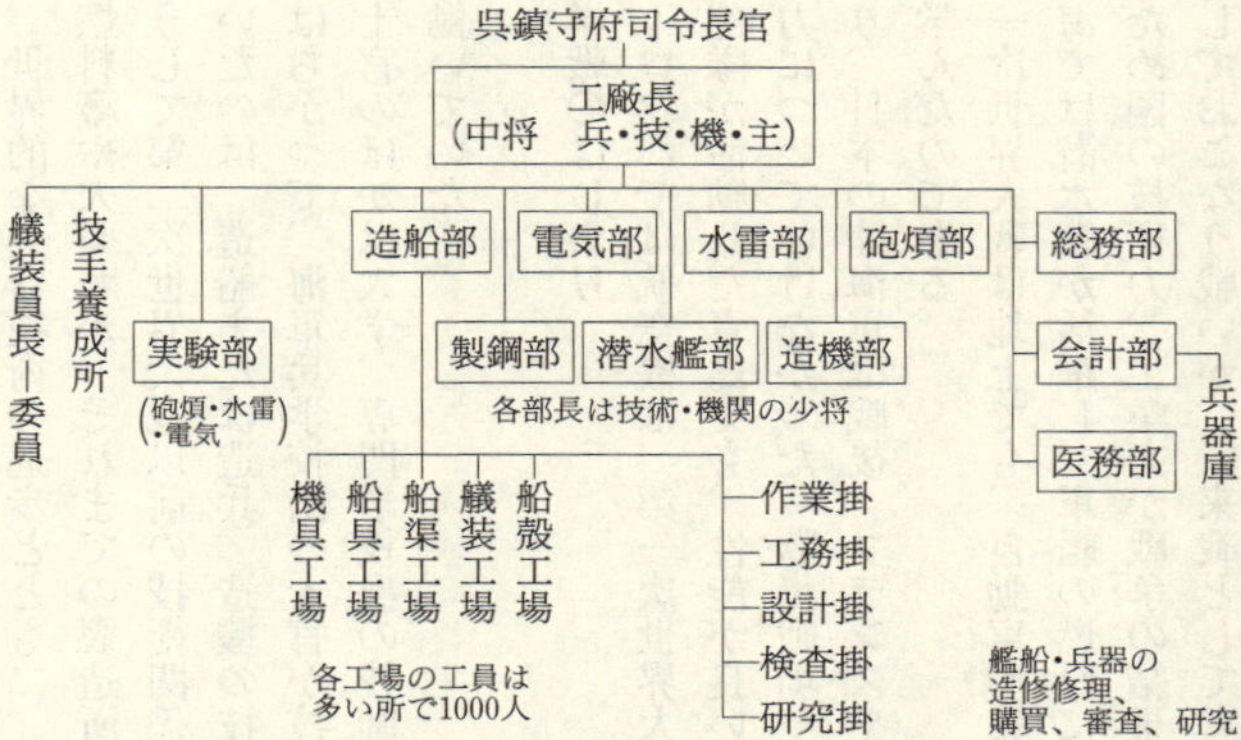

掛・工場の責任者は主任で技術・機関の佐官又は技師

工廠は大戦末期には、横須賀、呉、広、光、佐世保、舞鶴、豊川（以上は昭18現在）、多賀城、相模、高座、沼津、鈴鹿、津、川棚と増設された。

強く、艦隊の指揮官ではない。長官所属の艦艇もいくらかはあるが、担当海域の警備や港湾防御に必要な範囲で保有しているだけである。鎮守府の組織としては、前記三つのほかに参謀部、主計部、軍医部の計画実務組織と軍法会議、監獄の司法組織があるだけだった。のちにはこれに人事部、海兵団、海軍病院、術科学校などが加わった。

兵器の製造部門は、明治十九年に東京築地造兵廠の名で、それまでの火薬製造所と兵器製造所を合わせた組織として発足したが、やがて海軍技術研究所の一部になり、海軍工廠にも砲熕部や水雷部など、兵器製造を担当する部ができて、機能が移転したかたちになった。

海軍工廠はこうして、艦船とその兵器の総合製造修理部門になり、航空部門の航空廠が、そこから派生した。第一次世界大戦以後、世界的な兵器技術の進歩とともに、液体燃料や火薬を多用するようになってからは、別に燃料廠や火薬廠が、それまでの製造所を機能的に拡大するかたちで発足している。

こうして第二次世界大戦以前の技術関係各廠が出そろったのだが、ここで中心になって働いていたのは、造船または造兵、造機の技術士官と機関学校出の士官であった。海軍では陸軍とはちがって、海軍兵学校出の士官が技術者として仕事をすることはまずない。技術や機関の士官のほかは大学、専門学校出の技師や技手、工機学校を修了した下士兵卒、それに職工が働いていた。

科学戦のはじまり

ヨーロッパでは航空機は、第一次世界大戦の四年間に大きく進歩した。ドイツ軍は日本の航空部隊が活動した青島でも、性能が良いルンプラー式一機を飛ばせており、日本機はその上昇力についていけなかった。欧州戦場では戦闘機どうしの空中格闘戦までおこなわれたのであり、日本の陸海軍は戦後、フランスやイギリスから飛行教官団をまねいて新しい飛行技術を学んだのである。

第一次世界大戦は地上でも、自動車や戦車が活躍し、毒ガスまで用いられる科学戦になった。海では潜水艦が活躍し、軍艦の燃料には石炭ではなく、重油が用いられるようになった。このため国の技術力、工業力が戦争の結果を左右するようになり、国家総動員による国力を尽くしておこなう戦いが、将来戦として考えられるようになった。

第一次世界大戦には局面でしか参加しなかった日本も、戦争中からこのようなヨーロッパ諸国の戦争の実態を知るために、調査員を派遣していた。調査の結果は軍備施策に反映され、自動車や航空機などの民間生産力を向上させるための法的措置もとられた。鉄、石炭、石油などの資源を確保するための措置もとられた。

このような措置は国家としてのものであったが、その中心になって動いたのは、陸軍省の整備局や兵器局、海軍省の軍需局や艦政本部であった。これら各局、本部はもちろん部内の軍備を推進することが主務であり、技術面では重要な地位を占めたのであって、そのことについて述べよう。

陸海軍技術行政の組織

海軍艦政本部は明治三十三年に編成されたが、艦船、兵器、砲弾などの製造保管の計画や事務をとりあつかう役所である。軍艦建造の方向を決め、主力艦の基本的な設計までするので、海軍の技術関係の総本山だといってよい。海軍省と同じ霞ヶ関にあった。

戦艦「大和」は呉海軍工廠で建造されたが、基本設計は、艦政本部第四部基本設計主任福田啓二造船大佐を中心とするグループの手でおこなわれた。もちろん細部の設計と検査は、呉工廠の図（二八七頁）に示した工場主任以下の技術者が現場でおこなう。

艦政本部では技術者は重用されたが、部長（少将）以上がすべて技術者だとは限らない。艦政本部に軍艦を設計するときは、海軍兵学校出の運用者の意見も聞かなければならない。

海軍艦政本部の組織（昭和11年）

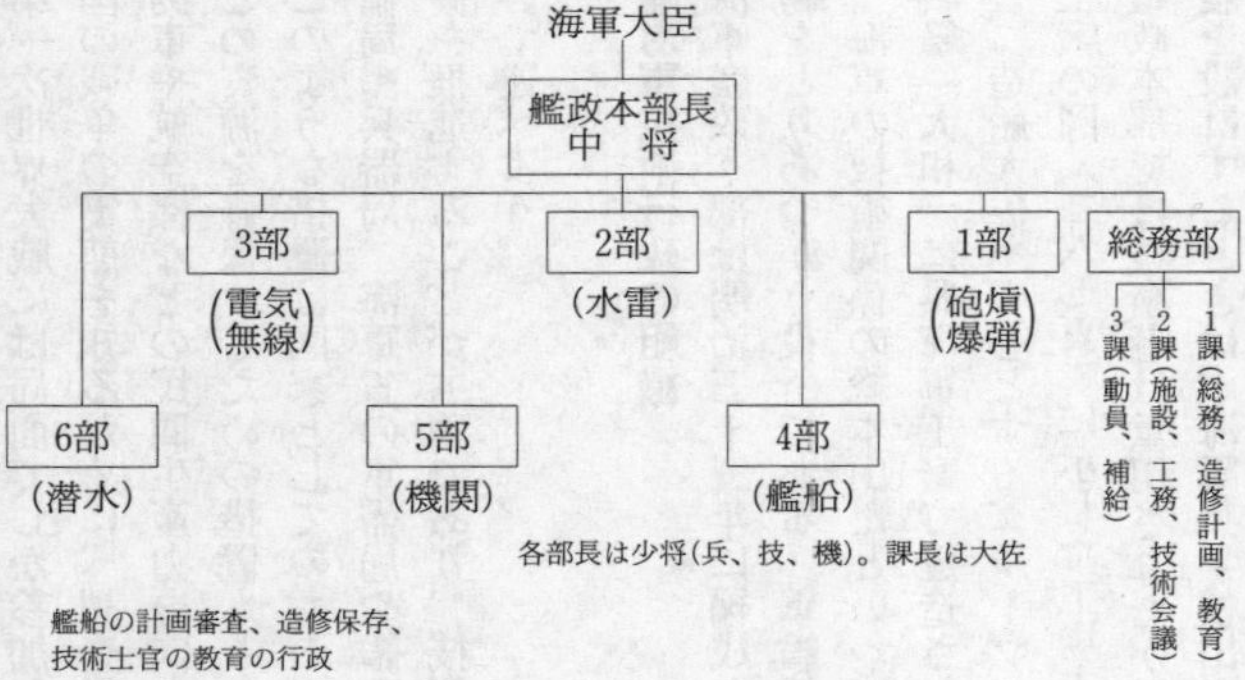

兵科士官を配置することは必要であった。運用側の総本山である軍令部との意見調整にも、兵科士官の出番があった。予算面で軍務局と意見調整をするときも同じである。

しかし運用者側の主張が強すぎると、純粋の技術的問題がそのまま運用上の問題として残されてしまうことがあった。軍縮時代に条約で制限されたトン数の艦体に、過大な砲を搭載したため、トップヘビーになって顚覆するおそれがある艦が続出したのはその例である。

水雷艇「友鶴」がそのために顚覆したとき、責任を問われたのは設計者側であった。戦闘能力という大義名分をふりかざして特別の要求をする運用者側に、技術担当者が「ノー」をいうのが難しいのは、いつの時代でも同じである。

技術に関係がある大きな問題や基本的な問題は、もちろん基本設計主任のような個人が判断して決めるのではなく、艦政本部技術会議で決定される。この会議の議長は艦政本部長の中将であり、岡田啓介や山梨勝之進など、兵科の大物であるのがふつうであった。メンバーには、部長やその下の部員も入っている。海軍省や軍令部の関係者も出席するので、メンバーの出身や力関係が、議事に影響し、技術担当者の意見がとおるとは限らなかった。

陸軍で海軍の艦政本部にあたるのは、大正八年に誕生した陸軍技術本部である。ただし兵器行政の基本にかかわるものは陸軍省兵器局がとりしきったので、技術本部の責任範囲はせまく、技術的な価値の審査などにとどまった。技術本部の設置と同時に陸軍技術会議と陸軍科学研究所が設けられ、後者は技術本部長の管轄下に入った。陸軍大臣が監督する陸軍技術会議の役割は、艦政本部技術会議と同様だと思ってよい。

なお大正四年から同九年の間は、艦政本部も海軍技術本部を名乗ったが、陸軍技術本部よりも責任範囲が広いことに変わりはなかった。そうであれば、艦政本部の名前のほうが実体を表わしているといえた。

陸軍の技術本部は、昭和十七年に責任範囲をひろげて兵器行政本部（二九三頁）になったがこのとき、ようやく艦政本部と対比できる組織になったといえよう。

このような陸軍技術本部と海軍艦政本部から、航空関係の製造、補給、研究の部分をとりだして独立させたのが、陸軍航空本部と海軍航空本部である。

もっとも、陸軍航空本部は陸軍技術本部とはちがって、航空技術研究所のほかに航空廠、

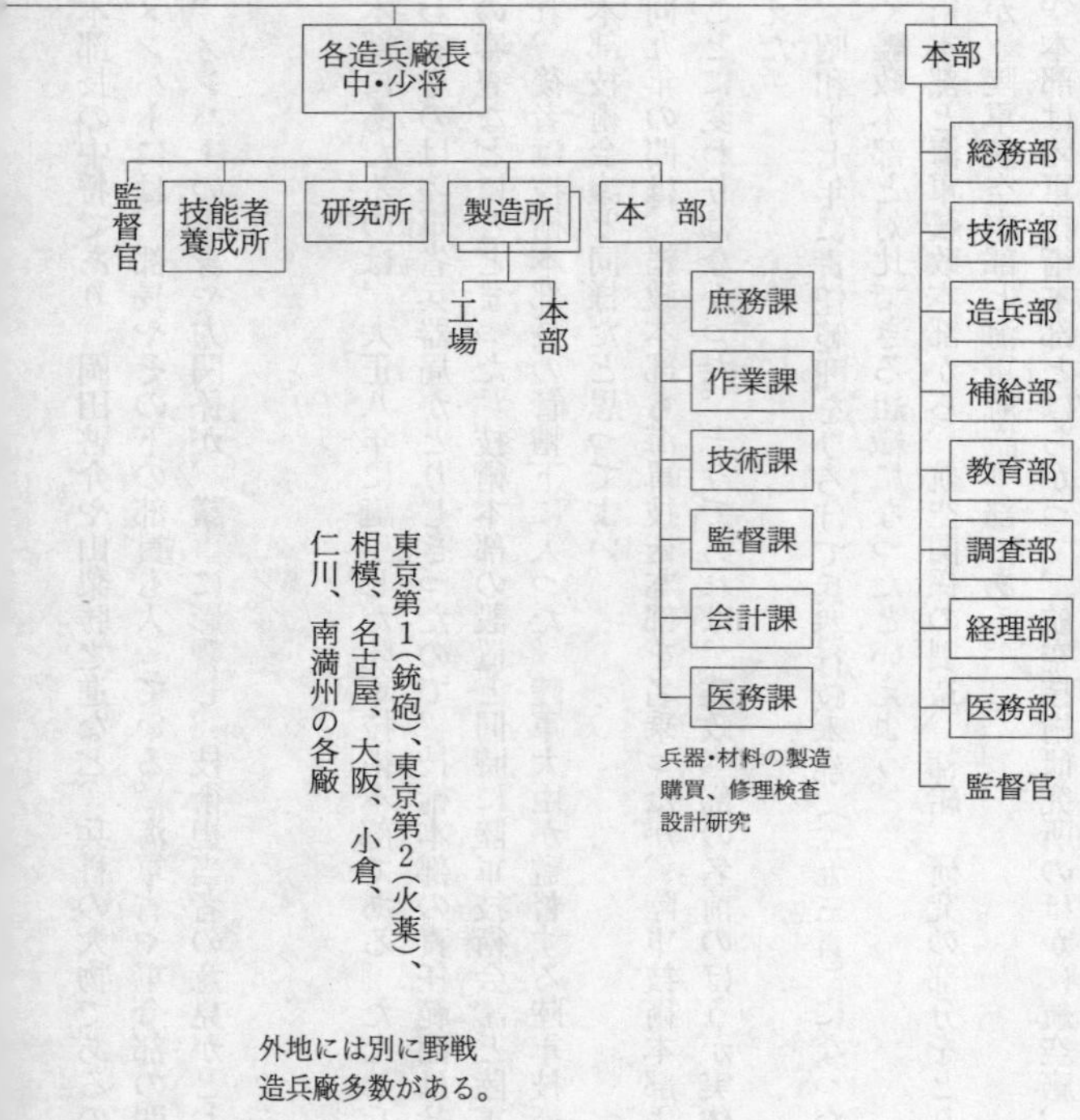
本部
総務部
技術部
造兵部
補給部
教育部
調査部
経理部
医務部
監督官
各造兵廠長
中・少将
監督官
技能者養成所
研究所
製造所
本　部
工場
本部
庶務課
作業課
技術課
監督課
会計課
医務課
兵器・材料の製造
購買、修理検査
設計研究
東京第1(銃砲)、東京第2(火薬)、
相模、名古屋、大阪、小倉、
仁川、南満州の各廠
外地には別に野戦
造兵廠多数がある。

陸軍兵器行政本部下部組織（昭和17年）

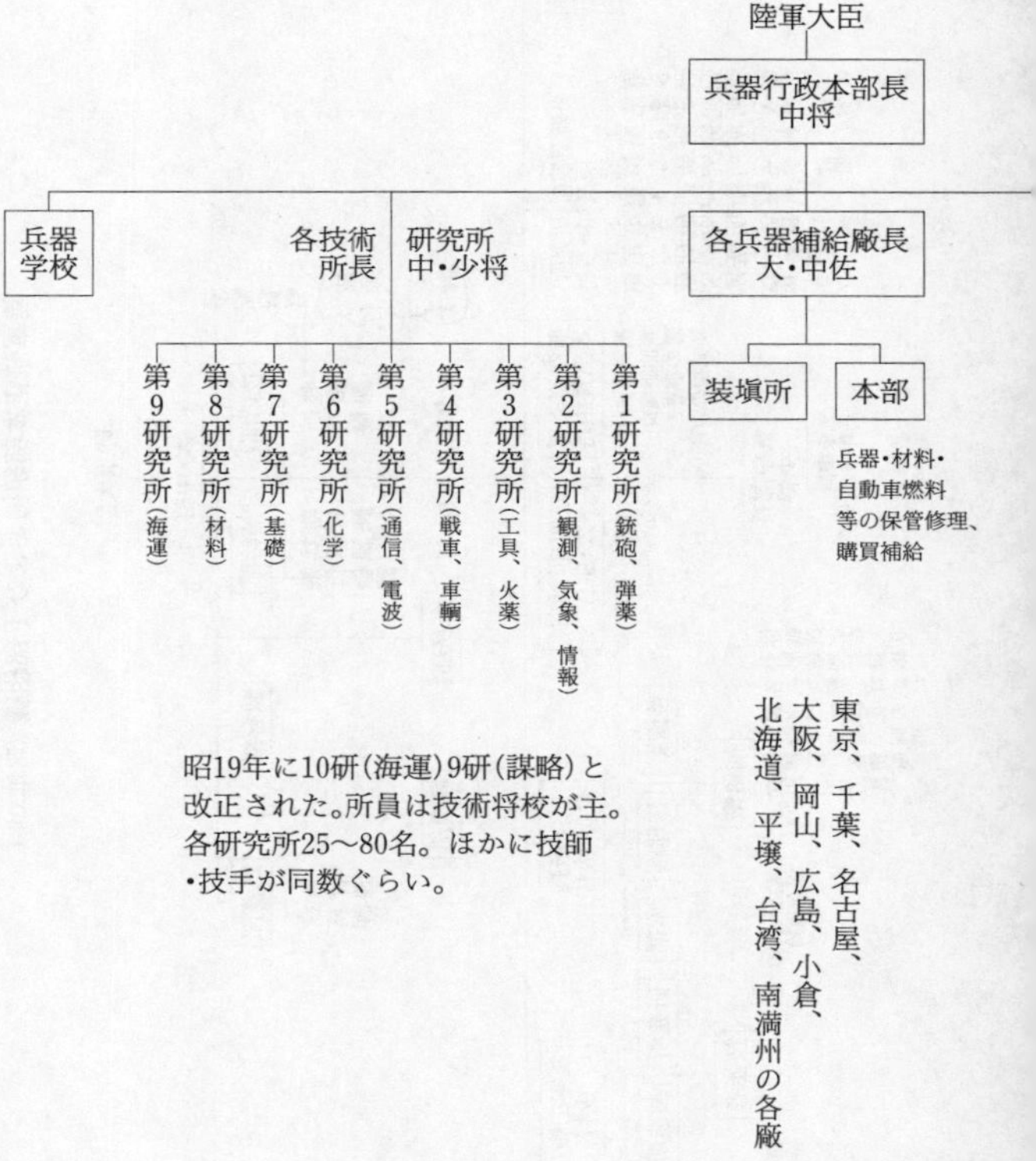

昭19年に10研（海運）9研（謀略）と改正された。所員は技術将校が主。各研究所25〜80名。ほかに技師・技手が同数ぐらい。

陸軍航空本部組織および下部組織（昭和20年）

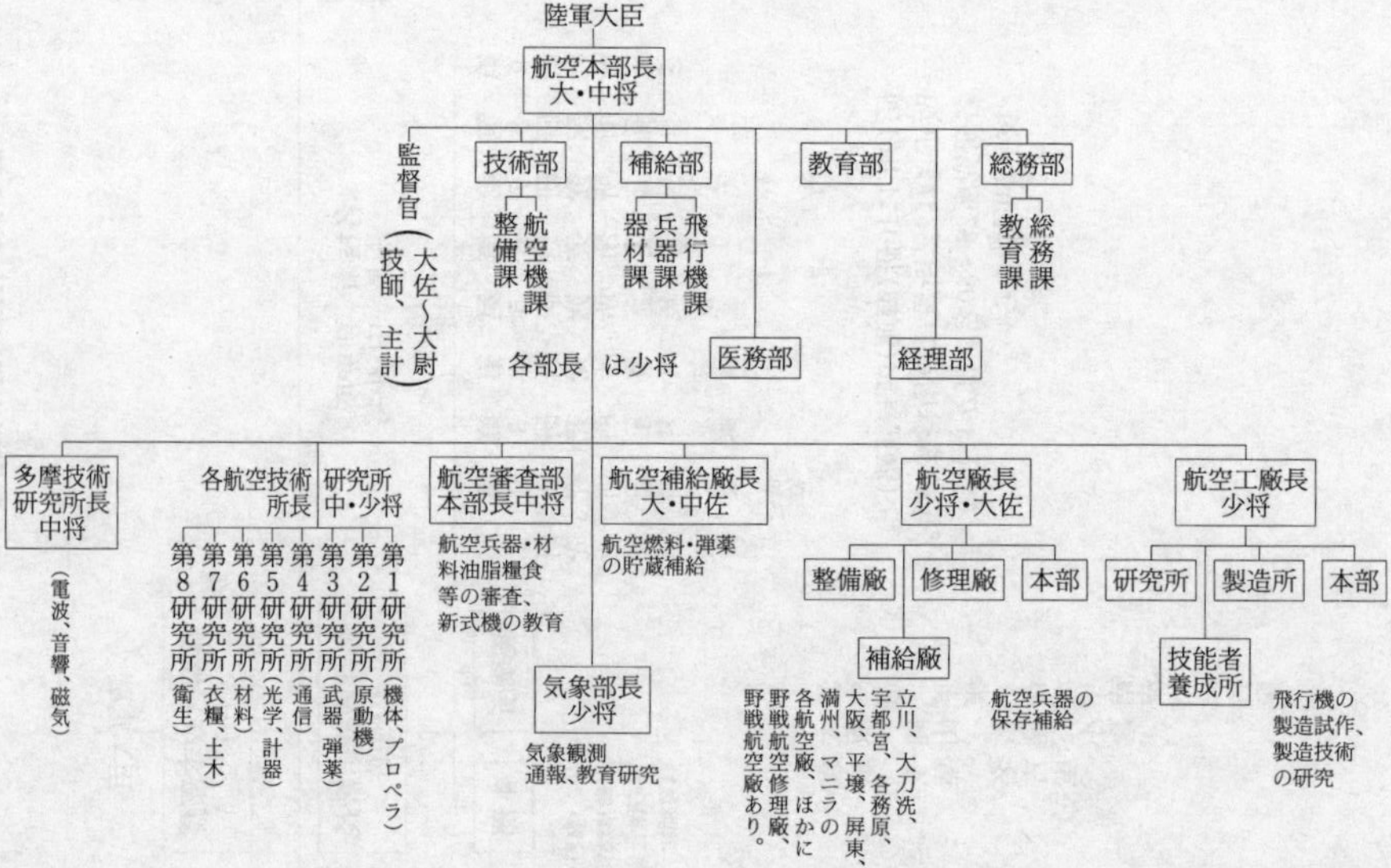

海軍航空本部の組織（昭和11年）

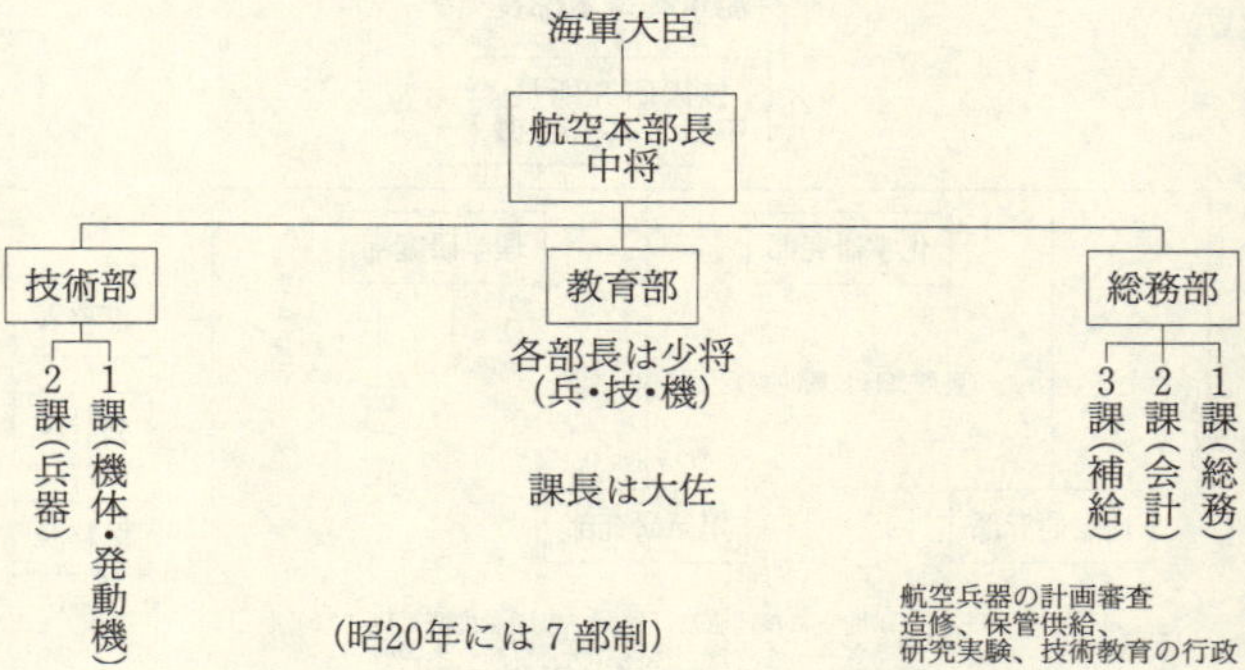

航空工廠などを統轄する権限をあたえられていたのであって、のちの兵器行政本部に対比できる。海軍航空本部は艦政本部の機能のうちの航空部分を、そっくり分割したかたちになっていたので、航空廠を指導しその製造や補給業務にも口を出していた点で、陸軍航空本部と類似する権限をもっていた。

ようやくはじまった科学技術の研究

陸軍科学研究所は、兵器とその材料について基本的な研究調査をする組織であった。これが大正八年に発足するまで、陸軍には、火薬研究所のほかにまとまった研究機関がなく、造兵廠や学校などで、ばらばらに研究がおこなわれているだけだった。

海軍も状況は同じであり、大正十二年に海軍技術研究所が発足したが、これは築地にあった海軍艦型試験所と海軍航空試験所を合併し、同じ場所にあった海軍造兵廠を試験的な製造部門としてつけ加えて編成しただけであった。

海軍技術研究所の組織（昭和９年）

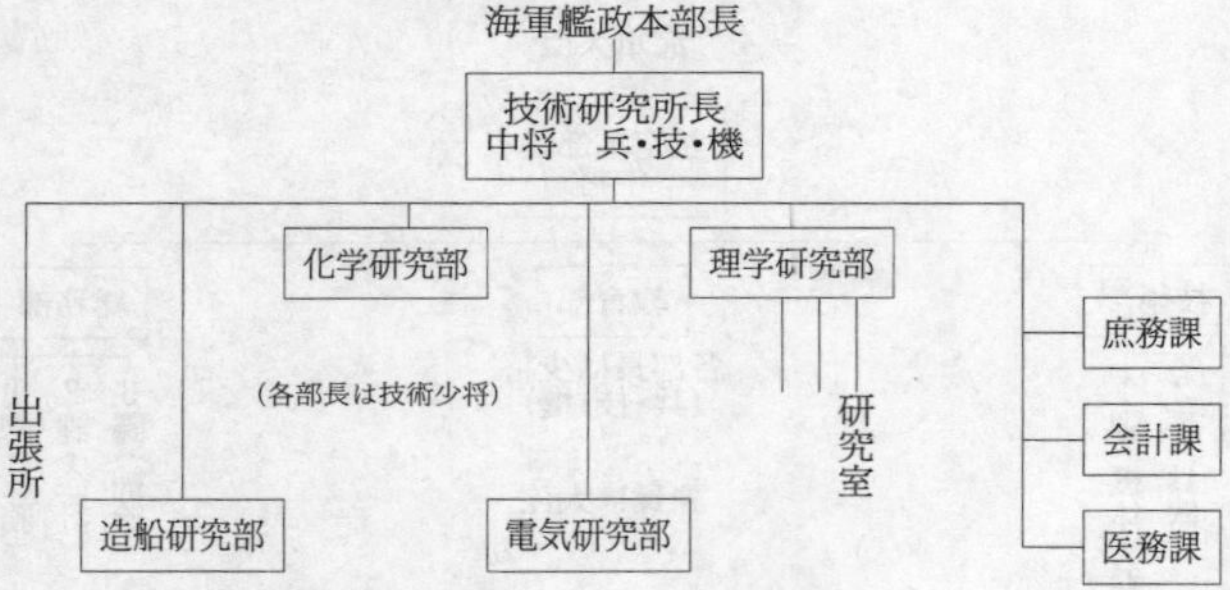

各研究室に技術士官、技師、技手を配置し研究させる。その後、電波音響、材料、実験心理各部が加わり、電波音響は最終的に第2技術廠に移った。

第一次世界大戦の科学戦としての側面が、陸海軍にこのような研究所の必要性を認識させたのであり、その後は、陸軍造兵廠や海軍工廠など軍現場の技術者、大学や民間の技術者とも連携しながら、科学兵器の開発研究がすすめられた。

対米開戦までの陸軍科学研究所の組織は主として、戸山学校に隣接する現新宿区百人町におかれており、海軍技術研究所は、中目黒の現在は防衛庁の研究所になっている土地におかれていた。

陸軍科学研究所は、対米開戦後の昭和十七年に陸軍技術研究所と名称をあらため、海軍と似た組織になった。前大戦中の戦闘では空母機動部隊が主役になったためか、海軍の技術だけがめだち、陸軍は科学技術を軽視したようなイメージをもたれている。軍艦という機械が戦力の主体である海軍と、小銃で武装した歩兵が戦力だとみなされる陸軍を並べてみると、本質的に陸軍が、科学技術に縁遠い面があることは否めない。

しかし陸軍は、科学技術を軽視してはいなかった。第一次世界大戦の科学戦の実体を戦争中から熱心に調査したのは陸軍であり、海軍は戦後に申しわけていどの調査をしたにすぎない。

科学技術の花形である航空機にたいする関心は、陸軍のほうが強いといえる面がある。陸軍は第一次大戦直後の大正八年にフランスから、フォール大佐一行の飛行教師団をまねいたが、海軍がセンピル大佐一行の教師団をまねいたのは、その二年後であった。また陸軍の航空本部が独立したのは大正十四年であったが、海軍航空本部の開庁は、やはり二年遅かった。

科学技術に関心があっても、新兵器を開発し量産するためには、資金や工業力が必要である。一人あたり国民所得がアメリカの一割程度でしかなかった日本が、装備できる近代兵器の質と量には限界があった。足りないところは兵員の技量でおぎなったのが前大戦中の状況であり、最初から科学技術を軽視していたわけではなかった。

それはともかく、陸海軍とも航空部門が拡大してくると、航空関係の技術の開発研究は、その他の兵器とは別にすることが望まれた。

飛行機の機体とエンジンの研究は、明治四十二年に陸海軍合同の臨時軍用気球研究会が発足したときからはじめられていたのであり、陸軍ではそれが、大正八年に発足した陸軍航空部と航空学校にひきつがれ、航空本部の技術部をへて、昭和十七年には航空技術研究所として、技術研究所に対置される組織に発展した。八つの研究所の場所は、立川である。

海軍航空の研究部門は、海軍技術研究所の航空研究部からはじまり、昭和七年には海軍航

海軍航空廠（後の空技廠）の組織（昭和９年）

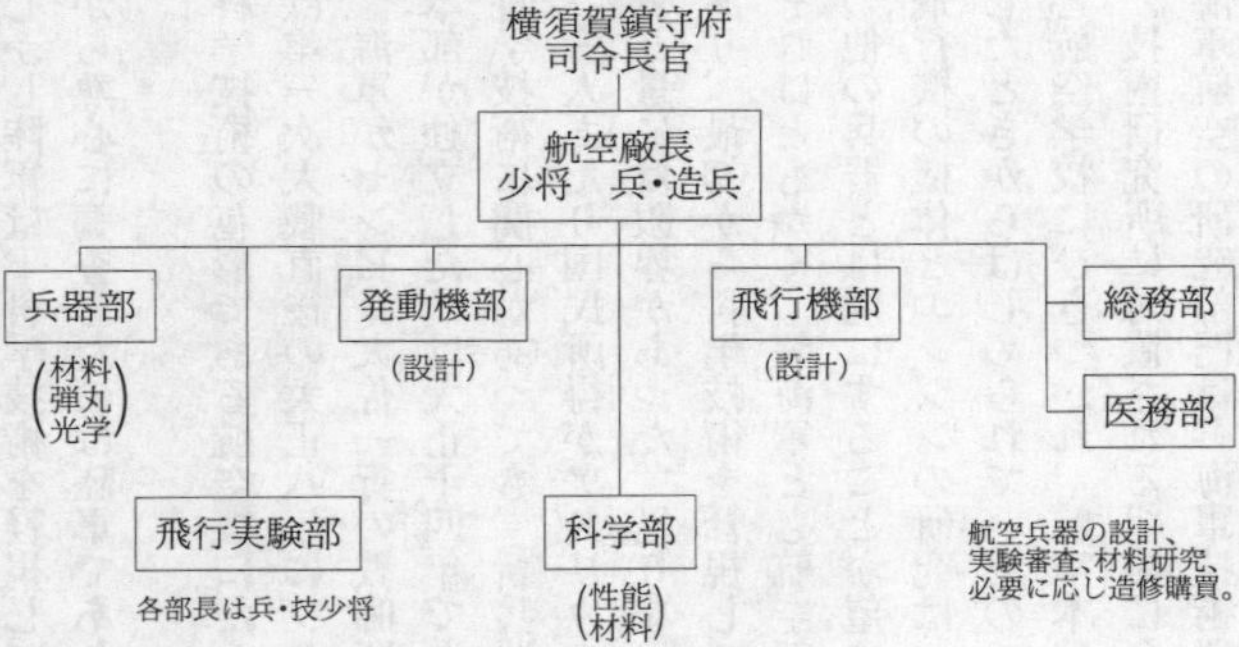

その後、材料部、電気部が加わって造修に力を入れ、空技廠（昭16）になってから爆弾部、兵器部を分離して支廠にし、別に計器部や噴進部（ジェット、ロケット）を加えたりして、最終的には13部になった。

空廠が任務をひきついだ。航空廠は研究だけではなく、製造、審査もおこなう総合機関であり、航空技術廠をへて第一技術廠と名称を変えた。場所は横須賀である。

陸海軍はそのほか前大戦中に、レーダーなどの電波兵器研究部門を独立の研究所にしている。陸軍の多摩研究所（立川）がこれであり、海軍は潜水艦探知用の兵器研究もふくめて、第二技術廠（中目黒）にまとめた。

技術に関係する補給部門

これまで説明したように、航空部門をのぞくと陸軍で兵器製造を担当したのは陸軍造兵廠の系統であり、海軍では海軍工廠の系統である。これにたいして製造、購入したものを貯蔵保管したり、部隊に補給したりするのは、陸軍では陸軍兵器廠と師団の兵器部の系統であり、海軍では鎮守府等にある軍需部の系統であった。陸海軍とも航空関係の保管補給は、最初はこのような系統で処理されたが、じきに別の専門組織がおこなうようになった。

陸軍航空の補給専門組織は、航空本部補給部であったが、昭和十年には航空廠が組織されてそこに吸収された。航空廠は航空機の製造もしていたが、それが本格的になると、製造部門は航空工廠になった。最終的には航空廠は機体とそれに付属するものの保管修理、補給を担当するところになり、航空弾薬や航空燃料の貯蔵補給は、航空補給廠を別に設けて担当させた。

陸軍航空本部は最初のうちは、技術、生産、貯蔵保管、補給のすべてにわたって統轄するとともに、工場などの現業部門も組織の中に入れていたが、組織が大きくなるにつれて、現業部門を切り離して独立させたのである。

海軍航空本部は艦政本部から分派したためもあって、自ら現業に手を染めることはしていない。技術、生産、保管、補給のすべてを担当したのは、海軍航空廠であった。

最初の海軍航空隊は横須賀で発足したので、横須賀軍需部がその保管補給を担当したこともあったが、やがて霞ヶ浦をはじめとして航空隊の数がふえると、航空関係の保管補給は、別に担当機関を設けるのが便利だと考えられるようになった。

そこで航空廠がもっていた研究開発、審査部門を航空技術廠の名で横須賀に残し、製造補給部門を航空廠にして各地に数をふやした。ここで審査というのは、できあがった航空機などが、計画どおりの性能をもっているかどうかをテストすることをいう。

なお、海軍工廠のうち呉鎮守府広工廠だけは航空関係の製造補給をしていたが、昭和十六年に他の航空廠と同じように、第一航空廠を名乗ることになった。

このような変遷は、ことばで説明すると紛らわしいところがある。全体の流れは、各部門の発展を示した最初の二つの図（二八三、二八六頁）で見ていただきたい。

また用語のことであるが、陸軍の戦地での臨時の組織に野戦〇〇廠、海軍では同様に、特設〇〇廠と呼ばれるものがある。これは本来のものとくらべて規模が小さいことが多いが、基本的な機能はほとんど変わらないので付言しておく。

しだいに重要になった火薬と燃料

前述のとおり、海軍の技術のはじまりは艦船であった。艦砲は海軍工廠の砲熕部で製造されたが、本格的な製造は、明治三十年代になってからであった。いっぽう砲弾は早くから海軍造兵廠でも製造していたが、火薬は輸入したり、陸軍や民間の製造所が製造したものを主用していた。目黒の火薬製造所が供給できる量は、わずかであった。

しかし日露戦争では、海軍技師下瀬雅允が発明した下瀬火薬を製造使用して、戦果をあげた。日本海海戦の勝利は、この火薬のおかげであったといわれるぐらいである。それほど爆発力が強く、無煙であったので射撃に便利であった。

日露戦争後は、火薬は外国会社に平塚で製造させたものを買い入れたりしていたが、大正八年に海軍がこの工場を買収し、海軍火薬廠にした。火薬廠は昭和十六年には、平塚のほかに宮城県船岡と舞鶴を入れて三ヵ所になった。

陸軍の火薬製造所は東京には板橋と王子があり、ほかに群馬県岩鼻、宇治、広島県忠海と分散していた。全体が火工廠と呼ばれた時期もあったが、つねに造兵廠の一部であった。最終的には、関東のものが東京第二造兵廠にまとまっている。

近代戦では弾薬の消費量が大きい。爆弾、魚雷、機雷など多くの火薬を必要とするものを大量に使用したので、火薬の製造量も多量にのぼった。

燃料については、初期の陸軍の関心は小さかった。照明や炊飯に使われるのがせいぜいだったからである。海軍でとくに重視されるようになったのは、第一次世界大戦以後、軍艦が重油で走り、航空機の数がふえはじめてからである。

石炭で軍艦を走らせていた明治時代の海軍は、炭鉱を一つもっていればそれで十分であった。山口県の大嶺で採炭したものを、徳山で煉炭に加工していただけである。しかし第一次世界大戦後の大正十年に、煉炭製造所を海軍燃料廠に改編したときから、石炭とともに石油を取り扱うようになった。

当時、石油をエンジン用に使っていたのは軍艦ぐらいのものであり、自動車や工場での使用は、ほとんど問題にならない少量であった。そのため民間に石油を依存できない海軍は、石油の精製設備まで設けて、自前の燃料確保に乗りださねばならなかった。燃料廠には煉炭部とともに製油部がおかれ、ほかに研究部や採炭部がおかれていた。

燃料廠は前大戦中に大船や四日市にも増設され、大船では実験研究、とくに航空油脂の研究がおこなわれた。四日市では主として航空燃料が精製された。海軍は対米開戦の決意にあたって石油燃料の備蓄が二年分しかないことを問題にしたが、南方占領地から輸入した原油や燃料廠で精製した製品は、その後も鎮守府に近い増設された地下タンクに貯蔵されつづけた。

それにもかかわらず、米潜水艦の海上交通破壊のために石油の輸入ができなくなってからは燃料不足が生じ、作戦をつづけることを不可能にした。ついには精油施設も空襲のために壊滅し、燃料不足のために動けない軍艦や飛べない飛行機で、最後の決戦をしようとしたのである。

陸軍の燃料は、平時は自動車燃料は兵器廠が取り扱い、航空燃料は航空廠が取り扱っていた。しかし日華事変開始後は、航空燃料の需要が急増しただけではなく、陸軍用船舶の燃料消費量も増加した。

そこで海軍と同じように燃料専門の取り扱いをする陸軍燃料廠を、昭和十五年に設置した。場所は山口県岩国であった。購買、精製、貯蔵をすることは、海軍燃料廠と同じである。

戦争末期になって、藷などから製造したアルコール燃料や、松の油脂から抽出した松根油まで使用せねばならないほど追いつめられてからは、陸軍燃料研究所をつくって代用燃料の研究もした。昭和二十年四月には、このような陸軍燃料関係を統轄する組織として、陸軍燃料本部も設けられた。

しかし肝心の石油が輸入できなくなっているのに、組織をつくったからといって燃料が湧いて出るわけではない。東條首相が言ったという水を油に変える方法でも発見されないかぎり、燃料本部が出る幕はなかった。

地図海図の作製と気象業務など

以上のほか、技術が関係する軍の役所としては、陸軍で陸地測量部、陸軍被服廠、陸軍糧秣廠、陸軍気象部、海軍で水路部、海軍建築部、海軍衣糧廠、海軍療品廠（衛生材料）などがあげられる。このうち廠がつくものは製造補給機関であり、技術上の難しい問題は少ない。技術者として配置されたのは文官であって、軍人の配置は少なかった。そこでここでは、主として、廠がつかないその他の役所について説明することにしよう。

陸地測量部は明治時代からあるもので、地図を作製する役所である。現在の国土地理院の前身であって、参謀本部が管轄した。日本全国の五万分の一地図を初めて作製したのがここであり、明治十三年から測量が開始されている。当時の測量課長は小菅智淵工兵少佐であり、他の管理者も、工兵将校か砲兵将校であった。

実際に野外で測量をしたり、製図をしたりするのは文官であって、測量師は将校相当、測量手は下士相当であった。かれらの養成教育は、部内に設けられた修技所でおこなわれており、平時は年間数名であったが、前大戦時には、百名以上にもなった。戦地の、それまでに地図がつくられたことがないところにも行って測量をしたので、多くの測量官が必要になったからである。

海図作製の担当は、海軍の水路部である。陸海軍の役所名には陸軍、海軍が頭につくのがふつうだが、陸地測量部と水路部にはついていなかった。陸海軍の区別がそれほど厳密ではなかった明治初年の名残りである。これら二つは、それほど古い歴史がある役所であった。

水路部の仕事は海図作製、水路図誌の作製であり、現在は海上保安庁にひきつがれている。初代の水路部長は柳楢悦《なおよし》だが、明治二十一年までの十九年間、責任者の地位にあった。

水路部の技術官は、造船や造兵の士官とともに明治十八年に文官から武官へ身分が変更になった。武官としては技術士官に区分され、昭和十七年に造船、造兵、造機、水路の各科が統合されて、技術科士官になった。

しかし、このときまで水路科の下士官兵は制度がなく、艦船でおこなう測量は兵科の下士官兵が補助をし、製図などの机上作業は下士官相当の技手がおこなうのがふつうであった。要員の養成教育は、大学など部外に依託していたが、大戦中に人員がふえてからは、修技所を設けて教育をしている。

水路部は、海のことだけではなく、空のことも扱った。昭和九年には航空図誌の作製をはじめており、昭和十一年には気象のことも扱うようになった。ただし気象関係はのちに、気象部として独立した。

陸軍では気象は、陸地測量部が担当したのではなく、別に気象部を設けて業務をおこなった。昭和十一年に陸軍砲工学校に気象部をおいて、要員教育をはじめたのが最初である。昭和十三年にはこれが独立して杉並区高円寺の陸軍気象部に発展し、気象の観測、予報、放送などをおこなうようになった。

このような活動は航空機の運用に必要だったからであり、下部の気象組織として航空関係部隊の司令部に気象班がおかれ、独立の気象連隊も編成された。

気象関係を統轄したのは、陸軍航空本部である。昭和十九年十二月には大本営に陸海軍気象委員会がおかれ、これが終戦直前には大本営気象部になって、気象関係の運用は、陸海軍に気象台が加わって一体化された。

陸軍の気象教育が砲工学校ではじまったことからわかるように、陸軍の初期の気象担当は工兵将校になっていたが、大戦中には、理系学生出身の幹部候補生や召集された気象台の技師が、気象を担当した。海軍にも昭和二十年に気象学校が設けられて、理系予備学生などが教育をうけたが、陸軍にくらべて施策が遅れ気味であった。

もう一つ技術関係で忘れてならないのは、土木、建築関係である。陸軍では昭和十七年に経理部のなかに建技部門を設けた。組織が大きくなるにつれて建物の建築など、文系の主計将校では監督できない部分がふえてきたからである。飛行場つくりや防空壕つくりなどの土木工事は、どちらかというと工兵が担当する分野であったが、事務所や兵舎の建設は、経理部の責任でおこなわれていたので、建技将校を必要とした。

海軍も昭和十八年に、鎮守府などに所属している海軍建築部を海軍施設部にあらため、建物や防御施設の工事などに業務範囲をひろげた。

海軍には陸軍の工兵にあたるものはないので、この施設部が工兵と同じような仕事もしたのであり、たとえば飛行場つくりをした飛行場設営隊も、施設部の部隊であった。

陸軍では飛行場つくりは野戦飛行場設定隊が行ない、工兵、機甲兵、技術兵などがブルドーザーやトラックなどを使って作業をすることになっていたが、海軍の設営隊は、技師や技手を中心にした文官の組織であった。もっともこれも戦争末期には、軍人を中心にした組織に改められた。いずれにしろ陸海軍とも実際の飛行場つくりには、機械力よりも人力が重視されたのであり、軍属身分の工夫や、台湾の先住民高砂族が多数動員された。

技術者など

これまで述べてきたような技術関係各部門で中心になって働いたのは、陸軍では砲兵将校、工兵将校と大正九年から採用された技術将校であった。海軍では、造船、造兵、造機、水路の技術士官であった。それに一部の機関将校も加わっていた。

これらの技術者はどのように採用され、養成されたのだろうか。

大正中期までの陸軍の技術将校には、砲兵将校や工兵将校のうちで、特別の教育をうけた者があてられた。員外学生の名で帝大の理科や工科に進み、一般の学生と同じように教育をうけて卒業して、造兵廠で技術者として勤務したり、兵器行政をおこなったりしたのがそれである。しかし、肩書きには砲兵、工兵の文字が入っているので、大隊長や連隊長の経験もつんでから将官に進む者が珍しくなかった。前大戦中の技術関係ポストの中・少将のほとんどが、員外学生出身である。

第一次世界大戦後、技術分野がひろがり技術将校の員数がふえてくると、このような方法では技術将校の必要数をみたすことができなくなった。そこで帝大理工系出身者を、技術将校として毎年採用しはじめたのである。かれらは昭和十五年に技術部（兵技、航技）が兵科から分離されるまでは、砲兵または工兵に区分されていた。しかし部隊の指揮官になることはなく、技術者として勤務していた。

海軍の技術士官は明治時代から帝大卒業者が採用されていたのであり、そのため最初から造船科や造兵科の士官として採用されていたが、そのような歴史がない陸軍では、人事の制度上、むりをしなければならなかった。

また海軍では、大学在学中の者を、いわゆる青田刈りのかたちで依託学生にして学資を支給し、卒業後、技術士官にすることが早くからおこなわれていたが、陸軍ものちにこの制度をまねている。かれらは大学卒業時にいきなり中尉の階級をあたえられたのであり、大戦中に採用対象が専門学校卒業者に拡大されてからは、初任が少尉の者もでてきた。

陸軍は昭和に入って幹部候補生の制度をつくってからは、技術の幹部候補生も採用するようになった。対象は、理工系の大学、専門学校卒業者である。満州事変以後は年間数十名から数百名が、陸軍の造兵廠や航空廠で、後期の幹部候補生教育をうけている。

さらに陸軍は昭和十四年に、陸軍技術候補生の制度をつくった。これは海軍の二年現役士官の制度に対応するもので、二年間の現役兵義務年限のほとんどの期間を、技術将校として勤務させる制度である。幹部候補生だとまず二等兵として営門をくぐり、二年後に少尉に任官するると同時に、予備役になるのだが、技術候補生として入営した者は、軍曹の技術士官候補生の身分になり、四ヵ月後には学歴に応じて少尉または中尉に任官することになっていた。短期技術将校とも呼ばれていた制度であって、現役少尉、中尉の身分で服務するので、応召の幹部候補生出身者よりは、人事上優遇された。

こうして陸軍は、下級技術将校多数を確保できたので、技術的な将校ポストの増加に対応することが可能になった。

技術的なポストには、大学、専門学校出の文官技師、技手も配置されていたが、かれらのうち建築土木関係者は、建技将校の制度ができたときに、武官に転じた者が多い。

海軍の二年現役士官については前にふれたが、大正十四年に軍医についてはじまった制度が、昭和十三年には技術士官にも拡大された。

かれらは学歴に応じて少尉または中尉の階級章をつけて、二年間の現役勤務をした。主として工廠などの現場勤務が多かったが、研究部門でも勤務している。なお大学、専門学校出の技師や技手がこのようなところで勤務したことは陸軍と同じであり、かれらのうち、陸軍の兵卒として召集されることを予防するために、技術士官に転じた者も多かった。

かれら技術者のほかに、工廠などの製造部門で働いた者は多い。とくに多いのは工員（職工）であり、多い工場では一千名以上が働いていた。平時には、技手の定員があまっていないため、工員身分で技術の仕事をする有識工員もいた。

工員の身分が軍属であったことは前述したが、大戦中はそこに、徴用工や学徒動員された者、女子挺身隊員などが加わって、同じ工員でも多種多様であった。軍の工場で女子が働いていたのは大正初期からであり、大戦中だけのことではなかった。

大戦末期には、陸海軍の工場それぞれで、男女数十万人の工員が働いていた。ただ飛行機工場をはじめとして軍需生産の主体は民間側であったので、学徒動員の三百五十万人や女子挺身隊員五十万人の多くは、民間の軍需工場で働いていた。このような民間工場には技術将校・士官も、監督のために派遣されていた。

軍の各工場の技術将校・士官は、多いところでは数百名もいた。文官の技師や技手も、別にその半数ぐらい勤務していた。大ざっぱにいうと、総員の五パーセントから十パーセントぐらいが、技術者と事務担当だと考えてよい。

最後の技術

対米開戦後、レーダーなど科学兵器と呼ばれたものの開発の遅れに気づいた日本陸海軍は、開発の人材を確保し研究開発の組織を改めて、必死にまきかえしをはかった。

昭和十八年に陸軍の電波兵器開発の統合機関として発足した陸軍多摩技術研究所は、その施策の一つの表われであった。海軍も電波音響関係の開発を統制する海軍電波本部を昭和十九年に発足させ、十ヵ月後にはその総合研究開発機関として第二技術廠を設けて、電波本部と電波関係の研究機能をここに吸収したが、手遅れであった。

昭和十七年に陸軍技術本部を兵器行政本部に改編し、研究、製造、補給をすべて統制しようとしたことも、時期遅れであった。

陸軍も海軍も、組織の膨張と戦局の進行に、後方部門がついていけないのが当時の状況であった。そのうえ陸海軍は少ない資材や燃料を奪い合うだけで、総合的な施策をすることができず、いくらか統合の気運が出てきたときは手遅れになっていた。

たとえば米本土爆撃のために陸海軍合同の委員会で、大型爆撃機「富嶽」の設計製造の相談をしたが、結局はそれぞれの立場で別々に設計してから相談することになった。そのうえアルミの不足や戦闘機生産の必要性から、計画は中止になった。

結果として米本土爆撃の唯一の手段になったのが、風船爆弾であった。これもこんにゃくと和紙を使った陸軍式とゴム風船式の海軍のものが競合していたのであり、製作の現場の技術者の間では意見の交換があったとはいえ、二重開発のむだがあった。

昭和十七年に陸海軍技術委員会ができて、形式的には協力態勢にあったが、それでも陸軍が輸送用の潜水艦を建造し、海軍が上陸用戦車をつくるという愚がおこなわれた。

これは陸海軍の間だけのことではなく、それぞれの内部でも、航空とその他の部門の競合があり、陸海軍のほかの官僚どうしのいがみ合いもあった。人間の縄張り意識からくる本質的なものがあるからだろうか。

このような二度とない過去の経験は現代に生かされなければならないのであるが、現実には、自衛隊でもその他の官界や政財界でも、縄張り意識や自派の利益だけで組織が動くことが多いのは残念である。技術は国の総合力であるといっておきたい。

終章　軍事を理解する一助として

軍事博物館のもつ意味

近年、村おこし、町おこしの名目でいろいろな公共施設が、つぎつぎに建設されてきた。今では小さな村でさえ、郷土博物館を見ないところはないほどになってきている。その陳列品の中には、出征兵士の遺品や戦争中の空襲による被害状況を示すものなどがみられること も多い。しかし、その扱い方はほとんどが軍事を否定的にみているものであって、二度と兵士を戦場に送ることがあってはならない、空襲をうけるようなことをしてはならないというものである。

そのこと自体に反対する人はいないだろう。しかし、その根にある軍事否定には、問題はないのか。軍事否定の考えは、軍備すなわち侵略の道具だときめつけ、日本から一切の抵抗力を奪いとった占領政策に起因する考えではないのか。

靖国神社に、主として戦死者の遺品を展示している遊就館という建物がある。戦前のものの再興であり、むかしは、軍事知識普及のための役割もはたしていたのであるが、現在は顕彰の範囲をでない。いまの日本には、国防とか軍事知識の普及という観点から、大規模、系統的に陳列された博物館は存在しない。軍事を否定的に見ているからだろう。

　これに対してヨーロッパ各国は、軍事知識の普及に力を入れており、首都の中心に軍事博物館がある。いくつかの例を挙げてみよう。

　第一次・二次両大戦で中立を守りとおしたスウェーデンは、スイスと並んで武装中立国家として知られている。義務兵役制をとり、いざというときは八百四十万の人口のうちの一割が軍務につき、二十万人が対空警戒や救護などの民間防衛隊の任務につくことになっている。この国では、福祉とともに国防への関心も高いのである。

　スウェーデン人はもともと、勇猛さで知られたバイキングの子孫である。十七世紀には、フィンランドからドイツの一部にまでまたがる帝国を、武力でうちたてた歴史をもっている。国防や軍備への関心の高さは、とうぜんだといえるかもしれない。

　ストックホルムの中心には王宮や国王に関係する建造物がめだつが、博物館の数も多い。その中の一つに陸軍博物館がある。ちょっとした小学校の運動場ぐらいの広さがある前庭では、簡単な軍事訓練くらいはできそうである。訪れた日にはたまたま、軍楽隊の演奏つきで、五十名ぐらいの新兵たちの任命式らしいものがおこなわれていた。正装の軍楽隊にくらべて、野戦服の、小銃の扱いにも不慣れな若者たちの動作はぎごちないが、緊張感だけは伝わってきた。

行事の前に新兵たちは博物館の展示品を見学していたが、これも教育のうちであろう。軍事的な伝統を自覚させるという点では、このような方法は有効である。

二度の大戦に中立をまもったスウェーデンの博物館が、二十世紀の軍事展示内容に乏しいのは、幸いなことだといわねばなるまい。現在では、その歴史を背景にして、世界各地に国連平和維持軍を派遣して活躍している。スウェーデンは、デンマーク、ノルウェー、フィンランドとともに、四ヵ国合わせて四千五百人以上の国連待機軍を編成し、つねに国内に待機させているのである。要員を訓練する訓練センターも、設けられている。

日本人は口では国連中心主義を唱えながらPKOには及び腰、自衛隊を派遣はしたが、あとは任せっ放しというのでは、北欧諸国と対等なつき合いはできない。町での暴力を見て見ぬふりという態度に共通するものがある。軍事否定の根は深い。

軍備は自分たちのもの

スウェーデンとちがってイギリスは、二度の世界大戦を、中心になって戦った。英国民の中でもウィンストン・チャーチルは、第一次大戦時には、海軍大臣や陸軍大臣をつとめ、そのあいまには陸軍士官学校出身の経歴をいかして、大隊長として戦場にも出ている。そのようなかれが、第二次大戦のときに国民の期待をうけて、戦時宰相として戦争遂行の責任を負うことになったのは歴史の必然であろう。

ロンドンの首相官邸通り、ダウニング街に隣接する通りに、チャーチルの内閣戦争指導室がある。一九三九年九月一日にドイツ軍がポーランドに侵入して第二次大戦が始まり、チャーチルが首相兼国防相に就任してからの執務は、ここでおこなわれることが多かったのである。

開戦後しばらくのあいだは、英本土が直接戦火にさらされることはなかったが、一九四〇年五月十日に、ドイツ軍が西方に向かう電撃戦をはじめたときから、ロンドンも空襲の危険に対応せねばならなくなり、地下壕内の内閣戦争指導室の存在が重要になってきた。

とくにこの年の七月から十月にかけての、ドイツ空軍による英本土の爆撃では、ロンドンも爆弾をうけて市民は、地下壕や地下鉄の構内に退避せねばならなかった。そのようなときに、内閣戦争指導室の地図上には、婦人兵の手で状況が表示されていた。開戦前に完成していた防空レーダー網が大活躍し、ドイツ機は、ドーバー海峡に入る前から探知されていたからである。

英空軍の戦闘機スピットファイアは、防空戦闘に大活躍した。ドイツ空軍は、四ヵ月のあいだに千七百三十三機をイギリス上空で失い、作戦は失敗した。もっともスピットファイアも、九百十五機が失われたのであり、危機一髪の状態であった。

危機を切りぬけたことがその後のイギリス国民の自信になったのであるが、世代の交代とともに記憶は失われつつある。戦争指導室を当時のままに保存し、一般に展示することは、イギリス魂を後世につたえ啓発することでもある。同じように空襲をうけていても日本人とは、受け止め方がちがう。

湾岸戦争にも積極的に派兵したイギリス人は、紳士の国といわれ、文民優位の政治がおこなわれているにもかかわらず、同じ島国の日本人とはちがっている。かれらはことがあれば、進んで銃をとる国民なのである。その行動が大英帝国の延長線上のものであるのかどうかはともかくとして、民主主義即軍備放棄と短絡的に考えがちであった第二次大戦後の日本人とは、異なった考えをもっている。

島国のイギリスとちがってフランスは、つねに国土が戦場になった歴史をもっている。第二次大戦では、ドゴール将軍のような海外脱出組や植民地組をのぞき、本国政府はヒトラーに屈服していたのである。ドイツ軍に国土を占領され、その中で耐えてきたフランス国民の軍事的栄光は、ナポレオン時代にさかのぼらざるをえない。

ナポレオン一世のおかげで大陸軍国になったフランスの軍事は、世界に大きな影響を与えた。幕末から明治初期にかけての日本の陸軍のお手本になったのも、フランス陸軍である。

パリにある軍事博物館は、もと傷病兵の療養所として建てられた、両翼が百五十メートルにもなろうかという四階建ての豪壮な建物の、一部が使われている。門の左右にはナポレオン時代の戦利品であろうが、青銅砲がずらりと並んでいるのが壮観である。その中には、幕末の攘夷戦をおこなった長州藩から分捕ったものもある。しかし展示品には、自分たちの屈辱の時代である前大戦時のものはほとんど見られない。

西欧の人々にとって軍備は、お上のものではなく自分たちのものである。自分たちの地位や経済状態を向上させてくれ、安全を保障してくれるものである。それがかれらの軍事への関心の高さに表われている。

中国の軍備はどうもお上のものらしく、経済に目が向けられている昨今は、軍事関係の博物館への関心はあまりないようである。私が訪れたときは閑散としていた。

日本人の軍事への無関心は、中国的な傾向があり、戦前への反動のためであろうか。しかし日本が国際社会の一員であるかぎり、軍事無知ではすまされない。たとえば日米安保反対、自衛隊のPKO参加反対を唱えるにしても、中味を知らずに反対をすることはできない。

陸上自衛隊を用意周到で動かない、海上自衛隊は伝統を墨守し頑固である、航空自衛隊は無目的に走りだすと批評したジャーナリストがいる。表面的に見ると、そのとおりである。しかしそれには、任務と行動の特性、歴史的に見た旧陸海軍との血のつながりの濃さなど、多くの要因がからんでいる。

旧陸海軍について知ることは、自衛隊を知ることにも役立つ。自衛隊だけではなく、軍隊には世界共通の制度があるので、世界の軍隊を知る手がかりにもなる。この書が軍事否定の日本人に、いくらかでも軍事を理解してもらうよすがになることを祈っている。

単行本　平成十年二月「日本の軍隊ものしり物語②」改題　光人社刊

あとがき

『日本の軍隊ものしり物語』（ＮＦ文庫『帝国陸海軍の基礎知識』）を平成元年に出版してから、多くの方に読んでいただき、激励や叱正、問い合わせの手紙も多数いただいた。おかげをもって版を重ねたが、いつも気にかかっていたのは、軍の制度という面からは、記述が全体にわたっているわけではないということであった。

幸いに雑誌『丸』別冊に欠落部分を埋めるかたちの記事を何度か掲載していただくことができ、それを基にしてさらにたりない部分を追加し、新しい一冊にまとめることができた。当時は同じタイトルで前著をⅠとし、新しい方をⅡとしたが、これは両冊を合わせるとほぼ制度全体にわたるという意味からである。前著にあたるⅠの方は、前の版に、特に手を入れることはしていない。

前著の基になった連載記事を、やはり雑誌『丸』に書いていたころの読者の方には、軍歴のある方も多かった。しかし一兵士として参戦した方には、制度全体は見えないのが普通である。そのため疑問や質問の手紙を多くいただいた。しかし最近は、戦争や軍隊にまったく縁がない若い方からの手紙をいただくことが多い。中には拙著で基礎的な知識を得たうえで、大学の卒業論文の資料収集をしている方もあるらしい。

このような状況に配慮して本書はⅡを主体にし物語風にしてはあるが、相当に細かいことまで述べたつもりである。時には、著者がかつてその一員であった自衛隊の例も引いている。

日本には警察と共通性をもち、法的には官庁組織の一種である防衛庁・自衛隊はあるが、国際法上、完全な軍と呼べる組織は存在しない。そのため自衛官でさえ、軍とはなにかについての理解が十分ではない。まして普通一般の日本人は、新聞やテレビで報道されている以上のことは知らない。軍には古今東西を問わず共通性があるので、旧軍のことを知れば相当のことがわかってくるのだが、戦後占領時代から尾を曳く軍アレルギーが、そのほうに顔を向けさせない。

軍隊マニアを自称する人も、戦闘場面や兵器、軍服などには詳しいが、その背後にあるものは知らないのが普通であろう。それを知らなければ実際の戦争の意味や軍の行動を理解することはできない。人間の歴史に軍隊や戦争が占める比率は大きい。過去に学ぼうとし、現在の世界について知ろうとする人々にとっては、軍について知ることは不可欠の要件であろう。

この本が新しい世代の人々の役にたち、新しい世の中の建設に役立つことを祈っている。

平成二十八年七月

熊谷　直

帝国陸海軍 軍事の常識

二〇一六年八月十三日 印刷
二〇一六年八月十九日 発行

著 者 熊谷 直

発行者 高城直一
発行所 株式会社潮書房光人社
〒102-0073 東京都千代田区九段北一-九-十一
振替/〇〇一七〇-六-五四六九三
電話/〇三-三二六五-一八六四(代)
印刷所 慶昌堂印刷株式会社
製本所 東 京 美 術 紙 工
定価はカバーに表示してあります
乱丁・落丁のものはお取りかえ
致します。本文は中性紙を使用

NF文庫

ISBN978-4-7698-2962-1 C0195
http://www.kojinsha.co.jp

NF文庫

刊行のことば

第二次世界大戦の戦火が熄《や》んで五〇年——その間、小社は夥しい数の戦争の記録を渉猟し、発掘し、常に公正なる立場を貫いて書誌とし、大方の絶讃を博して今日に及ぶが、その源は、散華された世代への熱き思い入れであり、同時に、その記録を誌して平和の礎とし、後世に伝えんとするにある。

小社の出版物は、戦記、伝記、文学、エッセイ、写真集、その他、すでに一、〇〇〇点を越え、加えて戦後五〇年になんなんとするを契機として、「光人社NF（ノンフィクション）文庫」を創刊して、読者諸賢の熱烈要望におこたえする次第である。人生のバイブルとして、心弱きときの活性の糧《かて》として、散華の世代からの感動の肉声に、あなたもぜひ、耳を傾けて下さい。